中国ESG研究院文库
主编：钱龙海 柳学信

中国ESG
发展报告
2023

China ESG Progress Report 2023

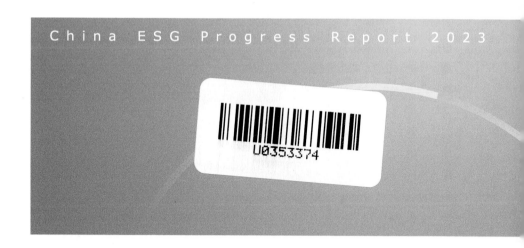

U0353374

王大地　孙忠娟　王　凯　张　晗 |主编|

首都经济贸易大学出版社
Capital University of Economics and Business Press
·北 京·

图书在版编目（CIP）数据

中国 ESG 发展报告 . 2023 / 王大地等主编 . -- 北京：
首都经济贸易大学出版社 , 2023.12

ISBN 978-7-5638-3616-1

Ⅰ . ①中… Ⅱ . ①王… Ⅲ . ①企业环境管理—研究
报告—中国—2023 Ⅳ . ① X322.2

中国国家版本馆 CIP 数据核字（2023）第 241721 号

中国 ESG 发展报告 2023

ZHONGGUO ESG FAZHAN BAOGAO 2023

王大地 孙忠娟 王凯 张晗 主编

责任编辑	成 奕
封面设计	风得信・阿东 FondesyDesign
出版发行	首都经济贸易大学出版社
地 址	北京市朝阳区红庙（邮编 100026）
电 话	（010）65976483 65065761 65071505（传真）
网 址	http://www.sjmcb.cueb.edu.cn
经 销	全国新华书店
照 排	北京砚祥志远激光照排技术有限公司
印 刷	北京九州迅驰传媒文化有限公司
成品尺寸	170 毫米 × 240 毫米 1/16
字 数	315 千字
印 张	19.25
版 次	2023 年 12 月第 1 版
印 次	2024 年 12 月第 2 次印刷
书 号	ISBN 978-7-5638-3616-1
定 价	102.00 元

中国ESG研究院文库编委会

主　　编：钱龙海　柳学信

○ 中国ESG研究院文库总序

环境、社会和治理是当今世界推动企业实现可持续发展的重要抓手，国际上将其称为ESG。ESG是环境（environmental）、社会（social）和治理（governance）三个英文单词的首字母缩写，是企业履行环境、社会和治理责任的核心框架及评估体系。为了推动落实可持续发展理念，联合国全球契约组织（UNGC）于2004年提出了ESG概念，得到各国监管机构及产业界的广泛认同，引起国际多双边组织的高度重视。ESG将可持续发展包含的丰富内涵予以归纳整合，充分发挥政府、企业、金融机构等主体作用，依托市场化驱动机制，在推动企业落实低碳转型、实现可持续发展等方面形成了一整套具有可操作性的系统方法论。

当前，在我国大力发展ESG具有重大战略意义。一方面，ESG是我国经济社会发展全面绿色转型的重要抓手。中央财经委员会第九次会议指出，实现碳达峰、碳中和"是一场广泛而深刻的经济社会系统性变革"，"是党中央经过深思熟虑作出的重大战略决策，事关中华民族永续发展和构建人类命运共同体"。为了如期实现2030年前碳达峰、2060年前碳中和的目标，党的十九届五中全会提出"促进经济社会发展全面绿色转型"的重大部署。从全球范围来看，ESG可持续发展理念与绿色低碳发展目标高度契合。经过十几年的不断完善，ESG在包括绿色低碳在内的环境领域已经构建了一整套完备的指标体系，通过联合国全球契约组织等平台推动企业主动承诺改善环境绩效，推动金融机构的ESG投资活动改变被投企业行为。目前联合国全球契约组织已经聚集了1.2万多家领军企业，遵循ESG理念的投资机构管理的资产规模超过100万亿美元，汇聚成了推动绿色低碳发展的强大力量。积极推广ESG理念，建立ESG披露标准，完善ESG信息披露，促进企业ESG实践，充分发挥ESG投资在推动碳达峰、碳中和过程中的激励约束作用，是我国经济社会发展全面绿色转型的重要抓手。

另一方面，ESG是我国参与全球经济治理的重要阵地。气候变化、极端天气是人类面临的共同挑战，贫富差距、种族歧视、公平正义、冲突对立是人类面临的重大课题。中国是一个发展中国家，发展不平衡不充分的问题还比较突出；中国也是一个世界大国，对国际社会负有大国责任。2021年7月1日，习近平总书记在庆祝中国共产党成立100周年大会上的重要讲话中强调，中国始终是世界和平的建设者、全球发展的贡献者、国际秩序的维护者，展现了负责任大国致力于构建人类命运共同体的坚定决心。大力发展ESG有利于更好地参与全球经济治理。

大力发展ESG需要打造ESG生态系统，充分协调政府、企业、投资机构及研究机构等各方关系，在各方共同努力下向全社会推广ESG理念。目前，国内关于绿色金融、可持续发展等主题已有多家专业研究机构。首都经济贸易大学作为北京市属重点研究型大学，拥有工商管理、应用经济、管理科学与工程和统计学等4个一级学科博士学位点及博士后站，依托国家级重点学科"劳动经济学"、北京市高精尖学科"工商管理"、省部共建协同创新中心（北京市与教育部共建）等研究平台，长期致力于人口、资源与环境、职业安全与健康、企业社会责任、公司治理等ESG相关领域的研究，积累了大量科研成果。基于这些研究优势，首都经济贸易大学与第一创业证券股份有限公司、盈富泰克创业投资有限公司等机构于2020年7月联合发起成立了首都经济贸易大学中国ESG研究院（China Environmental, Social and Governance Institute，以下简称"研究院"）。研究院的宗旨是以高质量的科学研究促进中国企业ESG发展，通过科学研究、人才培养、国家智库和企业咨询服务协同发展，成为引领中国ESG研究和ESG成果开发转化的高端智库。

研究院自成立以来，在科学研究、人才培养及对外交流等方面取得了突破进展。研究院围绕ESG理论、ESG披露标准、ESG评价及ESG案例开展科研攻关，形成了系列研究成果。一些阶段性成果此前已通过不同形式向社会传播，如在《当代经理人》杂志2020年第3期ESG专辑上发表，在2021年1月9

日研究院主办的首届"中国ESG论坛"上发布等，产生了较大的影响力。近期，研究院将前期研究课题的最终成果进行了汇总整理，并以"中国ESG研究院文库"的形式出版。这套文库的出版，能够多角度、全方位地反映中国ESG理论与实践研究的最新进展和成果，既有利于全面推广ESG理念，也可以为政府部门制定ESG政策和企业发展ESG实践提供重要参考。

○ 前言

ESG是环境（environmental）、社会（social）和治理（governance）三个英文单词的首字母组合，是企业履行环境、社会和治理责任的核心框架及评估体系，是当今世界推动企业实现可持续发展的重要抓手。2022年中国ESG呈现出积极有力的发展态势：ESG相关政策法规陆续出台，ESG生态系统不断完善，企业ESG信息披露率稳步提高，ESG评级机构和数据提供商不断涌现，ESG投资规模持续扩大，ESG金融产品逐步丰富，ESG理念快速普及，ESG相关活动和会议层出不穷，ESG国际合作持续深化。这些新态势预示着中国ESG有巨大的潜力和光明的前景。中国ESG研究院推出《中国ESG发展报告2023》，力求全面、翔实和准确地展现当前中国ESG发展状况与态势，也为企业践行ESG理念提供参考指引与方法工具。报告共分七章，要点如下：

第一章阐述ESG发展的国际背景，从信息披露、评级评价、投资等多个方面梳理全球ESG发展现状与趋势，同时探讨了生物多样性、气候变化、高管薪酬等特定ESG议题。

第二章呈现中国ESG实践概况，从国家战略、政策法规、信息披露、评级评价和金融投资等方面呈现当前中国ESG发展的态势。

第三章的主题是中国企业ESG信息披露，内容包括对中国企业ESG披露法规、框架现状的分析和《企业ESG报告编制指南》等团体标准构建。

第四章的主题是中国企业ESG评价。本章比较和评估了国内外的各种ESG评级评价体系和相关机构，同时也呈现了ESG评级评价与投资收益和风险的关联。

第五章聚焦中国ESG金融市场与投资，从市场规模、市场参与者、金融产品、投资策略、收益与风险等多个角度阐述中国ESG金融的发展情况。

第六章呈现ESG优秀企业案例：三峡国际能源投资集团，从ESG架构和设计等角度描绘三峡国际的ESG实践。

第七章从ESG披露标准建设、评级、投资、双碳等多方面分析当前中国ESG发展的挑战与机遇。

本报告在中国ESG研究院指导和支持下完成，写作人员如下：

第一章：刘镕瑄、王大地；第二章：闫晨丽、王大地；第三章：郭珺妍、孙忠娟、柳学信；第四章：王凯、丁宁、许丽、宋玉佳、常璨、李淑婷；第五章：吴跃、王大地；第六章：张晗、王朝政、董文怡；第七章：任瑶瑶、王大地。

希望本报告能够为ESG相关机构、从业人员以及所有对ESG感兴趣的读者提供有益的参考与启示。

○ 目录

1

○ 第一章 国际ESG发展态势

2023年，从全球范围来看，ESG在信息披露、评级评价和金融投资等方面都呈现出新的局面和更为积极的发展态势。在信息披露方面，2023年度美国和欧盟等主要经济体都在考虑加强可持续披露的影响范围，具体包括金融产品和可持续标签的披露等。从披露要求、披露内容和披露格式等诸多方面对ESG信息披露进行明确的约束。这些政策法规表明，ESG信息披露正在从自愿披露向强制披露转变，从无标准向有标准转变，ESG披露信息的完备性、准确性与可比性得到提高，披露企业的范围也在进一步扩大。在披露标准方面，国际可持续准则理事会（International Sustainability Standards Board，ISSB）于2023年度正式发布了《国际财务报告可持续披露准则第1号——可持续相关财务信息披露一般要求》（简称"IFRS S1"）和《国际财务报告可持续披露准则第2号——气候相关披露》（简称"IFRS S2"）。

在ESG评级评价方面，2023年度国际评级机构的ESG评价方法进一步更新，低碳转型评级和净零评估框架的创立，以及对自然和生物多样性投资组合评估服务的完善，都将促进投资者进一步了解和评估与自然有关的风险。ESG评级评价的应用范围不断扩大，正在渗透影响企业信贷融资及运营战略、银行信贷和市场风险等。此外，部分经济体开始探索对ESG评级机构和数据提供商进行监管，目前的主要手段是推出行业行为准则。

在金融市场方面，从全球范围来看，ESG投资的规模持续增长，但部分领域有放缓趋势。2023年签署联合国责任投资原则UN PRI的机构有所上升，且关注净零排放机构管理的总资产也呈现上升趋势。但是，ESG被动投资的规模和比例持续增长，并在第三季度的欧洲和美国市场超越了主动投资。ESG投资者更加多元化，主权基金和养老基金的参与度不断上升。金融产品和服务进一步规范化，新法规涉及制定新的绿色债券标准和约束基金命名的政策，同时"漂绿"也得到一定遏制。通过代理投票机制形成的ESG相关股东决议数量增多。就投资回报而言，2023年ESG指数和基金的年度收益则各有优劣。

另外，2023年度，气候变化、生物多样性、森林破坏、供应链、员工就业保障、董事会多样性等特定ESG议题也有较为重要的新进展。欧盟就正式通过了"碳关税"的碳边境调节机制，该机制将对全球贸易产生重要影响。经过近20年的艰苦谈判，联合国193个国家通过了《<联合国海洋法公约>下国家管辖范围以外区域海洋生物多样性的养护和可持续利用协定》以保护海洋的生物多样性和可持续发展。欧盟出台了确保产品不会造成森林砍伐和森林退化的法律。印度发布了要求大型企业对其供应链的进行ESG披露的新提案。欧盟成员国公布提高零工工人的就业保障的提案。美国联邦上诉法院维持了纳斯达克的董事会多元化规则。独立身份提供商OKTA正在寻求网络安全人才，扩大网络安全和网络技术培训的影响力。

在企业行动方面，ESG正在更深地介入企业的组织架构、战略和运营。2023年度，公司的各类委员会都积极地对企业在ESG领域的问题进行监督和指导，同时企业的高管和高级投资者基本都认同ESG理念的影响力，且有更多企业设立了跨职能的ESG工作组以负责推进ESG战略。合规是企业采取ESG行动的首要推动力。

最后，ESG在各方面发展也面临新的挑战，包括不同ESG议题的披露率参差不齐，ESG金融产品需要更清晰明确的界定，ESG投资的回报和实际效果尚有争议，等等。

一、ESG信息披露

ESG信息披露是开展ESG评级和ESG投资的基础。国际上出台的ESG相关政策法规主要集中于ESG信息披露环节、ESG评价和ESG投资等是市场行为，目前，已经公布的政策法规可施加有效规制，对各大组织依旧适用，通常无须针对ESG出台新规（见图1.1）。

图1.1 ESG政策法规聚焦于披露环节

（一）从自愿披露转向强制披露

就约束力而言，政策法规的披露要求可分为三个层级：自愿披露、不披露需解释、强制披露。2022年，一些主要国际经济体的ESG政策法规展现出明确的从自愿披露向强制披露转变的态势，而这样的形势在2023年有所持续。

1. 欧盟：正在考虑要求所有金融产品进行与可持续发展相关的披露

2023年9月，欧盟启动了一项关于可持续财务披露实践的咨询，该咨询主要对"将欧盟提供的所有金融产品引入可持续发展相关披露"的要求征求反馈意见。此次咨询的重点是《可持续金融披露条例》（SFDR），该条例规定了金融市场参与者（如资产管理公司等）应该如何向投资者传达可持续发展信息，具体包括整合可持续发展风险、考虑其流程中对可持续性不利的影响以及提供有关金融产品可持续发展的相关信息。此次咨询针对所有金融产品（包括没有做出任何可持续性声明的金融产品）的披露要求、与上市公司分类相关的披露、参与策略、以及在投资过程中如何使用ESG相关信息等内容进行了意见征集。

在顶层设计方面，欧盟在2020年批准了《欧洲绿色协议》（European Green Deal）。该协议旨在通过一系列应对气候危机的政策措施，将欧盟转变为资源利用更加高效和更有竞争力的经济体，并于2050年实现温室气体净零排放。为支持协议实施，欧盟于2021年7月通过了《欧洲气候法》（European Climate Law）。《欧洲气候法》将《欧洲绿色协议》中设置的2050年碳中和目标写入法律；还设定了中间目标，即到2030年，温室气体净排放量相比1990年的水平至少降低55%。

欧盟现行ESG法规主要有三个：针对所有行业的《企业可持续报告指令》（CSRD）、针对金融行业的《可持续金融披露条例》（Sustainable Finance

Disclosure Regulation，SFDR）、为可持续经济活动提供定义和分类的《欧盟分类条例》（EU Taxonomy Regulation）。

欧盟于2021年4月首次提出《企业可持续报告指令》（CSRD），以支持于2020年批准的《欧洲绿色协议》，该指令于2022年11月正式批准通过，用以替代《非财务报告指令》（Non-Financial Reporting Directive，简称NFRD）。相比NFRD，CSRD对于ESG披露进行了明确的强制性要求，对于披露内容和格式进行了更为细致的规范，同时大幅度扩展了需要进行披露的企业范围。CSRD可列入欧盟近年来在ESG方面出台的最重要的法规之列。

《可持续金融披露条例》（SFDR）由欧盟于2019年颁布，并于2021年3月生效。SFDR规定了金融市场参与者（如资管公司和保险公司）和金融顾问公司的披露义务。SFDR要求相关公司披露其自身公司层面信息（entity level），以及其发行出售的金融产品信息（product level）。

为考察投资对可持续发展的影响，SFDR制定了公司层面18个必须披露的关键指标和一批可选择披露的指标。

《欧盟分类条例》（EU Taxonomy Regulation）于2020年颁布并实施。该法案将逐步建立一个可持续经济活动的分类系统，向企业、投资者和政策制定者提供不同类型可持续经济活动的定义，从而提高ESG信息的准确性，降低"漂绿"风险。《欧盟分类条例》总结了六项环境目标，即：①缓解气候变化；②适应气候变化；③水和海洋资源的可持续利用和保护；④向循环经济过渡；⑤污染的预防和控制；⑥保护和恢复生物多样性和生态系统。可持续经济活动须满足四个条件：有助于实现六项环境目标中的至少一项；对其他环境目标中的任一项都没有造成"重大损害"；不产生负面的社会影响（例如，须符合联合国商业和人权指导原则）；符合欧盟技术专家小组制定的技术筛选标准。

2. 美国：发布《加强和规范针对投资者的气候相关信息披露》提案

在可持续发展和绿色转型方面，美国不同于欧盟，没有类似于《欧洲绿色协议》或《欧洲气候法》这样统筹全局的政策法规，将来也不太可能制定类似的政策法规。美国的ESG相关政策法规主要由SEC负责制定。

2022年3月，SEC公布了一项名为《加强和规范针对投资者的气候相关信息披露》的提案。该提案是SEC提出的首个具强制性的气候信息披露法规，具有里程碑意义。依据提案，企业须披露与气候有关的治理、战略、风险管理信息以及衡量标准和目标。此外，企业须披露按指定方法计算得出的范围 1 和范围 2 温室气体排放量；达到一定规模的企业须提供经第三方验证的排放数据；大型企业须披露范围 3 排放。

该提案原计划让首批参与的公司于 2023 财年开始披露相关信息，然而该提案至今也没有进行最终的起草工作。2023 年 9 月，SEC 的主席表示，许多企业对 SEC 将范围 3（价值链上下游各项活动的间接排放）纳入《加强和规范针对投资者的气候相关信息披露》表示担忧，因为这些企业认为范围 3 不可靠且不符合发展要求。所以 SEC 在最终起草相关规则时，会对这些问题进行深入的考量。

3. 英国：计划制定可持续发展披露标准

2023 年 8 月，英国商业与贸易部（DBT）表示，他们正在计划制定英国可持续发展披露标准（SDS），该标准将以国际可持续发展准则理事会（ISSB）发布的国际财务报告准则（IFRS）可持续发展披露标准的全球基准为基础，要求企业对面临的与可持续发展相关的风险和机遇进行披露。英国遵循欧盟的《非财务报告指令》，于 2016 年发布《公司、合伙企业和集团（账户和非财务报告）条例 2016》，并从 2017 年开始实施。因为英国已于 2020 年 12 月 31 日退出欧盟，欧盟正在实行的《可持续金融披露条例》（SFDR）和《欧盟分类条例》对英国不再适用。英国政府于 2021 年 10 月发布《绿化金融：可持续投资路线图》（Greening Finance: A Roadmap to Sustainable Investing），提出要建立英国自己的可持续发展披露制度（Sustainable Development Reporting，SDR）和绿色分类条例（Green Taxonomy）。根据路线图，SDR 将采用 TCFD 框架，针对企业、资产管理公司和资产所有者、投资产品三类主体提出披露要求。

2022 年 1 月，英国政府发布《2022 年公司战略报告（与气候相关的财务披露）条例》和《2022 年有限责任合伙企业（与气候相关的财务披露）条例》。两个条例都符合 TCFD 框架，规定满足一定标准的上市公司、银行、保险公司、大型私人公司和有限责任合伙企业，必须披露与气候相关的财务数据。两个条例已于 2022 年 4 月生效，英国成为首个强制企业披露气候相关信息的 G20 国家。此外，按路线图要求，英国金融行为监管局（Financial Conduct Authority，FCA）制定了本国的可持续性金融披露框架。2021 年 12 月，FCA 发布了气候相关信息的最终披露规则和指南，并从 2022 年 1 月开始逐步实施。规则符合 TCFD 框架，要求公司披露管理投资时考虑气候相关风险和机会，以及投资产品层面的气候相关信息。

4. 其他国家政策法规

除欧盟法律外，德国于2021年通过《供应链企业尽职调查法》，要求雇员超过3 000人的公司从2023年1月1日起对其直接供应商进行审计，并评估间接供应商在人权或环境方面的风险。从2024年1月1日起，雇员超过1 000人的公司将被纳入该法律的范围。

荷兰金融市场管理局（AFM）于2023年11月公布了一份关于拟议欧盟可持续发展披露条例（SFDR）改革的立场文件，AFM建议引入更容易被投资者理解的三个可持续产品标签，即"过渡""可持续"和"可持续影响"，同时，AFM将为每个标签附加具体的最低质量和披露要求，以应对"漂绿"风险。AFM高度赞同对可持续产品进行披露，将支持所有金融产品（包括不具有可持续特征的金融产品）披露的可持续性指标，以便投资者评估其负面影响。

2021年10月，加拿大证券管理局（Canadian Securities Administrators, CSA）发布了名为《气候相关事项的披露》的提案，将为企业（投资基金除外）引入气候相关事项的强制性披露要求。

2023年7月，新加坡会计与企业监管局（ACRA）和新加坡交易所监管局（SGX RegCo）就新加坡可持续发展报告咨询委员会（SRAC）推进气候报告的建议开展了公众咨询，该建议要求上市公司自2025财年开始报告与国际可持续准则理事会（ISSB）要求相一致的气候相关披露，而大型非上市公司则自2027财年开始报告。

2023年6月，澳大利亚政府发布了一份咨询文件，文件显示澳大利亚政府正计划对公司和金融机构实施强制性的气候相关财务披露要求。澳大利亚拟议的气候相关披露要求侧重于核心要素，重点关注治理、战略、细节风险和机遇以及指标和目标等方面的内容。表1.1汇总了世界主要经济体已出台或正在制定的代表性ESG披露政策法规。

表 1.1　世界主要经济体代表性ESG披露政策法规

经济体	政策法规名称	状态	面向对象	披露内容
欧盟	非财务报告指令（NFRD）	已终止	拥有超过500名员工的大型上市企业（资产负债表总额>2 000万欧元或净营业额>4 000万欧元）	环境保护，社会责任和员工待遇，人权，反腐败和贿赂，公司董事会多样性

续表

经济体	政策法规名称	状态	面向对象	披露内容
欧盟	可持续金融披露条例（SFDR）	实行中	金融市场参与者（资管公司、银行、养老基金、金融顾问公司和保险公司）	一级披露：用来识别参与者对可持续发展产生的负面影响的策略；二级披露：尚未实行
	欧盟分类条例（EU Taxonomy Regulation）	实行中	企业、投资者和政策制定者对可持续经济活动的定义（涵盖13个行业）	为NFRD、SFDR和CSRD披露指令与条例提供支持
	企业可持续报告指令（CSRD）	实行中	所有欧盟境内上市公司（上市微型企业除外）；所有符合以下三个标准中两个的公司（无论是否上市）：资产负债表总额>2 000万欧元，净营业额>4 000万欧元，雇员>250人	按《欧盟可持续发展报告准则》（European Union Sustainability Reporting Standards，ESRS）标准披露；符合《欧盟分类条例》对于可持续经济活动的定义；信息需经第三方审计
美国	加强和规范针对投资者的气候相关信息披露	征求意见	在美上市企业	符合TCFD规范的气候变化信息，范围1和范围2温室气体排放，达一定规模需披露范围3排放
	温室气体报告项目（GHGRP）	实行中	年温室气体排放超过25 000吨的工业设施	范围1温室气体排放
英国	2022年公司战略报告（与气候相关的财务披露）条例 2022年有限责任合伙企业（与气候相关的财务披露）条例 加强与气候有关的信息披露标准的上市公司披露 加强与气候有关的信息披露——资产管理公司、人寿保险公司和受FCA监管的养老基金	实行中（前两个条例从2022年4月开始；后两个法规从2022年1月开始）	达到一定规模的英国上市公司、私人公司、银行、有限责任合伙公司、资产管理公司、人寿保险公司和养老基金	符合TCFD规范的气候变化信息
	英国可持续发展披露标准	征求意见	在英企业	与可持续发展事项相关的风险和机遇

7

续表

经济体	政策法规名称	状态	面向对象	披露内容
德国	供应链企业尽职调查法	2023年1月开始实施	超过3 000人的企业；超过1 000人的企业，从2024年1月开始实施	供应商在人权或环境方面的风险
加拿大	气候相关事项的披露	征求意见	上市公司	参考TCFD规范的气候变化信息
澳大利亚	气候相关财务披露	征求意见	公司和金融机构	治理、战略、细节风险和机遇以及指标和目标等方面的内容

注：各政策法规的状态更新至2023年11月24日。

（二）披露信息的标准化

强制披露必然伴随着对披露信息内容和格式的约束，否则无法保证信息的完备性、准确性和可比性。非强制性的法规，如欧盟曾采用的《非财务报告指令》（NFRD）和美国证券交易委员会（SEC）发布的《关于气候变化相关披露的指导意见》，通常不制定披露标准。欧盟于2022年开始实施的《企业可持续报告指令》（CSRD）要求企业采用《欧盟可持续发展报告准则》（European Union Sustainability Reporting Standards，ESRS）；SEC发布的《加强和规范针对投资者的气候相关信息披露》提案，要求企业披露的信息符合气候相关财务披露工作组（TCFD）设定的规范。另外，新的披露法规也普遍要求企业在部分披露指标上要获取第三方核验。从无标准向有标准转变，目的是提高ESG披露信息的完备性、准确性与可比性。

此外，标准制定机构近年来快速整合，针对ESG信息，有望形成像《国际财务报告准则》一样得到普遍应用的披露标准。ESG披露标准制定机构以非营利性组织为主，且背后往往得到政府部门、大型投资机构、大型企业的认可与支持。图1.2显示了主要ESG披露标准制定机构的发展与整合过程。在2021年COP26格拉斯哥气候峰会上，国际财务报告准则基金会（IFRSF）宣布设立下属机构——国际可持续准则理事会（ISSB）。ISSB整合了价值报告基金会（The Value Reporting Foundation，VRF）与气候披露标准委员会（CDSB）；VRF则由可持续会计准则委员会（Sustainability Accounting Standards Board，SASB）与国际综合报告理事会（The International Integrated Reporting Council，IIRC）合并而成。除ISSB外，基金会另一下辖机构为国际会计准则理事会（International Accounting Standards Board，IASB）。IASB历史悠久，起源可追溯至20世纪70年代。IASB制定了通行于世界绝大部分国家的《国际财务报告准则》，为企业财务信息披露设定了全球标准，具有巨大的影响力。ISSB是IASB的平行机构，正着力于制定针对非财务信息披露的国际标准。2023年6月，ISSB正式发布了《国际财务报告可持续披露准则第1号——可持续相关财务信息披露一般要求》（简称"IFRS S1"）和《国际财务报告可持续披露准则第2号——气候相关披露》（简称"IFRS S2"）。IFRS S1包括一套披露要求，旨在使公司能够向投资者传达他们所面临的与可持续性相关的风险和机会。IFRS S2详细规定了如何进行气候相关披露，并将与IFRS S1配合采用。值得注意的是，这两项准则都完全纳入了气候相关财务信息披露工作组（TCFD）的建议。这两项信息披露标准将于2024年1月1日之后的年度报告期生效，这意味着第一批采用该标准的报告将在2025年发布。

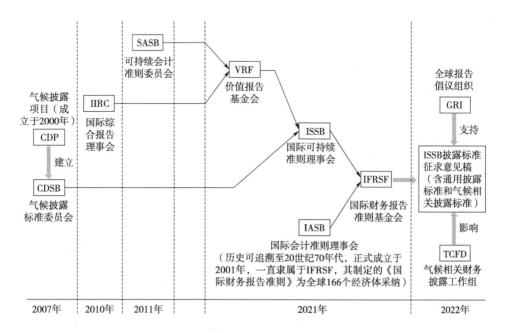

图 1.2　披露标准制定机构的整合

相比ISSB当前发布的披露标准，欧盟可持续发展报告准则（ESRS）涵盖了更广泛的ESG议题，披露要求数量更多，更具规范性。在对ESG议题重要性的理解方面，二者存在差异。ISSB标准基于SASB等框架，从单重重要性（single materiality）财务角度定义重要性。欧洲财务报告咨询小组（EFRAG）与全球报告倡议组织（GRI）合作制定了ESRS。ESRS遵循GRI提倡的双重重要性原则（double materiality），即除了议题对于财务的重要性，也会考虑其对于环境和社会问题的重要性。因此，ESRS针对更广泛的利益相关者。

（三）"漂绿"现象与防范措施

"漂绿"是近年来颇为困扰ESG发展的现象。所谓"漂绿"，是指一家公司将金钱和时间投在以环保为名的形象包装上，而非实际的环保行为。"漂绿"的规模有多大，对此尚无定论，也缺乏可靠的数据。2021年，欧盟的一份研究报告称，42%的绿色相关声明是夸大的、错误的或者具有欺骗性的[1]。各行各业都可能出现"漂绿"，但目前国际上监管的重点是金融领域。

2023年，一些国家和地区对漂绿进行了更加严格的管理和防范，包括调查、罚款和监管等。2023年6月，英国广告监管机构广告标准局（ASA）禁止了壳牌公司和马来西亚国家石油公司的漂绿广告，因为他们的广告误导了公众对这些公司的产品在气候和环境方面表现的认知。2023年9月，美国证券交易委员会（SEC）[2]发表一份声明，称其经过为期两年的调查，认为欧洲资产管理公司DWS"对其将ESG因素纳入ESG综合产品的研究和投资建议的陈述，具有重大的误导性。"所以SEC对DWS进行了指控，并对其处以1900万美元的罚款，这是美国证券交易委员会（SEC）对资产管理公司实施的漂绿行为的最大处罚。

除禁止广告和罚款之外，为防范漂绿，本年度一些经济体的监管机构出台了相应的监管措施。例如，2023年3月，欧盟委员会提交了《绿色声明指

---

① Screening of websites for "greenwashing": half of green claims lack evidence[EB/OL]. [2023-03-01]. https://icpen. org/news/1146 .

② Screening of websites for 'greenwashing' : half of green claims lack evidence, https://icpen.org/news/1146（last visited Nov. 24, 2023）.

令》（Green Claims Directive）的最终立法提案①，该项提案的制定旨在打击企业产品标签和广告宣传中的"漂绿"行为。《绿色声明指令》要求，当公司对其产品或服务做出"绿色声明"时，必须在如何证实这些声明以及如何传达这些声明方面遵守最低限度规范。指令规定，无论是"绿色声明"还是为产品和服务添加的环境标签都需要通过可靠、透明、独立的验证和定期的审查。如果企业不遵守相关规定，将被处以至少占公司年营业额4%的罚款，并被没收从相关产品中获得的收入。

二、ESG评级评价

2023年度，ESG评级评价有三个现象值得关注：一是国际知名评级机构的ESG评价方法进一步更新；二是ESG评级评价的应用领域逐步扩张；三是监管机构将继续对评级机构和数据提供商进行监管。

（一）评价方法进一步更新

2023年，ESG评价评级方法逐渐增加。2023年4月，全球领先的ESG研究、评级和数据提供商Morningstar Sustainalytics发布了低碳转型评级，旨在为投资者提供前瞻性和科学性的方法，以评估公司目前与"将全球变暖限制在1.5摄氏度"的净零目标的一致性。不仅如此，Morningstar Sustainalytics还在6月宣布增强其物理气候风险指标产品的作用，以便能够更深入地了解公司与物理气候风险相关的风险敞口、损失和财务弹性。

2023年6月，标普全球（S&P Global）宣布推出新的自然和生物多样性风险投资组合评估服务，旨在使金融机构能够了解和评估投资组合与自然相关的风险。标准普尔的新服务将利用其最近推出的自然与生物多样性风险数据集，该数据集涵盖17 000多家公司和160多万项资产，使公司和投资者能够评估、管理和解决与自然相关的风险和影响。

2023年11月，信用评级、研究和风险分析提供商穆迪推出净零评估（NZA）框架，NZA的评分是从NZ-1（最高分）到NZ-5（最低分）的5分制，

---

① Green claims, https://environment.ec.europa.eu/topics/circular-economy/green-claims_en(last visited Nov.24,2023).

考虑了企业实施净零排放的强度、计划的实施情况以及有关减排治理等方面的内容。穆迪的NZA框架适用于非金融企业，包括具有类似商业收入能力的公共部门和非营利实体等。

（二）评级评价的应用领域逐步扩张

ESG评级评价的应用领域在2023年也得到扩张。ESG评级评价不仅仅是证券投资的工具，也开始影响企业的信贷融资及运营战略、银行信贷和市场风险等。

首先，ESG评级评价开始直接影响企业信贷和融资。标普全球和穆迪都已经将ESG因素纳入信用评级模型，企业的ESG评级将直接影响其信用评级。不仅如此，2023年2月，欧洲央行（The European Central Bank，ECB）宣布，将把更大比例的公司债券购买重点放在气候表现更好的发行人身上，以支持3.44亿公司债券投资组合进行脱碳。欧洲央行将会在未来几个月开始缩减计划购买资产的持有量，其提供的相关细节揭示了更为强烈的绿色倾斜的投资倾向。

其次，ESG评级评价将继续发挥其对企业战略和运营的影响。2023年1月，全球专业服务公司德勤公布了一项调查报告，该项报告针对24个国家超过2 000名不同行业不同收入的C级高管进行了调查和研究。结果显示，基本上全球所有大公司的高层管理人员都认为气候变化将对其企业的战略和运营造成影响。为应对气候问题带来的挑战，他们认为应该建立衡量环境影响和可持续进展的新方法，并将其引入到企业日常的经营活动中。

最后，ESG评级评价还将对银行信贷和市场风险，乃至整个金融体系的稳定性产生影响。2023年10月，欧盟银行监管机构欧盟银行管理局（EBA）发布了一份新报告，根据报告披露的信息，环境和社会风险会随着时间的推移变得更加突出，为保证银行业运营的稳定性，EBA建议银行业在未来三年采取一系列短期活动，包括将环境风险纳入压力测试计划，鼓励将环境和社会因素纳入信用评级机构的外部信用评估，并制定与环境相关的风险指标，以便能够对其报告起到监管作用。

（三）对评级和数据提供机构的监管

近年来ESG的迅猛发展大大提升了ESG评级评价和数据提供机构在金融市

场的影响力。其中，ESG评级评价机构针对市场需求，推出了丰富多样的ESG产品，这些ESG产品指导着万亿美元的资金流动，在金融市场上有重要影响。

另一方面，数据是进行ESG评级评价的基础，对于评级评价结果的有效性和准确性有至关重要的影响。近年来，随着市场对于ESG评级评价的需求上升，国际和国内都出现了一批专门的ESG数据提供商，一些传统的金融信息服务公司如汤森路透（Thomson Reuters）、路孚特（Refinitiv）也开始提供ESG数据产品。机构投资者可购买数据提供商的数据服务，在机构内部更加灵活地开展定制化的ESG评级评价。

传统上，ESG评级评价和数据提供机构的商业运作属于市场行为，监管机构并未对其进行专门的监管规制。但从2021年开始，一些国家的监管机构和相关国际组织开始提议，要对ESG评级评价和数据提供商进行专门的监管。这些提议的出发点通常包括以下两个因素。第一，ESG评级评价和数据提供机构的产品设计不够透明，对于投资者而言往往是黑箱，无法评估这些ESG产品的有效性和准确性。第二，不同机构提供的评级评价结果不一致，投资者往往需要从不同机构购买ESG产品，以交叉验证有效性，这大大推高了投资者开展ESG投资的成本。

2021年11月，负责协调世界各国证券监管机构的国际证监会组织（International Organization of Securities Commissions，IOSCO）呼吁，将ESG数据和评级置于证券监管机构的职权范围内，以提高ESG产品的可比性和可靠性，以此增加用户的信任。

2022年6月，欧洲证券和市场管理局（ESMA）表示，通过市场调查发现，ESG评级机构有多个缺点，包括数据颗粒度不够、方法复杂且缺乏透明度。ESMA特别注意到，ESG评级缺乏对特定行业的覆盖，以及在评级用户试图了解方法和纠正错误时与评级供应商互动不佳。随后ESMA进一步表示，他们将努力促进评级的透明度和数据的一致性。

2023年7月，应英国监管机构金融行为监管局（FCA）的要求而成立的ESG数据和评级工作组（DRWG）宣布，他们将为ESG评级和数据提供商推出自愿行为准则草案。该准则的主要目标包括提高投资者在产品和企业层面上获得信息的可用性，提高数据的透明性、系统性、治理质量和控制程度等来增强市场的诚信度，促进产品和供应商之间能够更好地沟通，以此来改善ESG数据和评级领域的竞争。根据FCA披露的草案，拟议的行为准则围绕六项关键原则而制定，即良好治理、确保质量、利益冲突、透明度、保密性和参与程度等。

综上所述，欧盟、英国等经济体的监管机构和IOSCO等国际组织对于监管ESG评级和数据提供机构持较为积极的态度，也给出了有一定说服力的理由。另一方面，ESG评级机构和数据提供商往往倾向于推行针对本行业的行为准则，且监管范围应仅限于评级产品，不应纳入数据产品。到目前为止，还没有真正落地实施的监管政策，事态如何发展还须进一步观察。

关乎ESG评级和数据提供机构的监管，具有一定参考意义的是各经济体对于信用评级机构的监管方式。目前，美国、欧盟和日本等经济体对于信用评级机构都制定了明确的监管法规。美国监管机构认为，监管信用评级机构对于保护投资者和促进市场公平有重要意义。美国国会于2006年通过了《信用评级机构改革法》，规定了美国证券交易委员会（SEC）监管信用评级机构的内部流程、记录保存和某些商业行为。金融危机后于2010年通过的《多德-弗兰克法案》进一步扩大了SEC对于信用评级机构的监管权力，包括要求披露信用评级方法的权力。欧盟对于信用评级机构的监管部门主要是欧洲证券和市场管理局（ESMA）[①]。ESMA主要依据《信用评级机构条例》（CRA Regulation）进行监管。ESMA的职权包括：①分析信用评级机构提交给ESMA的定期信息；②分析市场参与者收到的投诉；③监测信用评级机构提交给ESMA的评级数据；④对信用评级机构进行调查；⑤对违规的信用评级机构进行罚款或吊销其注册资格。

对比可见，当下各经济体对于ESG评级评价的监管力度还远未达到信用评级监管的水平。未来对于ESG评级评价的监管走向可能取决于以下几个因素：一是ESG评级机构的影响力。如影响力继续上升，则进一步监管的可能性会提高。二是ESG评级是否会对市场造成系统性风险。当前对于信用评级机构的监管在一定程度上是因为大型信用评级机构对于次贷金融危机负有重大直接责任。

关于第一个因素，随着市场进一步接受ESG理念，大概率ESG评级行业的整体影响力会进一步上升。关于第二个因素，ESG评级行业与信用评级行业则存在重大区别。第一，信用评级行业高度集中，三大信用评级机构（穆迪、

---

① What is the CRA regulation and what does it cover? [EB/OL]. [2023-03-01]. https://www.esma. europa.eu/supervision/credit-rating-agencies/supervision.

惠誉、标普）占有95%以上的市场，而ESG评级行业的集中度要低得多。第二，不同信用评级机构的信用评级结果高度一致，而ESG评级机构的评级结果一致性较低。第三，在信用评级机构的商业模型中，评级机构向被评公司收取费用，评价者与评价对象存在直接的利益关系。而ESG评级机构不向被评公司收取费用，其营收来自购买其评级和数据的投资者。基于这三个区别，即使ESG评级机构影响力进一步提升，其造成系统风险的可能性也许还是显著低于信用评级机构。

三、ESG投资

（一）投资规模整体略增长但部分领域有放缓趋势

2023年，全球ESG投资规模继续展现强劲增长。以标志性的联合国责任投资原则UN PRI为例，截至2023年11月24日，本年度共有423家机构签署了UN PRI，签署机构总数已达5 367家，相较2022年大幅增长了7.96%；管理总资产超过135.22万亿美元[①]。此外，截至2023年11月24日，专注于气候变化的净零排放资产管理者倡议（Net-Zero Asset Manager Initiative）的签署机构达315家，管理总资产超过64万亿美元[②]。

晨星（Morningstar）认为，全球可持续基金在2023年第三季度受到需求疲软的打击，投资者在2023年第三季度从可持续基金中撤出了27亿美元，该领域已经连续四个季度出现资金流出的现象。由于撤资和市场表现不佳，可持续基金的资产缩水至2 988亿美元以下。截至第三季度末，可持续基金仅有661只，以可持续发展为重点的产品开发在第三季度显著放缓。

（二）更多元化与广泛的参与者

2023年，主权基金对ESG投资的参与程度继续上升。投资机构景顺资产

[①] Signatory directory, https://www.unpri.org/signatories/signatory-resources/signatory-directory (last visited Nov. 24, 2023).

[②] The Net Zero Asset Managers initiative, https://www.netzeroassetmanagers.org/(last visited Nov. 24, 2023).

管理公司（Invesco）调查了85个主权基金和57个中央银行（资产总额约为21万亿美元），发现主权基金设有正式的ESG投资政策的比例，从2017年的46%上升到2023年的79%，而央行则从11%上升到59%。根据景顺资产管理公司的报告，主权基金和央行主要通过直接投资绿色基础设施和绿色债券等方式，促进能源转型融资。同时，为推动ESG目标的实现，他们还致力于解决"漂绿"问题带来的挑战并积极利用专业知识来促进绿色投资[①]。

养老基金也是ESG投资的重要参与者。2023年2月，资产管理公司Osmosis将按照可持续投资策略代表荷兰的一支国家养老基金运营45亿美元，这是有史以来签署的最大额养老基金ESG策略授权运营的合同之一。根据签订的合同，Osmosis将代表Pensioenfonds PGB监督制定全球股票投资组合，旨在通过投资在碳排放、水消耗和废物输出等指标上表现良好的公司，实现环境效益。

（三）金融产品和服务的规范化

2023年ESG金融产品和服务也进一步规范化。规范化有助于保护投资者，打击"漂绿"，促进可持续金融健康发展。ESG金融产品和服务规范化政策法规的核心问题是：什么样的产品和服务可以标记为可持续或ESG？欧盟、美国和英国政策法规的发力点主要还是围绕产品和服务的信息披露，其主要手段是引入产品和服务的分类，以及规范产品命名。

欧盟当前针对ESG金融产品和服务规范化的主要政策法规是在2021年3月生效的《可持续金融披露条例》（SFDR）。SFDR要求披露金融产品对于ESG因素的整合程度，以及是否设立有可持续目标。SFDR旨在通过提高金融产品和服务的透明度，帮助投资者区分和比较不同的产品和服务。SFDR要求资产管理公司将在欧盟销售的基金分类为第6分类、第8分类或第9分类（Article 6，Article 8，Article 9），区别在于：

● 第6分类：没有将任何形式的可持续性或ESG因素纳入投资过程的基金。

---

① Global sovereign asset management study 2023, https://www.invesco.com/content/dam/invesco/apac/en/pdf/insights/2023/july/igsam-main-study-july-2023.pdf（last visited Nov.24,2023）.

- 第 8 分类：投资过程中考虑 ESG 因素，但未将可持续投资作为核心目标的基金。

- 第 9 分类：设置有特定可持续投资目标的基金。

2023 年 10 月，欧盟公布一项法规，该法规用于制定新的欧洲绿色债券标准（Green Bond Standard），这标志着新的欧洲绿色债券（EuGB）的拟定已进入最后步骤，该标准旨在打击"漂绿"行为，并帮助欧盟可持续金融市场稳定发展。根据最终规定，基于新的 EuGB 指定发行工具的所有收益将被投资于与欧盟分类标准一致的经济活动。除投资规定外，以 EuGB 命名发行债券的公司将需要遵循严格的透明度标准，包括披露债券收益的使用方式，承诺实施绿色过渡计划，并报告投资如何为这些计划做出贡献。

2023 年，一些经济体也出台了规范 ESG 金融产品命名的政策法规。2023 年 9 月，美国证券交易委员会（SEC）宣布采用新规则。该规则指出，使用"可持续"或"绿色"等与 ESG 相关的术语会带来"特殊的投资者保护问题"，因为"ESG 因素是一个需要特殊考虑的主题，这可能造成基金发布者在对基金进行命名时，使用特别的术语来吸引投资者。"所以，SEC 要求那些名称表明投资重点是 ESG 或可持续发展相关因素的基金，在这些因素上投资的资产价值最少要达到总体资产的 80%。

（四）股东参与

2023 年，投资机构也更加积极地行使股东权利，在 ESG 问题上更深地介入和影响企业决策。股东参与的一个主要途径是代理投票。ESG 问题在代理投票中的重要性不断提高。代理投票或委托投票（proxy voting）机制是股东传达他们对公司管理层意见的主要方式。这并不是一个新概念。但是近年来，代理投票和 ESG 问题的联系愈加紧密，获得了大量关注。通过代理投票，股东可以每年选举董事会成员，批准高管薪酬方案和公司提出的其他战略建议。不仅如此，现阶段通过代理投票方式提出的 ESG 相关提案越来越多。机构投资者可通过代理投票方式更深地介入公司管理，促成推行 ESG 战略和举措。2023 年 7 月，贝莱德（Blackrock）公司宣布他们正在筹划将其投票选择计划扩展到其公司最大的 ETF——iShares Core S&P 500 ETF 中。此举将使投资者能够控制自己对 300 多万 S&P 500 ETF 基金账户的代理投票选择。根据该计划，符合条件的投资者将获得一系列第三方政策，这些政策将用于根据基金所有权的比例分配代理投票。贝莱德表示，他们将使用S&P 500 ETF作为试点项目来评估投资者的兴趣、代理投票基础设施和用户体验，为进一步扩大投票选择计划积累经验。

对ESG投资的一个争议焦点是，在二级市场的投资能否带来现实中的环境和社会收益。对于这个问题，基于代理投票的股东参与提供了一种可能的答案，即ESG投资者可以通过代理投票机制来影响企业决策。对于ESG表现差的公司，投资者亦可以通过此机制促使其改善ESG表现。当然，代理投票这一股东参与方式能够产生的实效还有待进一步观察。

（五）投资收益

从全球范围来看，2023年度ESG指数产品和基金产品的收益与大盘相比各有优劣势。以具有较大影响力的MSCI发布的相关指数为例，基于ESG原则构建的ACWI ESG Leaders指数在本年度大部分时间的收益要好于跟踪全球股票市场的ACWI（All Country World Index）指数（如图1.3所示）。但是，MSCI新兴市场指数的表现则好于MSCI新兴市场指数ESG Leaders指数（如图1.4所示）。

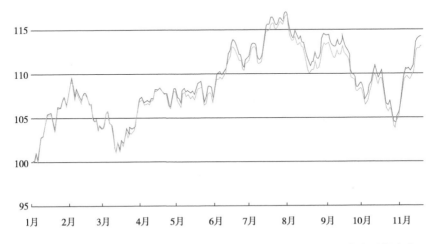

图1.3 MSCI ACWI指数（绿色）和MSCI ACWI ESG Leaders指数（橘色）

（注：为方便比较，指数的起点已归一化至100）

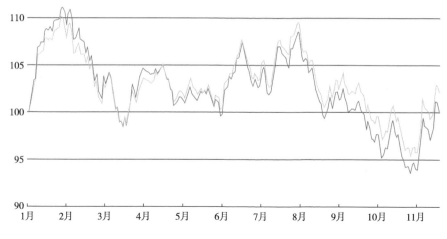

图 1.4　MSCI ACWI新兴市场ESG Leaders指数（绿色）和

MSCI ACWI 新兴市场指数（橘色）

（注：为方便比较，指数的起点已归一化至100）

四、特定ESG议题

以上阐述分析主要针对ESG的整体发展态势。2023年度，在部分特定的ESG议题上也有值得注意的新进展。

（一）气候变化

除气候变化相关披露政策外，本年度气候变化议题上还有如下重要进展。首先，COP28气候大会于2023年11月30日至12月12日在阿联酋召开。

另外，2023年8月，欧盟委员会通过了实施碳边境调整机制（CBAM）过渡阶段的规则，CBAM过渡阶段将从2023年10月开始并一直持续到2025年底。欧盟委员会发布的规则详细地说明了欧盟进口碳边境调整机制（CBAM）商品的过渡性报告义务，以及计算碳边境调节机制（CBAM）商品生产过程中排放的过渡性方法。该规则规定，在CBAM的过渡阶段，贸易商只需报告其受该机制约束的进口排放量，期间不会产生任何财务调整或需要支付的事项。同时，该规则还强调欧盟委员会允许根据实际情况在2026年之前对最终方法进行微调。

（二）生物多样性

生物多样性是ESG中E维度下的重要议题。经过近20年的艰苦谈判，2023年6月，联合国193个国家在纽约通过了一项具有里程碑意义且具有法律约束力的海洋多样性协定。该协定旨在加强各国对管辖区域以外海洋生物多样性的养护和可持续利用，其覆盖范围涵盖全球三分之二以上的海洋区域。一直以来，各国有责任保护和可持续地利用其国家管辖范围内的水域，但随着新协定的通过，公海的保护将得到加强，各国也将有责任使公海免受污染和不可持续捕鱼活动等破坏性趋势的影响。这份《〈联合国海洋法公约〉下国家管辖范围以外区域海洋生物多样性的养护和可持续利用协定》共计75条，为国家和其他利益攸关方之间的跨部门合作提供了一个重要框架，以促进海洋及其资源的可持续发展，并解决海洋面临的多方面压力。

另外，仿照TCFD的模式于2021年成立的自然相关财务信息披露工作组（Taskforce on Nature-related Financial Disclosures，TNFD）近年来开始逐步发挥作用。TNFD的目标是为企业和其他组织制定一个披露框架，以报告生物多样性丧失和生态系统退化的风险。2023年9月，自然相关财务披露工作组（TNFD）发布了关于自然相关风险管理和披露的最终建议。该建议重点强调了自然以及生物多样性对商业和金融的重要程度，有助于企业和金融机构预测昆明-蒙特利尔全球生物多样性框架（GBF）通过后即将发生的监管变化。

（三）森林保护

森林保护是ESG中E维度下的重要议题。2023年4月，欧盟通过了一项新法律，要求公司确保在欧盟销售的产品不会在整个供应链中造成森林砍伐和森林退化。新法律指出，在欧盟销售某些产品的公司将被要求发布尽职调查声明，确认该产品不是来自2020年后遭受森林砍伐或森林退化的土地，并要求将产品追溯到生产该产品的土地。新法律对森林退化进行了更广泛的定义。同时，新法律根据风险等级对国家和地区进行分类，来自低风险地区的产品将接受简化的尽职调查程序，对经营者的检查比例也较低。此外，该法律对违规行为的处罚也进行了说明，罚款最高可达运营商或贸易商在欧盟年收入的4%。在议会中该项决议以522票对44票的压倒性多数获得通过，待提交欧盟理事会正式通过后，该法律将予以执行。

（四）供应链

供应链相关议题是ESG中S维度下的重要议题。2023年2月，印度证券交易会员会（SEBI）发布了提高透明度的新提案，要求大型公司对其ESG报告和供应链层面的ESG披露提供保证，而ESG投资基金将面临更严格的投资组合和管理标准，该提案旨在提高信息的透明度和解决漂绿风险。根据印度发布的强制性要求，其市值排名前1 000的上市公司必须根据2021年推出的商业责任和可持续发展报告（BRSR）指南提供有关ESG因素的报告。SEBI的咨询文件指出，投资者和其他利益相关者将越来越依赖这些报告，所以报告公司的供应链需要更高的透明度。为了满足ESG披露的需求，SEBI推出了"BRSR核心"内容，为需要合理保证的E、S、G领域开发关键绩效指标（KPI）。不仅如此，BRSR核心框架还规定了促进企业报告和保证提供商对报告数据进行验证的方法[①]。

（五）员工就业保障

员工就业保障是ESG中G维度下的重要议题。2023年6月，各欧盟成员国的就业和社会事务部长已就欧洲理事会提议的改善平台工人（或零工工人）工作条件的指令达成一致。目前欧盟大约有2 800万平台工人，包括出租车司机、家庭佣工和外卖配送员，其中大部分都被归类为个体经营者。然而，约有550万被归类为个体经营的工人与数字劳动平台存在事实上的雇佣关系，因此理应享有国家和欧盟法律规定的雇员劳动权利和社会保护。理事会的提案旨在纠正这种错误分类，并使数字劳动平台承担更多责任。根据提案，出行平台Uber、外卖平台Deliveroo等"零工经济"平台将不得不将其工人归类为"员工"，员工有权享受最低工资、带薪假期和养老金等权利。

（六）多样性、平等与包容

多样性、平等与包容（Diversity, Equity & Inclusion，DEI）是近几年ESG

---

① CONSULTATION PAPER ON ESG DISCLOSURES, RATINGS AND INVESTING,https://www.sebi.gov.in/reports-and-statistics/reports/feb-2023/consultation-paper-on-esg-disclosures-ratings-and-investing_68193.html(last visited Nov.24,2023).

的热点议题。DEI通常可归类于S社会维度。2023年10月，美国联邦上诉法院维持了纳斯达克的董事会多元化规则。美国联邦上诉法院表示，美国证券交易委员会（SEC）在其权限范围内批准了该规则，SEC在制定决策时充分地考虑了投资者的意见，这些投资者认为董事会多元化的信息对他们的投资决策非常重要。

2021年8月6日，美国证券交易委员会（SEC）发布了一条董事会多元化规则，该规则披露的信息中显示，纳克达斯建议，除某些特殊情况外，每家在纳斯达克上市的公司在适用法律允许的范围内，需以汇总的形式公开披露公司董事会成员自愿认定的性别、种族特征以及性少数群体（LGBTQ+）身份。同时，除某些特殊情况外，要求每家在纳斯达克上市的公司，其公司董事会中至少有两名多元化成员，其中至少有一名董事会成员自认为是女性，有一名董事会成员自认为是少数族裔或LGBTQ+，如果没有的话，则需要解释原因。

（七）网络安全

回顾2023年，对于企业而言，网络安全正成为一个日益突出的ESG问题。随着经济的数字化转型和互联网更深地介入企业业务，企业面临的网络安全风险不断提高。世界经济论坛在2023年发布的一份报告称，网络攻击很可能会对组织产生重大影响[1]。2023年10月，提供单点登录和身份识别与访问管理解决方案的公司OKTA宣布，他们将启动一项新计划，该计划专注于寻找和培养最优秀的网络安全人才。OKTA表示，尽管网络威胁活动持续增加，但网络安全人才的缺口仍在继续扩大。所以，OKTA将利用慈善和教育赠款的方式，进一步将公司的影响力扩展到世界各地的社区，并帮助确保那些欠发达的社区能够学习到网络安全和技术培训的关键。

网络安全风险的常见表现形式包括数据泄露、黑客攻击和勒索软件。这些风险可能会影响ESG三个维度。例如，针对燃油管道和发电设施等基础设施的黑客攻击和勒索软件可能会带来环境危害，数据泄露会危害S维度下的员

---

[1] Global Cybersecurity Outlook 2022, https://www3.weforum.org/docs/WEF_Global_Security_Outlook_Report_2023.pdf(last visited Nov. 24, 2023).

工和用户隐私，针对公司管理层的攻击和个人账户入侵可能会危害公司治理，等等。另一方面，有证据表明，网络安全事件对于公司股票价格有显著且持久的负面影响。晨星的一份研究报告称，网络安全事件对于股价的负面影响甚至可持续长达一年[①]。

随着数字化进程深入推进，有理由认为，网络安全问题在各ESG议题中的重要性将进一步提升。

五、企业ESG行动

2023年，ESG正在更深地介入企业的组织架构、战略和运营。从组织结构而言，针对标普500企业2023年发布的250份可持续发展报告的研究表明[②]，公司各类委员会会对ESG领域的问题进行监督和指导，其中，提名和治理委员会负主要监督责任的比例高达52%，其他监督责任则由妇女委员会（16%），ESG/可持续发展委员会（9.6%），全体董事会（9.2%）等来负责。同时，该研究表明，高管在企业ESG发展的过程中也会承担监管责任，其中，由首席可持续发展官承担主要责任的比例可达27%，其他监管责任则由CEO（18%），副总裁/可持续领导人（10%）等负责。

在披露原因方面，根据彭博资讯（BI）对北美、欧洲和亚太地区的250名各行业高管和250名高级投资者的调查，尽管目前存在一些ESG投资反弹的现象，但是绝大多数高级投资者和企业高管都计划在未来5年内增加ESG投资。彭博咨讯的调查显示，投资者和高管致力通过投资ESG的方式，以提高企业的利润、竞争力和品牌价值。其中，63%的投资者进行ESG投资的目的是提高企业的利润，而32%的投资者认为投资ESG可以提升企业的品牌价值。

在披露事项方面，采用"ESG报告"这种命名方式的企业数量持续上升。

---

① Melissa Hudson, Liam Zerter, Cybersecurity: A Growing ESG and Business Risk，https://www.Sustainalytics.com/esg-research/resource/investors-esg-blog/cybersecurity-a-growing-esg-and-business-risk (last visited Nov. 24, 2023).

② Martha Carter, Matt Filosa, and Diana Lee, Teneo，The DNA of 2023 U.S. Sustainability Reports https://corpgov.law.harvard.edu/2023/10/06/the-dna-of-2023-u-s-sustainability-reports/ (last visited Nov. 24, 2023).

对 2023 年美国标普 500 企业发布报告的研究表明[①]，大约三分之一的报告采用"ESG 报告"这样的方式来命名（35%），"可持续报告"紧随其后（33%），其他命名包括"企业责任报告"（12%）、"影响力报告"（6%）和"社会责任报告"（4%）等。各个报告在篇幅长度方面差别较大，从 11 页到 262 页不等。在呈现数据方面，有大约 54% 的报告采用了表格化的方式披露 ESG 数据。在披露标准方面，标普 500 企业发布的 ESG 报告中，对第三方 ESG 披露框架的使用继续增加。其中，SASB（已整合入 ISSB）最为广泛，比例高达 92%，应用 TCFD 披露框架的比例为 77%，而应用 GRI 披露框架的比例则为 69%。以上披露框架能够被广泛使用的原因主要是许多大型机构的股东强制要求公司按照这些披露框架进行报告。

六、不足与争议

2023 年国际 ESG 发展也暴露出一些新的不足与争议，具体包括不同 ESG 议题的披露率参差不齐、ESG 评级的透明度和可靠性问题及对评级进行监管的探讨，对 ESG 投资回报的质疑、反 ESG 基金的出现，以及对 ESG 实效的质疑。

在披露方面的突出问题是不同 ESG 议题的披露率参差不齐。例如 2023 年度，G20 金融稳定委员会（Financial Stability Board，FSB）发布了题为《2022 年 TCFD 现状报告》等的多篇 ESG 与气候相关的报告[②]。报告发现：

● 在 2022 财年的报告中，约有 54% 的公司按照至少 5 项进行了披露，比 2021 财年增长 18%，然而按照所有 11 项建议进行披露的公司仅有 4%。

● 2022 财年期间，报告气候相关风险或机遇、董事会监督和气候相关目标的公司比例大幅度增加。对比 2020 年，这三个指标分别上升了 26、25 和 24 个百分点。

● 对于 2022 财年披露的报告来说，TCFD 建议披露的事项中，披露率最

---

① Martha Carter, Matt Filosa, and Diana Lee, Teneo, The DNA of 2023 U.S. Sustainability Reports, https://corpgov.law.harvard.edu/2023/10/06/the-dna-of-2023-u-s-sustainability-reports/ (last visited Nov. 24, 2023).

② Progress Report on Climate-related Disclosures: 2023 Report, https://www.fsb.org/2023/10/progress-report-on-climate-related-disclosures-2023-report/ (last visited Nov. 24, 2023).

高的是公司用于评估其气候相关风险或机会的指标。在接受调查的公司中有71%提供了这一信息。对比2020年，这一指标上升了24%。而在所有TCFD建议的披露事项中，披露率最低的是公司战略在不同气候相关情境下的弹性，披露率仅为11%。

此外，ESG涉及诸多与自然相关的议题，包括水资源消耗、化学与塑料污染、生物多样性。但是，代表S&P Global综合可持续发展产品的集团——S&P Global Sustainable1 1在2023年发布了一份报告①，报告中指出各大机构对防洪、质量控制和净化环境方面的依赖程度较高，而对于水资源例如水资源、地下水和地表水等依赖程度较低。

在评级评价方面，2023年，一些经济体继续探索对ESG评级评价进行的监管。由于目前全球范围内并没有建立起统一的ESG评价体系，所以各类企业对于ESG的理解还存在一定分歧。这也导致了一部分企业还没有对披露ESG信息做好充足的准备。由目前的监管态势可见，主要倾向采用的方法是通过较为软性的行业行为准则来约束机构的评级过程。评级机构对于采用行业行为准则的方式来监管ESG评级也较为认可。评级机构和监管机构的分歧主要在于：监管的范围是否还应包括ESG数据产品？目前在ESG投资方面，也出现了一些反对的举措和态势，例如本章前面曾介绍到全球可持续基金领域已经连续四个季度出现资金撤出的现象。同时，无论是企业层面还是政府层面也存在着一些反ESG行动。例如，在企业层面上，2023年5月，伯克希尔哈撒韦公司召开了年度股东大会。此次会议共有6项提案与E、S、G的主题相关，其投票结果显示股东否定了这6项提案，且否定票数远高于赞成票和弃权票。在政府层面，2023年7月，美国国会众议院金融服务委员会宣布将推出一系列法案，以抵制ESG举措在资本和金融市场的影响。新法案显示，美国国会众议院金融服务委员会要求公司仅报告其确认是重大问题的事项，允许公司将ESG相关股东提案排除在代理材料之外，并降低监管机构在气候相关金

---

① How the world's largest companies depend on nature and biodiversity, https://www.spglobal.com/esg/insights/featured/special-editorial/how-the-world-s-largest-companies-depend-on-nature-and-biodiversity#:~:text=S%26P%20Global%20Sustainable1%20data%20shows%20that%2085%25%20of,significant%20dependency%20on%20nature%20across%20their%20direct%20operations. (last visited Nov. 24, 2023).

融风险方面的协同互动能力，以上要求均代表了美国共和党反ESG理念的观念和态度。

此外，根据一些机构的调查，对金融业绩的担忧、ESG缺乏透明度和数据、ESG信息披露和报告框架缺乏一致性是ESG投资的主要障碍。投资机构施罗德在2023年对全球范围内超过23 000投资者进行了调查和研究[①]，施罗德的调查结果显示，全球有17%的投资者认为可持续运营并不会带来更大的价值。同时一部分投资者对于金融产品也抱有一定的消极态度。根据施罗德的调查，全球有6%的投资者认为可持续基金不会带来高回报，有2%的投资者认为投资可持续基金与他们的投资理念并不相符。同时，有19%的受访者表示，他们觉得自己在增加可持续投资方面会受到阻碍，因为他们并不确定可持续投资的范围和意义。

ESG的实施效果还面临着很多争议与挑战。例如，以气候为重点的投资者参与倡议"气候行动100+"（CA100+）在2023年宣布了对净零排放公司进行评估的结果[②]。CA100+研究了世界上最大的温室气体排放公司的减排目标、去碳化战略和气候披露表现。评估结果表明，公司对于净零转型的信心和长期目标的设定都取得了渐进式进展，但短期目标、脱碳战略和资本配置方面进展不足。且虽然企业在长期和中期目标设定方面取得了稳步进展，但这些目标中的大多数都不够全面或难与《巴黎协定》保持一致。全球环境信息研究中心CDP分析了全球企业制定和披露的碳排放目标[③]。CDP称其新的企业环境行动跟踪器将致力于汇总并跟踪气候承诺和减排行动。该跟踪器会从近 10 000 家公司中提取数据，这些公司披露的排放量可达全球排放量的 16%。2023 年 6 月，该跟踪器首次向使用CDP网站的用户提供CDP气候转型数据的结

---

① Global Investor Study 2023, https://www.schroders.com/en/global/individual/global-investor-study-2023/global-results/(last visited Nov. 24, 2023).

② CLIMATE ACTION 100+ NET ZERO COMPANY BENCHMARK SHOWS CONTINUED PROGRESS ON AMBITION CONTRASTED BY A LACK OF DETAILED PLANS OF ACTION , https://www.climateaction100.org/news/climate-action-100-net-zero-company-benchmark-shows-continued-progress-on-ambition-contrasted-by-a-lack-of-detailed-plans-of-action/(last visited Nov. 24, 2023).

③ CDP comment on G7 outcomes , https://www.cdp.net/en/articles/governments/cdp-comment-on-g7-outcomes (last visited Nov. 24, 2023).

果[①]，结果表明，在其调查的公司中，只有60%的公司制定了减排目标，而披露较为可信的气候转型计划的公司仅有81家。而在制定目标的公司中，只有24%（占全球排放量的5%）有望实现其减排计划。

总而言之，考察ESG的实效就需要回答：ESG投资在多大程度上改善了环境和社会，促进了可持续发展？这个问题恐怕暂时难以有严谨科学的答案。

---

① Only 5% of global emissions are covered by on-track targets, new Tracker from CDP finds,https://www.cdp.net/en/articles/media/only-5-of-global-emissions-are-covered-by-on-track-targets-new-tracker-from-cdp-finds (last visited Nov. 24, 2023).

○ 第二章　中国ESG发展态势

2023年，中国ESG实践在信息披露、评级评价以及ESG金融投资等方面进入一个新阶段。在政府政策方面，国内两大交易所、国资委、证监会、发改委、国家标准委等机构都发布了鼓励国内企业（尤其是国企、央企和上市公司）积极进行ESG实践的相关法规，明确了企业ESG未来的工作方向。国家经济想要实现高质量发展，企业经营与ESG理念的深度融合是一个重要抓手，是企业响应国家新发展理念，助力建设社会主义现代化国家的有效工具。

在信息披露的法规方面，本年度上交所、深交所以及生态环境部正式推出《上海证券交易所科创板上市公司自律监管指南（2023年11月修订）》《深圳证券交易所上市公司自律监管指引第3号——行业信息披露（2023年修订）》《企业环境信息依法披露管理办法》等政策法规，从披露主体、披露内容以及披露形式等方面进一步规范了企业ESG信息披露工作。

在评级评价和国际合作方面，近年来国际评级机构对中国市场的关注度不断增加，这主要体现在两个方面：一是中国企业与德国、澳大利亚、新加坡等国家以及摩根士丹利资本国际公司（MSCI）等国际ESG评级机构的互动比例增多；二是近年来国内评级机构数量持续增多，评级机构所属范围广泛。虽然国内尚未形成统一ESG评级标准，诸多评级机构开发自有评级体系，评级标准呈现出多元化趋势，但是指标构成上大致分是"E"、"S"、"G"自上而下构建、自下而上加总的金字塔式评级体系。截止到2023年，公司ESG表现处于正态分布的态势，中等级别的公司数量占据大多数，企业在信息披露、ESG治理方面存在较大的提升空间，仍需要积极参与ESG理念实践。

2023年度也见证了一批初具影响力的ESG相关团体标准和报告的发布。2023年1月19日，国务院新闻办公室发布《新时代的中国绿色发展》白皮书，全面介绍新时代中国绿色发展理念、实践与成效，分享中国绿色发展经验。1月20日，深交所发布了《深市上市公司环境信息披露白皮书》，主要由四部分内容构成：一是关于绿色低碳、可持续发展的相关政策。二是关于上市公司环境信息披露的相关制度。三是深市上市公司环境信息披露实践及优秀案例。四是交易所的实践及下一步工作安排。8月8日，国家标准委等六部门联合印发《氢能产业标准体系建设指南（2023版）》。8月16日，由每日经济新闻联合中央财经大学绿色金融国际研究院共同发布的《中国上市公司ESG行动报告（2022—2023）》对中国上市公司在不同行业领域的ESG行动进行了分析，对金融、医疗保健、房地产、交通运输、互联网、日常消费和新能源等七大重点行业的ESG表现进行了分析。9月23日，第六届中国企业论坛举办了以"践行ESG理念 创建一流企业"为主题的平行论坛。涵盖"央企ESG·先锋100指数"的《中央企业上市公司ESG蓝皮书（2023）》正式发布。论坛由国务院国资委社会责任局指导，中国社会责任百人论坛承办。

在区域ESG发展方面，2023年7月，天津市发展改革委发布全国首个省级ESG评价指南，首笔"蓝色债券"、首单"碳中和"资产支持票据绿色金融创新产品和服务相继落地。天津市制定了推动绿色金融创新发展的指导意见。2023年9月，由中国社会科学院财经战略研究院与中诚信集团联合提出的《中国ESG投资发展报告（2023）》，除了对金融、汽油、能源电力、电动汽车、制造业、蓝碳产业进行分析外，还专门制定了区域篇ESG投资发展分析，对北京市ESG投资发展现状与监管政策进行城市间的比较分析。2023年2月4日，"北京城市副中心建设国家绿色发展示范区——打造国家级绿色交易所启动仪式"在通州区举行。这标志着目前唯一一个国家级绿色交易所——北京绿色交易所正式落户北京城市副中心，未来将建成面向全球的国家级绿色交易所，全面推进城市副中心建设国家绿色发展示范区。

在ESG金融投资方面，ESG基金与ESG债券是国内主要的ESG金融产品，本年度ESG基金规模相比2022年年底有明显增长，均呈现上升趋势；债券存量出现波动，绿色债券存量处于明显增长状态，但是社会责任债券和可持续发展债券出现了下降。与2022年相比，ESG金融产品的种类有所增加，出现ESG策略基金的分类，并且其发放量呈现逐年小幅上升趋势。纯ESG基金、泛ESG基金以及ESG债券的数目都有明显增长。本年度，投资服务、基金公司等各大机构表现了强烈的ESG投资参与意愿，积极签订了PRI，进一步说明ESG理念在投资市场进一步得到了认可。综上，国内的ESG发展正逐步步入快车道，相关政策法规出台、信息披露标准制定、评级评价方法确立都在推进形成一个本土化的ESG生态系统。

一、经济高质量发展与ESG

2020年11月，党的十九届五中全会提出"十四五"时期经济社会发展要"以推动高质量发展为主题"。2022年10月16日，二十大报告提出"高质量发展是全面建设社会主义现代化国家的首要任务"。ESG理念强调企业注重环境保护、履行社会责任、改善治理水平，与新发展理念和高质量发展的主题高度契合，企业积极践行ESG理念，是对新发展理念的落实，助力构建新发展格局，推动经济高质量发展。2023年，习近平在全国生态环境保护大会上强调，要全面推进美丽中国建设加快推进人与自然和谐共生的现代化。ESG理念在中国的企业和政府中继续发挥着重要作用，促进了新发展理念的落实，并助力构建新发展格局、推动经济高质量发展。

（一）ESG与新发展理念具有契合性

ESG中"环境保护（E）、社会责任（S）、公司治理（G）"与新发展理念的"创新、协调、绿色、开放、共享"契合。"E"与"绿色"一致。改革开放以来，我国经济的快速发展带来的环境负面影响让我们清醒地认识到，经济发展不应以牺牲环境为代价，出政绩不能只看数字，经济发展必须尊重自然、顺应自然、保护自然，促进经济增长与生态保护协调发展。当今，绿色低碳循环发展是我国经济转型升级的重要方向，绿色、循环、低碳是经济发展的标志。"E"强调关注企业资源消耗、污染防治、能源使用管理、碳排放量等因素，与新发展理念中绿色发展一致。"S"与"协调、共享"契合。党的十九大报告指出，我国社会主要矛盾已经转化为人民日益增长的美好生活

31

需要和不平衡不充分的发展之间的矛盾。"不平衡不充分"主要表现在区域不平衡、领域不平衡、群体收入差距不平衡，发展成果共享性不充分，公共服务缺位等。"S"关注企业员工权益、工作环境、产品责任、供应链管理、所在社区、债权人等利益相关主体之间的利益平衡，有利于企业贯彻共享发展和协调发展理念，更好地处理经济发展与社会和谐之间的关系，从而契合协调、共享发展理念。"G"与"创新"相通。当今，经济社会发展越来越依赖于理论、制度、科技、文化等领域的创新，国际竞争新优势也越来越体现在创新能力上，创新是经济高质量发展的第一动力。"G"关注企业股东权益、所有权治理结构、董事会独立性和有效性、透明度与复杂性以及关联方交易等因素，有利于企业构建创新性体制架构，优化管理资源配置，提高企业竞争力，从而与新理念中提倡的创新发展相通。"ESG"这一国际主流的投资理念和"开放"契合，可以指导和促进国内企业顺应全球化的潮流，按照更高的标准融入国际大循环，实现高水平的走出去和金融市场的双向开放，契合开放发展理念。

（二）ESG助力构建新发展格局

企业、投资者等微观主体的积极配合和大力支持可以促进构建新发展格局，助力实现经济高质量发展，对企业和投资者来说，ESG涉及信息披露与企业运营管理、市场监督与资金投向。企业和投资者实施ESG理念和ESG投资有助于促进资源的优化配置，促进提升经济增长动能，加大对外开放的力度。企业在生产经营中积极倡导ESG理念有助于很好地满足消费者需求、激发创新动能、实现可持续发展；投资者根据ESG理念进行投资，能够引导和规范企业行为、推动资本市场健康发展、发挥资本市场服务实体经济和支持经济转型的功能。由此来看，ESG实践有助于推动经济高质量发展。

（三）监管机构引导企业落实ESG理念和实践

近年来，上交所、深交所、证监会、发改委、国资委、国家标准委等机构陆续出台了ESG的各类政策，进一步明确了企业或其他组织在ESG实践中的责任和义务（如表2.1）。

表2.1　国内各监管机构发布的ESG相关政策

监管机构	政策名称	政策要求	发布日期	执行时间
香港联交所	《优化环境、社会及管治框架下的气候相关信息披露（咨询文件）》	筹备气候相关信息披露方面与ISSB准则接轨的工作，并向全球利益相关方征询意见和建议，充分借鉴气候相关财务披露工作组（TCFD）的建议。	2023年4月14日	2023年4月14日
国资委	《支持国有企业办医疗机构高质量发展工作方案》	该《工作方案》明确要求中央企业集团要进一步完善ESG工作机制，立足国有企业实际参与制定本土化的ESG信息披露规则、ESG绩效评价方法等，力争到2023年实现央企控股上市公司ESG报告披露的"全覆盖"	2022年5月27日	2022年5月27日
国家标准委	《氢能产业标准体系建设指南（2023版）》	《指南》提出了标准制修订工作的重点。明确了近三年国内国际氢能标准化工作重点任务，部署了核心标准研制行动和国际标准化提升行动等"两大行动"，提出了组织实施的有关措施	2023年7月19日	2023年7月19日
证监会	《上市公司独立董事管理办法》	《独董办法》要求：一是明确独立董事的任职资格与任免程序。二是明确独立董事的职责及履职方式。三是明确履职保障。四是明确法律责任。五是明确过渡期安排	2023年8月1日	2023年9月4日
上交所	《上海证券交易所股票上市规则（2023年8月修订）》	该《上市规则》中明确指出公司应当按照规定编制和披露社会责任报告等非财务报告，主动承担社会责任，维护社会公共利益，重视环境保护。	2023年8月4日	2023年8月4日
深交所	《深圳证券交易所股票上市规则（2023年8月修订）》	该《上市规则》中指出上市公司应积极践行可持续发展理念，规定公司按要求披露履行社会责任的情况，并强调公司董事应该支持企业履行社会责任。	2023年8月4日	2023年8月4日

续表

监管机构	政策名称	政策要求	发布日期	执行时间
生态环境部和市场监管总局	审议并原则通过了《温室气体自愿减排交易管理办法（试行）》	《办法》共8章51条，对自愿减排交易及其相关活动的各环节作出规定，明确了项目业主、审定与核查机构、注册登记机构、交易机构等各方权利、义务和法律责任，以及各级生态环境主管部门和市场监督管理部门的管理责任	2023年10月19日	2023年10月19日
发改委	《国家发展改革委等部门关于促进炼油行业绿色创新高质量发展的指导意见》	该《意见》明确，统筹发展和安全、绿色和经济、整体和局部、长期和短期的关系，协调推进炼油行业高端化、智能化、绿色化发展，提升产业链供应链韧性和现代化水平。将安全贯穿于行业发展的全过程和各环节，提高本质安全水平	2023年10月25日	2023年10月25日

资料来源：根据证监会、国资委、生态环境部、上交所、国家标准委、香港联交所等官方网站资料整理所得

2023年2月，证监会召开2023年系统工作会议，指出要推动提升估值定价的科学性与有效性。深刻把握我国的产业发展特征、体制机制特色、上市公司可持续发展能力等因素，推动各相关方加强研究和成果运用，逐步完善适应不同类型企业的估值定价逻辑和具有中国特色的估值体系，更好地发挥资本市场的资源配置功能。证监会于2023年8月1日发布《上市公司独立董事管理办法》（简称《独董办法》），自2023年9月4日起施行。《独董办法》共六章四十八条，主要包括以下内容：一是明确独立董事的任职资格与任免程序。二是明确独立董事的职责及履职方式。三是明确履职保障。四是明确法律责任。五是明确过渡期安排。下一步，证监会将指导证券交易所、中国上市公司协会建立健全独立董事资格认定、信息库、履职评价等配套机制，加大培训力度，引导各类主体掌握改革新要求。同时，持续强化上市公司独立董事监管，督促和保障独立董事发挥应有作用。

从上交所和深交所发布的股票上市规则来看，国内企业社会责任披露的强制性程度增强，明确将可持续发展理念注入到企业未来的发展中，指出上市公司应当按规定披露社会责任的情况。企业出现下列情形之一的，应当履行披露义务：

- 发生重大环境、生产及产品安全事故；
- 收到相关部门整改重大违规行为、停产、搬迁、关闭的决定或通知；
- 不当使用科学技术或违反科学伦理；
- 其他不当履行社会责任的重大事故或负面影响事项。

2023年4月26日，中国国新ESG成果发布会在京举行。会上发布了中国国新的有关ESG成果。中国国新ESG评价体系作为首个央企发布的ESG评价体系，包括ESG评价通用体系和31个行业模型，在环境、社会、治理三大议题下，设置120余个指标、400余个底层数据点，覆盖A股4 720家上市公司主体。"中证国新央企ESG成长100指数"是市场上首只央企"ESG+Smart Beta"指数，作为上交所与中国国新战略合作的一项重要成果，将进一步凝聚关注央企、投资央企的市场共识，助力央企高质量可持续发展。

2023年9月23日，第六届中国企业论坛举办了以"践行ESG理念 创建一流企业"为主题的平行论坛。涵盖"央企ESG·先锋100指数"的《中央企业上市公司ESG蓝皮书（2023）》正式发布，实现了ESG专项报告中央上市公司披露的"全覆盖"。2023年9月26日，国务院国资委召开中央企业提供上市公司质量暨公司治理工作专题会，总结提高央企控股上市公司质量工作进展，交流公司治理工作经验。会议指出，下一步中央企业要围绕完善上市公司治理、动态优化股权结构、提高信息披露质量、探索ESG新路径、已发合规经营重点工作，推动央企控股上市公司治理和规范再上新台阶。

2023年3月3日，中国首批新能源基础设施证券投资基金REITS获批，两单将募资100亿元，中国证监会已经批准了首批共两个新能源基础设施证券投资基金（REITs）：中信建投国家电投新能源封闭式基础设施证券投资基金和中航京能光伏封闭式基础设施证券投资基金，两单预计募集资金合计达100亿元。中国五大发电公司之一的国家电力投资公司计划以其江苏盐城的500MW海上风电项目作为本次REITs发行的底层资产，筹集不低于71.6亿元人民币，将在上交所挂牌上市。同为国企的可再生能源投资公司京能国际，将以其陕西榆林的300MW太阳能发电站和湖北随州的100MW发电站作为底层资产，拟募资26.8亿元。新能源REITs为快速增长的可再生能源项目提供了新的融资渠道，根据现有的REITs发行指南，运营时间超过三年，资产价值不低于10亿元人民币，并且拥有稳定现金流和分散来源的新能源项目将被允许将其发电资产证券化。

二、ESG披露

ESG相关信息披露是企业ESG等级评价的重要依据，国内上市公司目前主要通过独立发布企业社会责任报告进行环境（E）、社会责任（S）和公司治理（G）相关内容的公布，三个维度的内容篇幅或格式并不统一，且大多以描述性内容为主，存在一定的主观性。国际主流的ESG信息披露标准有SASB、GRI等，但中国企业有其独特的市场环境，企业的ESG实施具备一定的独特性、本土化特点。制定符合中国特色的ESG信息披露标准是企业的心之所向，国内两大交易所以及各监管机构也相应出台了不同层面的政策，鼓励国内上市公司积极主动披露社会责任的相关信息，为制定中国企业ESG信息披露标准和推进上市企业积极公布承担的ESG责任情况提供政策性支持。

（一）现行披露政策

目前国内多家部门和机构，例如深交所、生态环境部和上交所等都开始对ESG信息进行监管，要求各个企业对相关信息进行披露（见表2.2）。

表2.2 国内各监管机构发布的ESG披露政策

监管机构	政策名称	政策要求	发布日期	执行时间
深交所	《深圳证券交易所上市公司自律监管指引第3号——行业信息披露（2023年修订）》	该《指引3号》要求特定行业上市公司应当按照指引规定，披露投资者作出价值判断和投资决策所需的行业经营性信息。当公司所处细分行业发生重大环境污染事故的，应当披露环境事故发生的基本情况、超标或者违规排放的情况及其对环境、社会及其他利益相关者造成的影响和损失	2023年2月10日	2023年2月10日

续表

监管机构	政策名称	政策要求	发布日期	执行时间
深交所	《深圳证券交易所上市公司自律监管指引第11号——信息披露工作评价》	该《指引11号》要求上市公司信息披露工作评价结果主要依据上市公司信息披露质量，同时结合上市公司规范运作水平、对投资者权益保护程度等因素。其中是否主动披露环境、社会责任和公司治理（ESG）履行情况成为关注重点	2023年8月4日	2023年8月4日
生态环境部	《温室气体自愿减排项目方法学 造林碳汇（CCER-14-001-V01）》等4项方法学	该《方法学》指出造林碳汇项目可通过增加森林面积和森林生态系统碳储量实现二氧化碳清除，是减缓气候变化的重要途径。该方法学属于林业和其他碳汇类型领域方法学。符合条件的造林碳汇项目可按照文件的要求，设计和审定温室气体自愿减排项目，以及核算和核查温室气体自愿减排项目的减排量	2023月10月24日	2023月10月24日
上交所	《上海证券交易所科创板上市公司自律监管指南（2023年11月修订）》	该《监管指南》明确，科创公司应披露企业社会责任报告、公司治理专项报告、独立董事述职报告、内控报告等	2023年11月8日	2023年11月8日

资料来源：根据深交所、上交所和生态环境部官方网站资料整理所得

2023年，深交所发布的《深圳证券交易所上市公司自律监管指引第11号——信息披露工作评价》，明确规定要求上市公司信息披露工作评价结果主要依据上市公司信息披露质量，同时结合上市公司规范运作水平、对投资者权益保护程度等因素，从高到低依次划分为A、B、C、D四个等级。其中是否主动披露环境、社会责任和公司治理（ESG）履行情况，报告内容是否充实、完整成为关注重点。2023年，深交所发布新修订的《深圳证券交易所上市公司自律监管指引第3号——行业信息披露》，主要包括以下几个方面：

一是回应市场关切，优化经营性信息披露要求。

二是突出行业特性，强化ESG信息披露要求。

三是强化规则协同，调整非行业信息披露要求。

其中在突出行业特性，强化ESG信息披露要求方面：结合行业特点，对固体矿产资源、食品及酒制造、纺织服装、化工及电力等重污染行业，细化其重大环境污染事故信息披露要求，推动上市公司处理好业务发展与环境治理之间的关系；对固体矿产资源、化工、民用爆破等发生安全事故可能性较高、事故影响程度较大的行业，细化其重大安全事故披露要求，推动上市公司切实承担社会责任。

2023年6月27日，深圳证券交易所（简称深交所）与中国节能环保集团有限公司（简称中国节能）在北京签署战略合作协议。绿色低碳是深交所三大重点领域之一。深交所与中国节能在服务绿色发展、落实"双碳"战略等方面使命相同、目标一致。双方保持良好合作关系，前期合作硕果累累，中国节能旗下有5家深市上市公司。双方将以本次签署战略合作协议为契机，聚焦节能环保和绿色低碳发展主题，围绕企业上市培育、上市公司质量提升、多元化融资渠道拓展、产融服务平台搭建、加强研讨培训、推动国际化发展等开展全面合作，并在ESG体系建设和应对气候变化等方面进行探索，进一步共享优势资源，实现优势互补，共同服务好绿色低碳产业高质量发展。

在国内各机构发布的政策中，绝大多数要求是以定性描述为主，缺乏可视化数据的佐证，因此国内企业ESG信息披露标准量化程度还有待提升。与环境信息相关的定量指标与社会责任和公司治理相比，因其可借鉴的官方标准较多而体现更高的丰富性。但是，企业社会责任和公司治理具有本土化特色，例如党企共建、反腐败、脱贫攻坚等具备中国特色的企业治理方式，国际上缺乏相应的借鉴标准，故加快具备本土化特色量化标准的制定对促进ESG在中国的发展具有重大意义。常用ESG信息披露框架如表2.3所示。

表2.3　常用ESG信息披露框架

组织/机构	框　　架
全球报告倡议组织（GRI）	设定与经济、环境、社会相关的各项指标，并将其作为可持续发展报告予以披露

续表

组织/机构	框架
国际综合报告委员会（IIRC）	财务信息与非财务信息相关联，解释说明组织是否存在长期竞争力
可持续发展会计准则委员会（SASB）	公司向投资者披露财务上重要的可持续发展信息
碳排放披露项目（CDP）	进行环境相关的可持续发展信息披露
气候披露标准委员会（CDSB）	通过将环境信息整合到财务信息中以支持投资者的决策
气候相关财务信息披露工作组（TCFD）	在一致的框架内向金融市场参与者披露与气候变化相关的风险和机会

资料来源：根据官方网站资料整理。

2023年10月27日，中国生态环境部发布《中国应对气候变化的政策与行动2023年度报告》，报告中显示，气候变化是全球面临的共同挑战。应对气候变化，关系人类前途和未来，事关中华民族永续发展。中国一贯高度重视应对气候变化工作，坚定不移走生态优先、绿色低碳的高质量发展道路，促进人与自然和谐共生，推动构建地球生命共同体。2023年9月，中国企业改革与发展研究会向社会公布了《ESG评级体系研究及企业ESG评级表现分析》，根据中诚信绿金ESG评级方法及ESG Ratings数据库中2022年ESG数据进行评级表现分析。研究发现，我国上市公司的ESG信息披露水平和ESG评级表现均有待进一步提升；上市公司应准确识别自身不足，结合行业特征，提升ESG管理水平；进行ESG利益相关者内外部有效沟通，明确实质性议题；有效进行ESG信息披露，全面客观地呈现ESG信息披露内容。此外，各级监管方、证券交易所、ESG评级机构、上市公司与不同属性企业等需要加强沟通交流，才能构建出具有中国特色的ESG评级指标与体系，让ESG理念更好地助力"双碳"背景下中国经济高质量发展。

2023年6月21日，中国气象局气候变化工作领导小组部署推进应对气候变化的工作，指出"实施积极应对气候变化国家战略，确立碳达峰碳中和目标愿景"是构建以人与自然和谐共生为重要特征的中国式现代化的迫切需要。领导小组指出，气象部门是国家应对气候变化的基础性、先导性科技支撑部门，应对气候变化不仅是推动气象高质量发展的必然要求，更是保障国家整体安全的迫切需要，也是重构新型国际关系的重要途径。领导小组就推动气候变化工作再上新台阶提出三方面要求：

一要保持战略定力，把应对气候变化工作作为一项长期复杂的系统工程去推进。持续完善创新体系建设、不断夯实业务基础、突出抓好决策支撑重点工作、坚持拓宽服务领域。

二要善于借智借力，努力实现应对气候变化工作跨行业跨部门扩能增效。强化主动、互动、联动，凝聚共识、形成合力、协同创新，促进科学、服务与政策的深度融合，充分发挥专家智库作用。

三要强化国际合作，以全球视野推动和加强应对气候变化工作。积极参与全球气候治理，深耕全球监测、全球预报、全球服务，在国际舞台上积极发出中国气象声音，营造良好合作氛围，提升国际影响力。

2023年3月，香港联交所发布《2022上市委员会报告》，提出着重将气候披露标准调整至与气候相关财务信息披露工作组(TCFD)的建议及国际可持续发展准则理事金（ISSB）的新标准一致。2023年4月14日，中国香港联合交易所要求所有香港联合交易所上市公司从2024年开始提交气候信息披露报告，并就气候信息披露征询市场意见。联交所提议，从2024年1月1日开始，所有在联交所上市的公司都必须提供与国际可持续发展标准委员会（ISSB）即将发布的气候标准一致的气候相关信息披露报告。考虑到企业对于披露的准备的成熟度以及企业的差异性，联交所建议对于部分信息设定两年的过渡期（如范围3排放、气候相关风险和机会的财务影响）。10月31日，香港启动制定ESG评级和数据产品供应商资源操守准则，ESG评级和数据供应商将来可自愿签署遵守建议的资源操守准则。

2021年11月，IFRS基金会宣布成立国际可持续准则理事会（ISSB），致力于制定一套全球通用的可持续发展报告标准。2022年3月，ISSB发布了两份国际可持续披露准则的草案：《国际财务报告可持续披露准则第1号——可持续相关财务信息披露一般要求》（简称IFRS S1）和《国际财务报告可持续披露准则第2号——气候相关披露》（简称IFRS S2）。2023年2月，ISSB正式确定了首批准则的生效时间（2024年1月1日）。两项项准则将在2024年1月1日或之后开始的会计年度生效。IFRS气候相关披露标准依据TCFD框架制定。

联交所的披露要求与IFRS标准一致，具体披露框架见表2.4。

表2.4 香港联交所发布新的气候信息披露框架

披露框架	具体内容
治理	披露发行人用于监督和管理气候相关风险的流程
策略	气候相关风险和机遇：披露发行人面临的气候风险和机遇，以及这些事项对发行人经营业务的影响；气候过渡计划：披露发行人对气候相关风险的应对措施，例如为过渡计划设置的温室气体目标、减缓气候变化的方法；气候抵御能力：披露发行人对气候变化等不确定因素的适应能力；气候风险的财务影响：披露气候相关风险对财务状况现金流量的当前影响以及未来的预期影响
风险管理	披露发行人用于识别、评估和管理气候相关风险的流程；
指标	温室气体排放：包括范围1、2、3的排放情况；跨行业指标：与气候风险相关的资产占比和业务占比，应对气候变化相关风险的投入金额；碳价格：发行人内部碳价格；薪酬：将气候风险纳入薪酬决策；行业指标国际ESG框架涉及的其他指标

资料来源：根据公开资料整理。

2023年4月21日，国家标准委、国家发展改革委、工业和信息化部等11个联合部门发布了《碳达峰碳中和标准体系建设指南》。《指南》提出的碳达峰碳中和标准体系包含基础通用标准、碳减排标准、碳清除标准和市场化机制标准。该文件罗列了4个一级子体系、15个二级子体系和63个三级子体系，细化了每个二级子体系下标准制修订工作的重点任务。该体系覆盖能源、工业、交通运输、城乡建设、水利、农业农村、林业草原、金融、公共机构、居民生活等重点行业和领域碳达峰碳中和工作，满足地区、行业、园区、组织等各类场景的应用。该文件着重强调四方面的工作内容：一是形成国际标准化工作合力；二是加强国际交流合作；三是积极参与国际标准制定；四是推动国内国际标准对接。

3月16日发改委发布了《绿色产业指导目录（2023年版）》，并于3月16日至4月15日间向全社会公开征求意见。该指导目录是2019年版的重新修订，共涵盖节能降碳、环境保护、资源循环利用、清洁能源、生态保护修复和利用、基础设施绿色升级、绿色服务等7个产业。

企业因其发展阶段、所处行业、利益相关者等不同特点，重点披露的内容也有所不同，企业应该在报告中详细介绍重要议题的筛选和评定，科学编制独立的ESG报告。未来国内的各大监管机构应当在关注环境信息披露政策制定以外，针对性地完善企业社会责任和公司治理流程信息披露的流程，建立相应的信息披露形式，实现ESG三维度信息披露标准制定的协同发展，推进国内制定国际认可的适合中国企业的ESG信息披露标准。

（二）企业披露现状

国内ESG报告披露率不断提升。截至2023年6月，国内共有1 738家A股上市公司独立披露ESG报告，同比增长22.14%，披露率33.28%，其中上交所上市公司共971家，披露率43.72%，深交所上市公司共764家，披露率27.31%，北交所上市公司共3家，披露率1.47%。从行业来看，截至2023年6月末，依据证监会行业分类，已有7个行业ESG报告披露率超过50%，分别是金融业，卫生和社会工作，采矿业，文化、体育和娱乐业，电力、热力、燃气及水生产和供应业，交通运输、仓储和邮政业，房地产业，其中金融业披露率达91.34%。

根据2022年ESG报告披露的情况（见表2.5），我们可以看到，在不同公司属性下，上市公司的披露情况存在一定的差异。总体而言，披露ESG报告的上市公司数量为2 718家，占总上市公司数量的44.70%。在公司属性的分类中，中央企业表现最为突出，披露ESG报告的上市公司数量达到了449家，占中央企业总数的81.49%，这表明中央企业在ESG信息披露上具有相对较高的透明度。

表2.5 按公司属性划分的2022年ESG报告披露情况

公司属性	披露年度报告的上市公司数量	披露ESG报告的上市公司数量	占比（%）
地方国企	1012	581	57.41
公众企业	441	277	62.81
集体企业	23	7	30.43
民营企业	3832	1323	34.53

公司属性	披露年度报告的上市公司数量	披露ESG报告的上市公司数量	占比（%）
其他企业	34	16	47.06
外资企业	187	65	34.76
中央企业	551	449	81.49
总计	6080	2718	44.70

资料来源：根据中诚信绿金ESG Ratings数据库。

地方国企和公众企业也表现出较高的披露比例，分别为57.41%和62.81%，显示出地方国企和公众企业对ESG信息披露的普遍重视。相较之下，集体企业和外资企业的披露比例相对较低，分别为30.43%和34.76%，可能需要在ESG信息披露方面加强。

民营企业和其他企业的披露情况介于中间，分别为34.53%和47.06%。这表明在ESG信息披露方面，民营企业和其他企业整体上表现一般，可以考虑采取一些措施来提升信息披露的水平。

总的来说，虽然整体上ESG信息披露的比例有所提升，但不同类型的企业仍存在差异，有些企业仍需要加强在这一领域的努力，以促进更广泛的社会责任和可持续发展。

此外，2023年度一些重量级企业在ESG披露上也有明显的成效。例如，2023财年，阿里巴巴集团自身运营（范围1+2）二氧化碳净排放为468.1万吨，同比下降12.9%；减碳141.9万吨，同比增长128.9%。在带动平台生态减碳上，阿里巴巴紧扣"范围3+"概念，在过去财年带动平台生态减碳2 290.7万吨，帮助更多中小企业低碳转型，引导消费者绿色消费。《中央企业上市公司ESG蓝皮书（2023）》及"央企ESG·先锋100指数"中，华润集团旗下共8家企业入选"央企ESG·先锋100指数"，其中，华润电力位列该指数榜单第二，达到"五星佳"的水平。2023年7月，中国企业改革与发展研究会等部门发布了《年度ESG行动报告》，公布了"中国ESG上市公司先锋100"榜单，中国石油、中国石化、中国海油三大石油公司成功入选。"先锋100"企业ESG指数平均得分高达75.8分，整体处于领先水平，全面领跑中国上市公司可持续发展。

国际权威指数机构摩根士丹利资本国际公司（Morgan Stanley Capital International，MSCI）公布2023最新年度环境、社会及管治（ESG）评级结果。基于在ESG领域的持续深耕与优秀表现，中国生物制药于本年度获得A级评价。这是中国生物制药连续第三年实现评级提升，在获评的中国医药企业中达到领先水平。MSCI是当前全球资本市场最受关注与认可的ESG指数评级机构之一，其评级结果已成为国际资本市场的主流投资参考依据。自2021年起，中国生物制药MSCI ESG评级连续三年由BB级稳步提升至A级。此次评级的上调不仅体现了国际资本市场对公司ESG管理成果的认可,也是对其长期可持续发展能力的肯定。

（三）与国际标准制定机构的合作情况

2023年，中国与德国、澳大利亚和新加坡以及国际财务报告准则基金会之间的沟通合作得到了进一步加强。这一合作的目标是促进国际间的财务信息共享和标准化，以实现更高水平的合作与互操作性。通过加强沟通和合作，各方将能够更好地理解和遵守国际财务报告准则，增强金融市场的透明度和稳定性。这种进一步加强的合作关系将为中国与德国、澳大利亚和新加坡之间的贸易和投资提供更坚实的基础，为各国的经济发展和全球金融体系的稳定作出积极贡献，如表2.6。

表2.6 中国与国际机构的ESG合作

日期	合作对象	事件/合作内容
2023年4月24日	中国和新加坡	成立绿色金融工作组，由新加坡金融管理局和中国人民银行组成，促进双方在绿色和过渡性金融方面的合作，支持亚洲向低碳未来过渡
2023年5月15日	生态环境部与联合国环境署	续签谅解备忘录，继续在应对气候变化、生物多样性保护、减少污染与塑料等全球环境议题方面深化合作，为全球可持续发展作出积极贡献
2023年5月24日	中国国家开发银行与桑坦德（巴西）银行	中国国家开发银行实现对桑坦德（巴西）银行6亿美元授信项目全额发放，支持了巴西ESG领域重点项目。合作注重经济、社会、环境评价等新理念新方法的应用，支持了巴西的风能和太阳能等可再生能源、水电、垃圾填埋和气体捕获、清洁能源等领域企业

日期	合作对象	事件/合作内容
2023年6月12日	中国宝武与澳大利亚力拓集团	签署气候变化合作项目谅解备忘录，旨在深化合作，推动钢铁行业绿色低碳发展，包括共同探索推动脱碳项目，促进绿色低碳转型
2023年6月19日	国际财务报告准则基金会	北京办公室正式投入运营，重点专注于执行国际可持续准则理事会（ISSB）在新兴和发展中经济体方面的战略，与中国财政部定期保持接触
2023年6月20日	中国与德国	签署《中德政府关于气候变化和绿色转型对话合作机制的谅解备忘录》，重点合作领域包括工业转型、能源革命、技术创新、产业发展等，致力于绿色低碳发展
2023年9月3日	上交所与沙特交易所	签署合作备忘录，为两所间的合作与发展奠定基础。根据合作备忘录，两家交易所将探索在交叉上市、金融科技、ESG、数据交换和研究方面的合作机遇，促进两个市场的多元化和包容性

资料来源：根据国家发展改革委、中国生态环境部、国际财务报告准则基金等官方网站整理。

中德是重要合作伙伴，2023年6月20日在以"携手绿色发展"为主题的第十一届中德经济技术合作论坛上，中德两国政府签署《中华人民共和国政府和德意志联邦共和国政府关于建立气候变化和绿色转型对话合作机制的谅解备忘录》，双方重点围绕工业转型、能源革命、技术创新、产业发展等展开深入研讨，达成重要共识，将在绿色低碳发展领域开展对话、加强合作以取得务实成果。

2023年4月24日，新加坡金融管理局（MAS）和中国人民银行宣布成立中国–新加坡绿色金融特别工作组（GFTF），将深化新加坡和中国在绿色和转型金融方面的双边合作，并促进公共和私营部门的合作，以更好地满足亚洲向低碳未来过渡的需求。MAS助理局长（发展与国际）兼首席可持续发展官柯丽明认为，GFTF提供了一个知识交流的平台，并将激励来自中国和新加坡的公私参与者在具体举措上的合作，这些举措将促进资本流动，以支持我们国家和地区向低碳未来的可靠和包容性过渡。

2023年6月12日，中国钢铁制造企业中国宝武与澳大利亚资源开采和矿产品供应商力拓集团签署了气候变化合作项目谅解备忘录，这是双方继成立合资企业开发西澳大利亚皮尔巴西坡项目后的又一合作。此次备忘录的签署旨在进一步深化合作，充分利用双方的资源和技术优势，推动钢铁行业绿色低碳发展。双方将在中国和澳大利亚共同的探索下，合作推动系列行业领先的脱碳项目进程，促进钢铁行业实现绿色低碳转型。

2023年6月19日，国际财务报告准则基金会在北京办公室举行揭牌仪式，标志着继2022年12月29日中国财政部与基金会签署谅解备忘录后，北京办公室作为基金会在华设立的代表机构正式投入运营。根据国际财务报告准则基金会（IFRS）发布的公告，北京办事处将与基金会的其他办事处合作，将主要专注领导和执行国际可持续准则理事会（ISSB）针对新兴和发展中经济体制定的战略。ISSB表示他们会通过管辖工作组与中国财政部进行定期接触。

2023年9月3日，上交所与沙特交易所集团在沙特首都利雅得签署合作备忘录，为两所间的合作与发展奠定基础。根据合作备忘录，两家交易所将探索在交叉上市、金融科技、ESG、数据交换和研究方面的合作机遇，促进两个市场的多元化和包容性。在积极推动两个市场基础设施建设的同时，两家交易所还将致力于促进企业上市、ETF双重上市，以及投资者关系方面的知识共享。

三、ESG评价评级

（一）中国市场备受国际评级机构关注

自2013年6月MSCI将中国A股纳入2014年市场分类评审以来，中国企业与MSCI等国际ESG评级机构交流互动逐步增多。2018年，MSCI将中国A股5%纳入MSCI新兴市场，2019年，将中国A股纳入MSCI新兴市场指数的比例从5%提高到20%。2022年9月，彭博和MSCI共同推出彭博MSCI中国ESG指数系列，将ESG固定收益指数系列推广至中国[①]。该ESG指数系列总共包括9只ESG指数。其中新推出的指数系列有彭博MSCI中国ESG加权指数、彭博MSCI中国社会责

---

① *Bloomberg and MSCI Expand ESG Fixed Income Index Family into China.* https://www.msci.com/documents/10199/ e747a47e-b967-8d6a-534a-ca4944d60831 (last visited 17. 11, 2023).

任投资（SRI）指数、彭博MSCI中国可持续发展指数。体现出中国日益增长的经济实力和不断提高的市场准入性可能会改变新兴市场资产类别的特征及其在全球投资组合中的作用。

2023年11月10日的"践行 ESG 理念，金融科技助推高质量发展"平行论坛上，新华网联合专业机构发布了"2023年A股金融行业ESG指数"。将ESG评级结果分为7个等级，呈正态分布。AA级和CCC级企业相对较少，主要集中在BB级和BBB级。资本市场企业的平均得分率最高，整体中等，而保险和综合金融服务得分率稍低。

（1）维度得分率变化：与2022年相比，金融行业整体在社会（S）维度上的得分率有明显提升，尤其是综合金融服务在环境（E）维度的得分增长最高。资本市场在社会（S）和治理（G）维度的得分率领先，而在环境（E）维度，商业银行居首。

（2）治理维度关键性：在治理（G）维度，设立ESG风险管理委员会对于金融行业至关重要。大约80%的企业设立或整合了ESG相关的风险职能。在商业道德方面，整体披露率达到了95%左右，但总体得分率仅为中等水平。

（3）ESG投资和绿色信贷披露：ESG投资和绿色信贷披露较低，不到6%的企业披露了ESG投资情况。商业银行的绿色信贷披露较好，接近98%，而综合金融服务仅有不到10%的企业披露了绿色信贷情况。

（4）ESG绩效模型和未来计划：新华网将GRI标准、ISSB标准等国际相关标准作为参考，构建中国特色的金融业ESG绩效模型，计划为不同行业提供具体操作标准，打造ESG对话系列节目、举办ESG高质量发展论坛，推动ESG理念与国际接轨，并搭建专业化人才培养体系，促进我国ESG生态健康有序发展。

此外，富时罗素2023年提出富时中国A-H50指数FTSE China A-H 50 Index，富时中国A-H50指数旨在反映在中华人民共和国注册成立的大型公司的证券（即"A"股及/或"H"股）的表现。富时中国A-H50指数在公司层面上的成分股与富时中国A50指数相同。每家公司仅有一个股份类别被选定作为其代表，即"A"股或"H"股。

（二）中国评级机构持续增加

相比于海外，我国ESG评级体系发展较晚，目前正在有序形成。近年来，自我国倡导企业积极践行ESG理念、重视企业ESG信息披露以来，国内ESG评级机构数量增幅明显，且机构属性更趋多元化。据不完全统计，截至2023年ESG评级机构数量达到23家，这些机构主要有专业数据库、学术机构、咨询服务公司、公益性社会组织和资管机构等，但缺乏较为权威的得到市场认可的评级体系，且基本面对国内上市公司进行ESG评价。目前为止，国际上还没有统一的ESG评价标准和评价方法，各机构的评价标准、评价方法难以统一。

国内推出ESG评级的机构主要有中国ESG研究院、秩鼎技术、万得、妙盈科技、商道融绿、微众揽月、鼎力公司治商、中证指数、华证指数、盟浪、国证指数公司、中诚信绿金、润灵环球、嘉实基金、社会价值投资联盟、华测检测、中债估值中心、恒生聚源、责任云、中债估值中心、中国证券业协会、商道纵横、和讯等机构。

ESG评级机构的类型多种多样，包括专业数据服务商、学术机构、指数公司、公益性组织、资管机构、咨询服务机构及其他组织。专业数据服务商评级机构主要有万得、恒生聚源、商道融绿、秩鼎技术、盟浪、鼎力和微众揽月等；学术机构的主要有首都经济贸易大学中国ESG研究院、中央财经大学绿色金融国际研究院等；指数公司的主要有国证指数公司、中证指数公司及华证指数公司等；公益性组织的主要有社投盟和中国证券投资基金业协会；资管机构主要有嘉实基金；咨询服务机构主要有责任云。

从评级对象范畴看，绝大多数的评级机构评级主要是针对A股上市公司进行评级。也有少数机构如中国ESG研究院开始将ESG评级对象扩展至城市和城投债领域。表2.7汇总呈现了2023年国内较有影响力的ESG评级机构和其评级对象范畴与指标体系。

表2.7　2023年国内主要ESG评级机构及评级标准

评级机构	评级对象范畴	评价指标体系
首都经济贸易大学中国ESG研究院	A股上市公司、城市、城投债	企业ESG评价指标体系包括3个一级指标，10个二级指标，35个三级指标，135个四级指标

评级机构	评级对象范畴	评价指标体系
秩鼎技术	A股、港股、中概股	3个一级议题（环境、社会、治理），16个二级议题以及200余个标准化指标
Wind	A股和港股上市公司	3个维度，27个议题（包括9个环境议题，11个社会议题，5个公司治理层面的指标，2个商业道德层面的指标），300+指标
妙盈科技	包含中国大陆、香港、台湾以新加坡全部上市公司	3个支柱，19个议题，1000余个数据点和700余个标准化指标
商道融绿	全部A股上市公司	3个一级指标，13个二级指标以及200余项三级指标
盟浪	A股上市公司	6个维度（财务表现、创新发展方式、商业伦理与价值观、环境、社会、公司治理），30个主题以及对应的90个关键议题和300余项评级指标
微众揽月	沪深300成分股	3个维度，41个二级指标
鼎力公司治商	中证800成分股	5个一级指标，20个二级指标及超过150项底层指标，基础数据涵盖超过1000个信息点
中证指数	A股和港股上市公司	3个维度，14个主题，22个单元和180余项指标
华证指数	A股上市公司和债券主体	3个一级指标，14个二级指标，26个三级指标，以及超过100项底层数据指标
国证指数公司	全部A股上市公司	3个维度（环境、社会、公司治理），其中环境维度涉及5个主题和11个领域，社会责任维度涉及4个主题和9个领域，公司治理维度涉及6个主题和12个领域。
中诚信绿金	A股和H股上市公司以及发债主体	3个维度，16个一级指标，超过55个二级指标，超过180个三级指标，超过700个四级指标，57个ESG行业评级模型
润灵环球	中证800成分股	针对全球行业分类标准GICS68个行业分类中的56个行业，3大类议题，涉及100项指标

续表

评级机构	评级对象范畴	评价指标体系
嘉实基金	A股和H股上市公司	3个一级主题，8个议题，23个事项及超过110个底层指标
中财绿金院	涵盖上市公司与债券发行主体	3个一级指标，涵盖诸如健康议题、绿色议题以及低碳健康符合议题等二级指标，由定性指标和定量指标构成的三级指标。
社会价值投资联盟	沪深300成分股	由"筛选子模型"和"评分子模型"两个部分组成。"筛选子模型"包括6个方面、17个指标；"评分子模型"包括3个一级指标、9个二级指标、28个三级指标和57个四级指标
CTI 华测检测	A股和H股上市公司	3个一级指标，10个二级指标，22个三级指标及220余个四级指标
中债估值中心	公募信用债发行主体	E、S、G维度3个评分项，14个评价维度，39个评价因素，160余项具体计算指标

资料来源：根据公司官网及公开数据整理。

除以上的评价机构，和讯、责任云、恒生聚源、商道纵横、中国证券投资基金业协会等机构也都发布了ESG评价体系。

从国内整体ESG评价指标构成上看，我国评价机构大多是根据国内发展状况搭建金字塔式评级体系，大致分为E、S、G三个维度，在ESG每个维度进行延伸，细分为各个议题、事项和底层众多具体数据指标。另外，国内ESG评价体系加入了中国本土化的特色指标，譬如恒生聚源在"S"维度评级中加入与乡村振兴相关的指标，在"E"维度的评级中将公司是否获得ISO14000环境管理体系认证纳入考察范围；华证指数公司和中诚信绿金ESG评级中纳入了扶贫相关指标；中证指数公司ESG评级将扶贫和抗疫纳入考量指标。

从数据来源上看，国内各评级机构的数据来源基本一致，即包含上市公司披露的报告文件、媒体资源、专业数据库、政府与非政府组织发布的信息等。其次，评级指标基本从环境、社会、治理三个维度自上而下构建、自下而上加总的方式。最后，评级机构在构建评级体系时，基本都将行业的差异性考虑在内，对不同的行业设计不同指标并分配权重。

从计算方法上看，不同的评级机构都采用大致相同的方法。首先，根据行业特性，在E、S、G三个维度以及三个维度下所含的次级指标上赋予不同权重。权重可来自专家意见或采用相同的权重。通过加权平均，对每个维度的指标的分值进行计算，从下到上逐层得出评级分数，加总后得出最终分数和排名。

（三）评级结果整体呈上升趋势

中国企业在国际评级机构的得分呈现上升趋势。例如，MSCI中国指数成分股的ESG评级分布不断上升，从2019年至2021年，ESG评级为CCC和B的企业比例从2019年的59%下降到2021年的46%[①]。然而，从总体上看，中国的ESG评级在AAA和AA的企业仍然为少数，大量企业的ESG评级结果在BBB等级及以下。2023年10月，MSCI将绿城中国（3900.HK）环境、社会及管治（ESG）评级从"BBB"级上调至"A"级，评级连续两年稳步提升，处于中国地产开发商前列。表2.8为MSCI中国指数成分股前十的上市公司。

表2.8　MSCI中国指数成分股前十的上市公司

上市公司	指数（%）	行业指数（%）	行业
阿里巴巴集团控股有限公司	14.48	8.97	消费者耐用品行业
腾讯控股	14.09	13.23	通信服务行业
中国建筑股份有限公司	5.84	2.91	金融服务行业
网易	4.46	2.22	通信服务行业
比亚迪公司	3.39	1.69	消费者耐用品行业
中国工商银行	3.35	1.67	金融服务行业
百度	3.17	1.58	通信服务行业
中国银行	2.98	1.49	金融服务行业
无锡生物制药	2.54	1.27	医疗保健行业
百胜中国集团	2.35	1.17	消费者耐用品行业

资料来源：MSCI ESG Research

[①] 《ESG与中国战略性政策转变的联系》，https://www.msci.com/www/research-report/esg-/03205567939，2023年11月16日访问。

2023年9月20日，MSCI公布了在A股和H股市场上市的35家中国证券公司的最新ESG评分。与2019年相比，今年有12家券商获得上调评级，22家公司保持不变，只有一家公司Sealand Securities的评级从BB下调至B。尽管如此，这些中国证券公司2020年的最高ESG评级仍为BBB。获得此分数的8家公司包括中国国际金融股份有限公司（CICC）、光大证券、东方证券、方正证券和4家新经纪商华泰证券、海通证券、中国银河证券和天风证券[①]。

根据万得、商道融绿、华证指数、国证指数、润灵环球等多家评价机构的数据，从整体上看，2018年至2023来，A股公司的ESG评级有较大的改善和提升，如表2.9所示。

表2.9 ESG评级机构及方法

评价机构	评价数据	主要发现
商道融绿 STaR ESG 平台	2022年中证800的A级及A−级数量为97，相比于2018年的A级为0，A−级为4来说，数量上升明显。C+级为67家，相比于2018年，下降了62.15%	中证800在ESG方面有显著提升
国证指数	2022年深证100样本中92家公司评级在BBB级以上，其中23家处于AAA级	深证100中绝大多数公司ESG评级较高，有23家达到AAA级
中诚信绿金	截至2022年6月，90%以上公司评级处于B~BBB等级。A级以上公司占6.3%，B级以上公司占49.0%。没有公司处于AAA等级	大多数公司ESG评级在中等水平，提升空间较大
华证指数	截至2022年9月30日，80%以上公司评级在B~BBB等级之间。但仍有超过10%的公司评级落后	公司ESG评级整体在中等水平，但有一部分领先和落后
万德	截于2023年11月17日共有5 104家上市公司参与ESG评级，CCC级别的公司有14家，相比于2018年，下降了46.15%	万德评级结果显示CCC级别公司数量明显减少，表明整体A股公司的ESG水平有所提升

资料来源：根据公司官网及公开数据整理。

---

① MSCI RELEASES ESG RATINGS OF 35 CHINESE LISTED BROKE. https://senecaesg.com/in-sights/msci-releases-esg-ratings-of-35-chinese-listed-brokers/(last visited 17. 11, 2023).

依据国内机构的评价数据，从整体上看，各评价机构的数据一致显示A股公司在ESG方面经历了明显的改善，高等级别的评级增加，低等级别的评级减少，整体趋势向更好的方向发展。我国头部上市公司对ESG理念与实践的重视程度、管理与治理水平、ESG表现有较好的提升，公司由低等级ESG评价等级向较高ESG等级迁移。但是截至2023年，评价结果在A级及以上的公司数量仍然较少，公司ESG表现处于正态分布的态势，中等级别的公司数量占据大多数，企业在信息披露、ESG治理与规划方面存在较大的提升空间，仍需要积极参与ESG理念实践。

四、ESG投资

ESG投资，又称责任投资、可持续性投资，要求投资者既要关注财务和绩效指标，又要将ESG因素纳入到评估决策之中，以对抗未知风险，从而获得稳定且可持续的投资收益。ESG投资并不意味着企业要为了追求可持续性的发展目标而牺牲财务绩效，而是为了揭示财务效益之外的利益，降低企业的外部风险，增强企业的投资收益。

（一）投资机构参与意愿增强

联合国于2006年4月设立"联合国责任投资原则"组织，发布了6条遵循ESG投资理念的相关原则，如将ESG问题纳入投资决策过程中，要求投资实体企业需要进行合理的ESG信息披露等，这都给ESG投资提供了标准化的依据。所有签署该原则的机构都将严格遵循其公布的6条基本原则进行ESG投资。从这个角度看，投资机构主动加入联合国责任投资原则组织是其向公众表现出自身ESG投资意愿的重要依据之一。

自2012年中国有机构签署PRI以来，国内企业签署PRI的数目一直呈现增长趋势，各大机构（投资服务机构、基金公司、评级机构等）逐渐认可负责任投资的6项原则，并自愿成为践行该投资理念的一员。截至2023年11月17日，中国已有139家机构自愿签署了PRI。相比2022年，增加了18家，增长率为14.88%。签署负责任投资原则的机构数目呈现增长趋势，表明国内机构主动参与ESG投资的意愿也逐渐增强（见图2.1）。

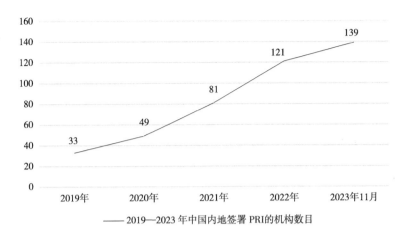

图2.1 2019—2023 年 11 月中国内地签署PRI的机构数目

资料来源：UN PRI官方网站

（二）投资规模增长趋势呈现波动性

中国作为ESG投资的跟随者，虽然起步较晚，但其在ESG投资品方面展现了巨大的发展潜力。ESG债券包含绿色债券、社会债券、可持续发展债券（见表2.10）。根据2015年发改委公布的《绿色债券发行指引》，绿色债券是指，募集资金主要用于支持节能减排技术改造、绿色城镇化、能源清洁高效利用、新能源开发利用、循环经济发展、水资源节约和非常规水资源开发利用、污染防治、生态农林业、节能环保产业、低碳产业、生态文明先行示范实验、低碳试点示范等绿色循环低碳发展项目的企业债券。

可持续发展债券有两种，分别为可持续发展债券和可持续发展挂钩债券。可持续发展挂钩债券相比其他ESG债券优势主要有两点：第一，不限定资金的投资方向，相比于绿色债券规定将资金投向绿色项目，可持续发展挂钩债券更强调目标是否达成。其对发行主体、发行方式和资金投向均无强制要求，只看重企业是否完成了自定的目标。第二，债券条款与关键绩效情况挂钩，其在发行时会设定与关键绩效指标相对应的可持续发展绩效的日标。

2023年，债券存量出现波动，社会债券和可持续发展（挂钩）债券数量下降，并且总量也出现下降趋势。截至2023年11月，ESG债券存量总量达到83 032.81亿元，较上年减少了28 522.21亿元；绿色债券总量为30 411.45，较去年，上升了64.59%（见表2.10）；但是社会债券和可持续发展（挂钩）债券下降严重，分别下降了75.67%和56.90%。不过，国内ESG基金规模达到2482亿元，较上年增加了287亿元，有上升趋势（见图2.2）。

表2.10 2018—2023年11月国内ESG债券存量

ESG债券存量（亿元）	2018	2019	2020	2021	2022	2023
绿色债券	449.88	1970.98	7812.08	12606.6	18477.11	30411.45
社会债券	237.45	873.69	35524.35	44873.04	51746.08	12589.43
可持续发展（挂钩）债券	758.8	963.7	1047.7	1592	2284.4	984.5

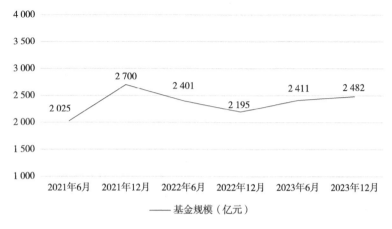

图2.2 2021—2023年12月国内ESG现有基金规模

资料来源：基于Wind数据库。

（三）投资产品种类增多

目前国内主要的ESG产品有基金和债券两类。ESG基金被分为纯ESG基金、泛ESG基金和ESG策略基金三类，环境主题、社会责任主题及公司治理主题基金均属于泛ESG基金。

纯ESG基金是指仅采用部分或全部的ESG因子作为投资决策依据的基金，此类基金发行仍处于起步阶段。由于其仅将环境保护、社会责任和公司治理三个维度的相关因素作为投资依据，要求极高，因此纯ESG基金在中国比较稀缺。市场目前共有纯ESG基金122只。由图2.3可知，在泛ESG基金中，环境主题基金发行数目一直处于前列，公司治理和社会责任主题基金发展速度相对缓慢。而ESG策略基金一直处于稳步上升的状态。

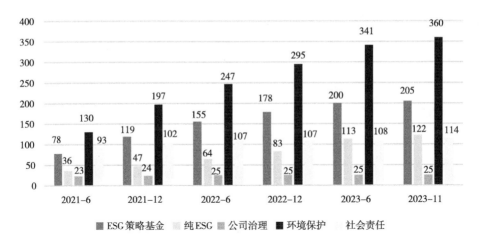

图2.3　2021—2023年11月ESG基金发行数目概况

资料来源：基于Wind数据库。

由图2.4可知，ESG债券发行数目增长趋势明显。截至2023年11月，国内现存ESG债券数量为2 832只，相比2022年增加了119只。2021年，债券发行数量最多，达894亿元，2022年开始，债券发行数量开始下降，由2022年的770只一直下降到2023年的119只，2023年绿色债券发行规模处于上升状态，但是可持续发展挂钩债券和社会责任债券发行规模分别为1 522.9亿元和242.5亿元，处于一个明显的下降趋势。侧面反映了ESG债券市场发展的不均衡性。

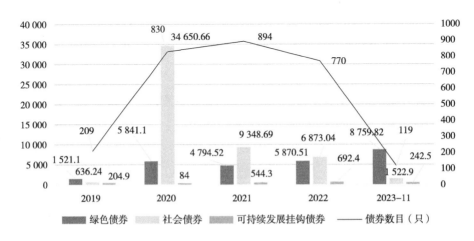

图2.4　2019—2023年11月国内市场ESG债券发行详情

资料来源：基于Wind数据库。

　　根据图 2.3、图 2.4 和表 2.10 可以看出，国内市场的 ESG 产品种类正在逐渐增加，但各类型的投资品增长趋势并不一致。绿色债券和环境主题基金的规模增长较快，其他投资品种类还有待丰富。尤其是，社会责任和公司治理主题基金发行远落后于环境主题基金，这从一定角度说明了国内 ESG 投资仍处于发展的初级阶段，具有广阔的发展前景。

◯ 第三章　中国企业ESG信息披露

　　ESG披露标准是ESG生态系统的关键基础设施。在新发展阶段，研究制定具有中国特色的ESG披露标准，推动企业落实非财务行为责任，有助于夯实负责任大国的微观基础，为企业和相关监管部门提供信息披露依据，对于中国经济高质量发展和融入国际经济体系、参与全球经济治理都具有十分重要的现实意义。ESG理念与我国的绿色发展理念十分契合，推动ESG投资高质量发展能够为"双碳"（碳达峰、碳中和）目标的实现提供科学、精准、有序、高效的金融支持，贡献金融智慧和金融力量。ESG理念的应用和"双碳"目标的实现是实现经济社会高质量发展的必经之路，也是实现企业可持续发展的核心保障。构建中国特色ESG政策体系，对引导绿色低碳转型发展乃至引领带动经济高质量可持续发展具有重要意义。因此，我国亟须构建中国特色ESG标准体系，助力"双碳"目标实现和经济社会绿色低碳转型。本章呈现中国ESG披露标准发展情况和《企业ESG披露指南》团体标准体系。

一、中国ESG披露标准实践发展情况

（一）"E"环境维度相关披露标准

1. GB/T 24031—2021主要内容体系及实践情况（TC207）

　　环境绩效评价（environmental performance evaluation，EPE）是通过持续向管理当局提供相关和可验证的信息，来确定企业的环境绩效是否符合组织的管理当局所制定标准的内部过程和管理工具。它主要包括：帮助了解企业的

环境绩效，提供有意义的环境报告；确定重要的环境影响因素；追踪环境活动和方案的相关成本和收入，揭示企业环境管理的重点；为组织内不同团体和个人提供激励机制；等等。

在经济发展过程中，资源和生态环境遭到破坏。近年来，我国在污染治理与环境保护方面制定了一系列法律法规，对企业的生产起到监督作用，规范企业生产过程中的行为，帮助企业向环境治理的标准化方向发展。企业在生产中是否会对环境造成污染，通过企业的环境绩效可以得知。环境绩效评价能反映企业在治理过程中存在的问题，帮助企业解决后续发展过程中存在的问题[①]。

从发展历程来看，关于环境绩效评价的研究在20世纪末在国外兴起。1999年国际标准化组织（ISO）下发ISO 14031环境绩效评价标准。2000年世界可持续发展工商理事会（WBCSD）发布了首个评价量化架构。GRI于2001年下发了《可持续发展报告指南》并在2002年对该文件做出了修订。与此同时，联合国贸发会议（UNCTAD）在生态管理方面也制定了相关标准。2000年，环境绩效评价作为术语首次被正式提出，主要是因为（ISO）发布了ISO 14031标准体系，指导组织如何进行环境绩效评价。《环境管理 环境绩效评价指南》（GB/T 24031—2021）等同采用ISO国际标准ISO 14031：2013。按ISO 14031的定义，环境绩效评价是一种管理工具，这种管理工具是指对个人、团体或组织能否实现环境目标的结果的评价，评价是否符合管理当局所制定的标准。它以一种可持续的方式向管理当局提供可验证的相关信息，是一种内部过程。环境绩效评价是通过选择指标、收集和分析数据、信息评价、报告和交流进行组织环境绩效测量与评估的一个系统程序，并针对过程本身进行定期评审和改进。环境绩效评价的过程就是将组织的环境绩效转化为简单易懂的信息的过程，实现这样的过程就必须建立合适的评价指标。建立合适的评价指标是一项必要程序，这项程序就是要组织展现出对环境管理所做出的努力。实施环境绩效评价主要的难点在于识别环境问题并构建指标体系。识别环境问题指的是根据所构建的指标体系，识别出环境管理中的缺陷和不足。识别出缺陷和不足这样的定性指标需要运用统计调查的数据对环境现状和环境目标进行比较分析，所以构建评价指标体系显得尤为关键，在整个环境绩

---

① 黄进：《ISO 14031：2013〈环境管理环境绩效评价指南〉助力组织环境绩效评价》，载《标准科学》2015年第6期，第67~71页。

效评价过程中构建合适的指标体系是环境绩效评价的基础，评价指标体系构建质量越高，则企业环境绩效评估结果的有效性和正确性越高，反之亦然。

从主要框架来看，ISO 14031 环境绩效评估标准是一份指导纲要，而非验证标准或绝对的环境绩效准则。其内容是对组织的环境绩效进行测量与评估的一种系统化程序。依据所产生的信息，组织可确认环境管理方案的实施是否达到环境方针、目标与指标，并符合法规的要求。它也可用来确认组织的潜在风险、机会及造成环境绩效不佳的主要原因。所以，环境绩效评估是环境管理体系的重要工具，可应用于任何规模及形态的组织。

从应用范围来看，ISO 14031：2013 环境绩效评价体系由环境状况指标（ECIs）以及环境绩效指标（EPIs）两方面组成，其中后者又细分为管理绩效指标（MPIs）与运营绩效指标（OPIs）。政府部门通常将环境状况指标作为对环境质量检测与测评的标准。在对环境绩效作出评价的过程中，要用环境运营绩效指标作为评价数据的依据。该数据表示企业在经营过程中所产生的环境绩效，即表示企业生产的商品在市场流通的过程中给周围的环境带来的影响。该管理方式适用于大多数企业。

2. GB/T 32150—2015 主要内容体系及实践情况（TC548）

从发展历程来看，2012 年 1 月 9 日，国家标准计划《工业企业温室气体排放核算和报告通则》（20111538-T-469）下达，项目周期为 24 个月，由 TC548（全国碳排放管理标准化技术委员会）归口上报及执行，主管部门为国家发展改革委。全国标准信息公共服务平台显示，该计划已完成网上公示、起草、征求意见、审查、批准、发布工作。2015 年 11 月 19 日，国家标准《工业企业温室气体排放核算和报告通则》（GB/T 32150—2015）由中华人民共和国国家质量监督检验检疫总局、中国国家标准化管理委员会发布。2016 年 6 月 1 日，国家标准《工业企业温室气体排放核算和报告通则》（GB/T 32150—2015）实施，全部代替标准《工业企业温室气体排放核算和报告通则》（GB/T 15496—2003）。

从主要框架来看，《工业企业温室气体排放核算和报告通则》（GB/T 32150—2015）规定了工业企业温室气体排放核算与报告的基本原则、工作流程、核算边界、核算步骤与方法、质量保证、报告内容等六项重要内容。其中，核算边界包括企业的主要生产、辅助生产、附属生产等三大系统。核算范围包括企业生产的燃料燃烧排放，过程排放以及购入和输出的电力、热力产生的排放。核算方法分为"计算"与"实测"两类，并给出了选择核算方法的参考因素，方便企业使用。

从主要应用范围来看，《工业企业温室气体排放核算和报告通则》（GB/T 32150—2015）适用于指导行业温室气体排放核算方法与报告要求标准的编制，也可为工业企业开展温室气体排放核算与报告活动提供方法参考。

从影响力分析来看，《工业企业温室气体排放核算和报告通则》（GB/T 32150—2015）充分吸纳了中国碳排放权交易试点经验，同时参考了有关国际标准，有效解决了温室气体排放标准缺失、核算方法不统一等问题。企业可按照上述系列国家标准提供的方法，核算温室气体排放量，编制企业温室气体排放报告。

3.《企业环境信息依法披露管理办法》

为深入推进环境信息依法披露制度改革，《企业环境信息依法披露管理办法》于2021年12月11日由生态环境部发布，自2022年2月8日起施行。

从发展历程来看，制定《企业环境信息依法披露管理办法》是深化环境信息依法披露制度改革的重要举措，是推进生态环境治理体系和治理能力现代化的具体行动。该文件贯彻落实党中央、国务院决策部署，加快推动建立企业自律、管理有效、监督严格、支撑有力的环境信息依法披露制度。低碳新时代下，该办法将进一步促进"碳排放"基数的理清，支撑"双碳"目标的更好落地。

从框架体系来看，《企业环境信息依法披露管理办法》明确了企业环境信息依法披露的主体、内容、形式、时限、监督管理等基本内容，强化企业生态环境保护主体责任，规范环境信息依法披露活动。首先，文件明确了环境信息依法披露主体：重点关注环境影响大、公众关注度高的企业，要求重点排污单位、实施强制性清洁生产审核的企业、符合规定情形的上市公司、发债企业等主体依法披露环境信息，同时对制定环境信息依法披露企业名单的程序、企业纳入名单的期限进行了规定。其次，文件明确了企业环境信息依法披露内容。对于年度环境信息依法披露报告，要求重点排污单位披露企业环境管理信息、污染物产生、治理与排放信息、碳排放信息等八类信息；要求实施强制性清洁生产审核的企业在披露八类信息的基础上，披露实施强制性清洁生产审核的原因、实施情况、评估与验收结果等信息；要求符合规定情形的上市公司、发债企业在披露八类信息的基础上，披露融资所投项目的应对气候变化、生态环境保护等信息。对于生态环境行政许可变更、行政处罚、生态环境损害赔偿等市场关注度高、时效性强的信息，要求企业以临时环境信息依法披露报告形式及时披露。再次，文件对企业环境信息依法披露系统建设、信息共享和报送、监督检查和社会监督等进行了规定，明确了违规情形及相应罚则，同时将企业环境信息依法披露的情况作为评价企业信用的重要内容。最后，面对碳达峰、碳中和"3060"目标，文件将碳排放信息（排放量、排放设施等）纳入企业年度环境信息依法披露报告内容之一，有助于从企业层面完善碳信息披露，从而推动企业低碳转型。

从实践应用情况来看，《企业环境信息依法披露管理办法》的发布标志着信息披露的进一步强化，是我国在努力探索"本土化"信息披露管理的体现。《企业环境信息依法披露管理办法》发布会倒逼环境影响大、公众关注度高的企业重视环保问题，从企业层面加速发现与解决环保问题，从而进一步推动我国整体信息披露的进程。

（二）"S"社会维度相关披露标准

1. GB/T 36000—2015主要内容及实践情况

从GB/T 36000—2015标准的发展历程来看，2015年6月2日，国家质量监督检验检疫总局和国家标准化管理委员会正式发布GB/T 36000—2015《社会责任指南》，并于2016年1月1日正式实施。该标准修改采用ISO国际标准，即ISO 26000：2010，由424-cnis（中国标准化研究院）归口上报及执行，主管部门为国家市场监督管理总局。该国家标准适用于所有类型的组织，不适用于认证目的，不包含要求，仅为组织社会责任活动提供相关建议。该标准在保持ISO 26000：2010技术内容不变的前提下，总体上对标准正文进行了适当的精简，对重复、冗长的段落和语句描述进行了重新整合和高度凝练，删除了正文中多余的资料性描述信息、不必要的解释性信息，并改善了原标准举例过多的问题，以及仅适合国际层面而非国家层面的相关内容。

从GB/T 36000—2015标准的框架体系来看，GB/T 36000—2015《社会责任指南》为推荐性国家标准，主要包括理解社会责任、社会责任原则、社会责任基本实践、关于社会责任核心主题的指南、关于将社会责任融入整个组织的指南等内容。为界定组织社会责任范围、识别相关议题并确定其优先顺序，标准给出了以下7项核心主题：组织治理、人权、劳工实践、环境、公平运行实践、消费者、社区参与和发展。这7项核心主题又包含31项议题。组织的类型多样，各个行业、企业的发展特点及所承载的责任也各不相同。标准中所列出的核心主题虽然与每个组织都息息相关，但是其中的各项内容并不要求同等地适用于所有类型的组织，核心主题下的所有议题也并非都与每个组织相关。组织应该结合自身实际，通过与利益相关方沟通来识别和确定与自身相关的、重要的核心主题和议题。

从GB/T 36000—2015标准的实践应用情况来看，在我国多年的社会责任实践中，企业、地方政府、各类机构均不同程度地开展着社会责任实践。从这些实践中我们可以看到，各类组织的社会责任实践确实都取得了成功，并不存在不适合开展社会责任实践的情况。因此，标准起草工作组将标准适用对象定为组织，而不仅仅是企业，即社会责任指的是组织的社会责任，比企业社会责任的范围更大。作为指导社会责任活动的基础性国家标准，该标准的发布实施使我国社会责任领域的相关概念及实践得到统一和规范，为组织开展社会责任活动提供了依据，能更好地促进组织履行社会责任，有助于我国社会责任活动健康、有序地发展。

2. GB/T 39604—2020 主要内容及实践情况

从GB/T 39604—2020标准的发展历程来看，2020年12月14日，国家市场监督管理总局和国家标准化管理委员会正式发布并实施GB/T 39604—2020《社会责任管理体系 要求及使用指南》。该标准由424-cnis（中国标准化研究院）归口上报及执行，主管部门为国家市场监督管理总局。本标准并非将GB/T 36000按管理体系标准模式修改而成。两者不同之处在于：GB/T 36000为非管理体系标准，属于"指南"性标准，不可用于认证或相关目的；而本标准则是基于国际标准化组织（ISO）通用的管理体系标准高层结构而全新制定的一项社会责任管理体系标准，属于"要求"标准，可用于认证或相关目的。本标准适用于任何规模、类型和活动的组织。本标准适用于组织控制下的社会影响，这些影响必须考虑到诸如组织运行所处环境、组织利益相关方及更广泛的社会需求和期望等因素。本标准既不规定具体的社会责任绩效准则，也不提供社会责任管理体系的设计规范。

从GB/T 39604—2020标准的框架体系来看，该标准符合ISO对管理体系标准的要求，旨在方便本标准的使用者实施多个ISO管理体系标。GB/T 36000—2015的评价要求包括组织所处的环境、领导作用和利益相关参与、策划、支持、运行、绩效评价和改进。该标准所采用的社会责任管理体系的方法基于"策划—实施—检查—改进"（PDCA）的概念。PDCA是一个迭代过程，可被组织用于实现持续改进，可应用于管理体系及其每个单独要素：在策划方面，可确定和评价不良影响和有益影响，以及其他风险和其他基于制定社会责任目标并建立所需的过程，以实现与组织的社会责任方针相一致的结果；在实施方面，可实施所策划的过程；在检查方面，可依据社会责任方针和目标，对活动和过程进行监视和测量，并报告结果；在改进方面，可采取措施持续改进社会责任绩效，以实施预期结果。

3. 中国企业社会责任报告编写指南（CASS-CSR）

从发展进程来看，在国资委研究局的支持下，"中国企业社会责任报告编写指南"（CASS-CSR）系列是由中国社会科学院经济学部企业社会责任研究中心研发编制，WTO经济导刊、企业公民工作委员会参与编写的。2009年，《中国企业社会责任报告编写指南（CASS-CSR1.0）》发布，此后升级到5.0版本。

CASS-CSR的通用指标体系主要包括六个部分、164个指标，分别为报告前言（P系列）、责任治理（G系列）、市场绩效（M系列）、社会绩效（S系列）、环境绩效（E系列）、报告后记（A系列）。

CASS-CSR的服务对象主要是中国企业，为中国企业编制社会责任报告提供了基本框架。从CASS-CSR的实践应用情况看，2016年，400余家中外大型企业参考CASS-CSR 3.0编写社会责任报告。CASS-CSR是全球报告倡议组织（GRI）官方认可的全球国别报告标准，有力地提升了中国在国际社会责任运动中的话语权。2022年参考5.0版本编制企业社会责任报告的企业包括华电集团、中国移动、神华、中煤三星、中国电子、华润医药、松下中国、南方电网、中国建筑、华润地产、中国石化、中储棉、华润、蒙牛、安浦项、武钢等多家企业。

4. ESG标准披露情况

由我国国家标准化管理委员会（SAC）颁布现行"社会责任"相关标准

共计 22 个（见表 3.1），包括国家计划（推荐性）5 个、国家标准（推荐性）5 个、行业标准（推荐性）7 个、地方标准（推荐性）5 个，其中覆盖认证认可（RB）、电子（SJ）、国内贸易（SB）和通信（YD）四个行业，以及山东、河北、河南、宁波和广东五个区域。

表 3.1　我国现行"社会责任"相关标准

序号	标准类型	标准编号	标准名称	下达/实施日期
1	国家计划	20193350-T-424	第三方电子商务交易平台社会责任实施指南（Guidance on the implementation of social responsibility for third party e-commerce trading platform industry）	2019-10-24
2	国家计划	20193349-T-424	社会责任管理体系 要求及使用指南（Social responsibility management systems—Requirements with guidance for use）	2019-10-24
3	国家计划	20121530-T-424	社会责任绩效分类指引（Guidance on classifying social responsibility performance）	2013-2-18
4	国家计划	20120660-T-424	社会责任指南（Guidance on social responsibility）	2012-10-12
5	国家计划	20120659-T-424	社会责任报告编写指南（Guidance on social responsibility reporting）	2012-10-12
6	国家标准	GB/T 39626—2020	第三方电子商务交易平台社会责任实施指南（Guidance on the implementation of social responsibility for third party e-commerce trading platform industry）	2020-12-14
7	国家标准	GB/T 39604—2020	社会责任管理体系 要求及使用指南（Social responsibility management systems—Requirements with guidance for use）	2020-12-14
8	国家标准	GB/T 36002—2015	社会责任绩效分类指引（Guidance on classifying social responsibility performance）	2016-1-1
9	国家标准	GB/T 36000—2015	社会责任指南（Guidance on social responsibility）	2016-1-1

续表

序号	标准类型	标准编号	标准名称	下达/实施日期
10	国家标准	GB/T 36001—2015	社会责任报告编写指南（Guidance on social responsibility reporting）	2016-1-1
11	行业标准	YD/T 3836—2021	信息通信行业企业社会责任管理体系　要求	2021-4-1
12	行业标准	YD/T 3837—2021	信息通信行业企业社会责任评价体系	2021-4-1
13	行业标准	SJ/T 11728—2018	电子信息行业社会责任管理体系	2019-1-1
14	行业标准	RB/T 178—2015	合格评定 社会责任要求	2018-12-1
15	行业标准	RB/T 179—2018	合格评定 社会责任评价指南	2018-12-1
16	行业标准	SJ/T 16000—2016	电子信息行业社会责任指南	2016-12-1
17	行业标准	SB/T 10963—2013	商业服务业企业社会责任评价准则	2013-11-1
18	地方标准	DB41/T 876—2020	民营企业社会责任评价指南	2020-4-20
19	地方标准	DB3302/T 1047—2018	宁波市企业社会责任评价准则	2018-6-21
20	地方标准	DB13/T 2516—2017	企业社会责任管理体系 要求	2017-8-01
21	地方标准	DB41/T 876—2013	民营企业社会责任评价与管理指南	2014-2-25
22	地方标准	DB44/T 767—2010	广东省食品医药行业社会责任	2010-9-1

资料来源：根据相关资料手工整理。

　　基于目前的社会责任实践情况，国家标准化体系建设工作正在有序开展。为推动其发展，实现"到2020年，基本建成支撑国家治理体系和治理能力现代化的具有中国特色的标准化体系；到2025年，实现标准供给由政府主导向政府与市场并重转变，标准运用由产业与贸易为主向经济社会全域转变，标准化工作由国内驱动向国内国际相互促进转变，标准化发展由数量规模型向质量效益型转变"，国务院办公厅印发《国家标准化体系建设发展规划（2016—2020年）》，中共中央、国务院印发《国家标准化发展纲要》，为我国标准化建设进行战略指导；国家标准化管理委员随即出台《2022年全国标准化工作要点》《关于加强国家标准验证点建设的指导意见》《关于促进团体标准规范优质发展的意见》，将战略落地并进一步细化。2022年，国家将标准化工作划分为六大切入面、88个着手点，指导下一级单位实践。

（三）"G"治理维度相关披露标准

1. 企业管治守则主要内容及实践情况

国内企业管治守则的主要内容及实践紧密围绕香港联交所发布的《企业管治守则》及其历次修订。2021年12月，香港联交所刊发了《有关检讨〈企业管治守则〉及相关〈上市规则〉条文以及〈上市规则〉的轻微修订》的咨询总结，采纳了《检讨〈企业管治守则〉及相关〈上市规则〉条文》中大部分的建议，并做出若干修改或澄清，对《企业管治守则》做出了最新的修订。本次守则的修订旨在推动香港上市公司改变董事会组建思维，提升董事会独立性，并推进公司更新董事会成员组合及继任规划，以全面提升公司董事会成员的多元化水平及企业管治水平。

从我国企业管治守则发展来看，香港联交所通过结合资本市场的声音，以新《企业管治守则》内容作为载体（见图3.1），加强上市公司对企业文化、董事会组建、企业管治、环境、社会及治理等方面的管理意识与深度思考，优化资本市场环境。具体而言，新守则变化的关键要点集中在企业文化，要求董事会确保公司的文化与其目的、价值与策略一致，并制定反贪污及举报的相关政策，支持业务往来方以匿名形式向审核委员会提出关于公司的不当事宜。董事会独立性方面新增对独立非执行董事的要求、对董事会意见机制的披露要求，以及授予股本权益酬金的建议。董事会多元化方面更强调成员性别多元化，董事会及雇员层面新增强制披露性别多元化的要求，同时要求董事委任后提供性别资料。与股东的沟通方面，新增强制披露公司与股东的沟通政策，政策应包括股东向公司表达意见渠道及方式，并每年检讨政策的实施情况与有效性。ESG的管理与监督方面新增董事会有关ESG风险的检讨要求。董事会应每年检讨包括ESG风险在内的风险管理及内部监控系统的有效性，持续监察包括ESG风险在内的重大风险。其他修订则聚焦股东大会出席率和非执行董事的委任规定等方面，说明在企业的成功运营与长期可持续发展中良好的公司治理起着至关重要的作用。

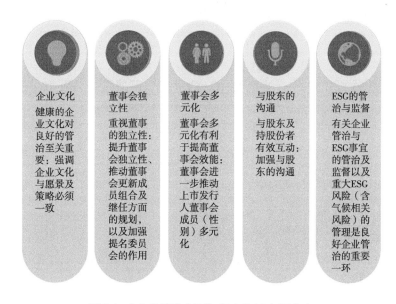

图3.1 《企业管治守则》条文修订主要内容

资料来源：香港联交所发布的《企业管治守则》。

从我国企业管治守则实践应用来看，香港联交所正进一步致力于推广香港上市发行人良好的企业管治标准，推动董事会的实际作用与董事会思维模式的转变，强化发行人与股东之间的沟通要求，强化环境、社会及治理的管理、监督和披露。此外，由于企业管治必然涉及恰当管理环境及社会事项，企业管治与ESG是相辅相成的，因而企业管治守则的存在也强调公司应识别并评估可能严重影响其业务和运作的ESG风险，并采取适当措施加以管理，董事会则应以对待其他风险的相同方式对待ESG风险。

2. 上市公司治理准则主要内容及实践情况

从我国上市公司治理准则发展来看，作为上市公司信息披露工作的监管部门，中国证券监督管理委员会（以下简称证监会）于 2002 年 1 月，与国家经济贸易委员会共同发布《上市公司治理准则》，阐明了我国上市公司治理的基本原则，投资者权利保护的实现方式，以及上市公司董事、监事、经理等高级管理人员所应当遵循的基本的行为准则和职业道德等内容，是评判上市公司是否具有良好的公司治理结构的主要衡量标准。之后，证监会根据我国国情和市场发展阶段，不断研究并健全上市公司 ESG 信息披露制度，规范上市公司运作。在证监会发布的上市公司信息披露规则基础之上，深圳、上海证券交易所出台更为细化的 ESG 信息披露指引要求。深圳证券交易所（以下简称深交所）和上海证券交易所（以下简称上交所）分别在 2006 年和 2008 年出台相关指引，鼓励上市公司披露社会环境信息。2020 年 5 月，证监会发布的《科创板上市公司证券发行注册管理办法（试行）》第四十条规定，上市公司应当在募集说明书或者其他证券发行信息披露文件中，以投资者需求为导向，有针对性地披露行业特点、业务模式、公司治理、发展战略、经营政策、会计政策，充分披露科研水平、科研人员、科研资金投入等相关信息，并充分揭示可能对公司核心竞争力、经营稳定性以及未来发展产生重大不利影响的风险因素。2020 年，我国证券交易所也在上市公司社会责任信息披露方面的监管不断加强。2020 年 9 月，深交所发布《深圳证券交易所上市公司信息披露工作考核办法（2020 年修订）》，加上了第十六条"履行社会责任的披露情况"，首次提及了 ESG 披露，并将其加入考核。2022 年 4 月，中国证监会发布《上市公司投资者关系管理工作指引》正式稿。《指引》从内容、方式和目的等维度对投资者关系管理进行界定，确立了合规性、平等性、主动性和诚实守信四条基本原则，进一步增加和丰富投资者关系管理的内容及方式，明确上市公司投资者关系管理工作的主要职责，要求公司制定制度机制。2022 年 5 月，国务院发布《提高央企控股上市公司质量工作方案》，明确提出央企贯彻落实新发展理念，建立健全 ESG 体系。强调中央企业集团公司要立足国有企业实际，为中国 ESG 发展贡献力量，要推动更多央企控股上市公司披露 ESG 专项报告，力争到 2023 年相关专项报告披露做到"全覆盖"。至此，上市公司是否披露ESG信息、信息披露质量均会影响公司信披评级，并将对企业在资本市场的发展产生更直接的影响。

从我国上市公司治理准则结构设置来看，2021年2月，证监会发布的《上市公司投资者关系管理指引（征求意见稿）》纳入了ESG内容。然后，证监会在6月底印发上市公司年报及半年报格式与内容准则，要求上市公司单设"第五节 环境与社会责任"，鼓励披露碳减排的措施与成效。此外，证监会在2021年2月答复政协提案时透露，"证监会将在发行人可持续性信息披露、建立非财务信息报告的国际标准等有关方面与国际组织进一步对接合作"。在操作层面，进一步明确上市公司投资者关系管理的制度制定、部门设置、责任主体、人员配备、培训学习等内容，强调上市公司的投资者关系管理，除了与外部投资者或相关利益方保持沟通外，还应将资本市场投资者的合理诉求传达给上市公司内部经营管理层，促进经营管理层在决策时更加科学、民主决策（见图3.2）。

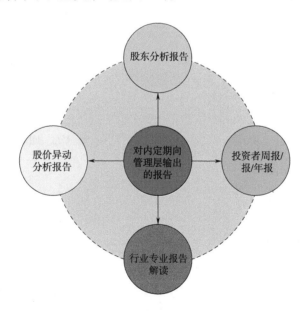

图3.2 对内定期向管理层输出的报告内容

资料来源：中国证监会发布的《上市公司投资者关系管理指引（征求意见稿）》。

总体来看，国内针对"治理"信息披露方面的规定趋于全面化、清晰化。《深圳证券交易所主板上市公司规范运作指引（2015年修订）》提到要保证股东的利益与职工的权利;《上市公司治理准则》强调董事长对上市公司信息披露事务管理承担首要责任;《科创板上市公司证券发行注册管理办法(试行)》强调以投资者需求为导向,有针对性地披露相关信息,并充分揭示可能对公司核心竞争力、经营稳定性以及未来发展产生重大不利影响的风险因素;国务院发布的《关于进一步提高上市公司质量的意见》明确提出要完善公司治理制度规则,明确企业人员的职责界限和法律责任,并完善分行业信息披露标准。从已有文件可以看出:对"治理"方面要求逐步向强调董事与董事会责任、完善内部控制与风险管控、强化董事监事激励约束机制等现代化治理方向发展,并且逐步细化"治理"领域披露内容,由针对整体行业的披露要求向分行业披露要求发展。

国内ESG披露标准中的不同内容基本散落在E、S、G三个不同的维度中,总体上缺乏ESG信息融合性(见表3.2),《企业ESG披露指南》的颁布能够打破这一僵局,为中国ESG标准体系构建创造良好开端和坚实基础。

香港联交所于2023年4月发布的《优化环境、社会及管治框架下的气候相关信息披露 (咨询文件)》以ISSB的气候相关披露准则为基础,引入气候相关披露要求,并建议将气候相关披露由"不遵守就解释"提升为强制性披露。强制披露的内容参考了TCFD建议和ISSB气候准则的框架。气候变化议题以及关键绩效指标直接(范围1)及间接(范围2)温室气体总排放量,被纳入了"强制披露"的范围。

从主要框架来看,随着资本市场对ESG披露标准日益趋严,港交所正在快步跟上国际标准。近日,香港交易所全资附属公司香港联合交易所有限公司(联交所)刊发咨询文件,就建议优化环境、社会及管治(ESG)框架下的气候信息披露来征询市场意见。具体内容如图3.3所示。管治方面的指标主要与董事会监督气候相关风险和机遇的角色有关;风险管理方面的指标主要与识别、评估及管理气候相关风险(机遇)的流程有关;策略方面的指标主要包括气候相关风险及机遇、过渡计划、气候抵御力、气候相关风险及机遇的财务影响四个部分;指标与目标方面的指标主要与温室气体排放、过渡风险、实体风险、气候相关机遇、资本开支、内部碳价格、薪酬有关,并鼓励采用其他国际性报告框架下的行业披露规定。

表 3.2 国内 ESG 披露标准比较

标准	《企业ESG披露指南》	《企业环境信息依法披露管理办法》	GB/T 36000—2015《社会责任指南》	GB/T 39604—2020《社会责任管理体系要求及使用指南》	《上市公司治理准则》	《企业管治守则》修订	《中国企业社会责任报告指南（CASS-ESG 5.0）》
发布时间	2022年	2021年	2015年	2020年	2002年	2021年	2022年
发起组织	中国企业改革与发展研究会、首都经济贸易大学	生态环境部	国家市场监督管理总局和国家标准化管理委员会	国家市场监督管理总局和国家标准化管理委员会	证监会	香港联交所	中国社会科学院研究院
目标	提高披露的质量和数量，按照中国国情进行社会责任报告的撰写，提升ESG绩效	规范企业环境信息依法披露活动，加强社会监督	帮助组织在遵守法律法规和基本道德规范的基础上实现更高的组织社会价值，最大限度地致力于可持续发展	使组织能够通过防止和控制不良影响，促进有益影响以及主动地改进其社会责任绩效来更好地履行其社会责任，从而成为对社会更负责任的组织	推动上市公司建立和完善现代企业制度、规范上市公司运作，促进我国证券市场健康发展	推动香港上市公司改革董事会组建思维、提升董事会独立性，推进公司更新董事会成员组合及继任规划、全面提升公司董事会成员的多元化水平及企业管治水平	推动我国企业社会责任报告在更大程度、更广维度上发挥作用，明确加强报告价值管理，报告真正起到对内强化管理，对外提升品牌的作用

资料来源：根据相关资料手工整理。

管治	风险管理
● 用于监察及管理气候相关风险及机遇的管治流程、监控和程序	● 用于识别、评估和管理气候相关风险及（如适用）机遇的流程
策略	**指标和目标**
● 气候相关风险和机遇 ● 过渡计划 ● 气候抵御力 ● 气候相关风险及机遇的财务影响	● 温室气体排放 ● 跨行业指标 ● 内部碳价格 ● 薪酬 ● 行业指标

图 3.3　气候信息披露框架

从影响力来看，根据港交所的建议，本次气候相关信息披露规定的生效日期设定为 2024 年 1 月 1 日。这与 ISSB 首批准则的生效日期完全相同，也进一步反映了港交所通过本次修订将全面实现《ESG 指引》与 ISSB 气候准则的一致性。

本次修订还包括一项看似无足轻重、实则具有象征意义的建议。港交所认为"指引"一词或令人以为《ESG 指引》仅仅属于自愿性质的规则，但事实上，上市公司必须根据有关规定做出强制或"不遵守就解释"的报告，否则便会违反《上市规则》。因此，为了将《ESG 指引》的性质与相关培训及指引资料区别开来，港交所建议将"ESG 指引"更名为"环境、社会及管治守则"。若该修订建议被采纳，未来，《ESG 指引》将"不复存在"，《ESG 守则》将开启港股市场与国际标准接轨的新一轮的 ESG 监管升级。

3. 证监会关于 ESG 信息披露的相关要求

近年来，证监会持续强化上市公司环境、社会责任和公司治理信息披露要求（见表 3.3）。

表 3.3　证监会发布关于 ESG 的相关文件（2018—2022 年）

机　构	时　间	名　称	内　容
证监会	2018 年	《中国上市公司治理准则》	规定上市公司应当依照法律法规和有关部门的要求，披露环境信息以及履行扶贫等社会责任相关情况，形成 ESG 信息披露基本框架

续表

机　构	时　间	名　称	内　容
证监会	2020年5月	《科创板上市公司证券发行注册管理办法（试行）》	要求在信息披露文件中以投资者需求为导向，有针对性地披露公司治理信息，并充分揭示可能对公司核心竞争力、经营稳定性以及未来发展产生重大不利影响的风险因素
证监会	2021年6月	《年度报告的内容与格式》和《半年度报告的内容与格式》	新增"第五节 环境和社会责任"
证监会	2022年4月	《上市公司投资者关系管理工作指引》	将ESG信息作为投资者关系管理中上市公司与投资者沟通的内容之一

资料来源：根据相关资料手工整理。

　　2022年2月18日，在对《关于推进制度开放，加快完善中国责任投资信息披露标准及评价体系的提案》答复中，证监会表示下一步将深入落实新发展理念，持续优化上市公司信息披露制度，不断完善上市公司环境、社会责任和公司治理信息披露有关要求，引导上市公司在追求自身经济效益、保护股东利益的同时，更加重视对利益相关者、社会、环境保护、资源利用等方面的贡献。这预示着上市公司ESG方面的信息披露体系将愈发完善，虽然目前距离强制披露ESG报告仍有些距离，但ESG无疑是未来信息披露改革的一个重点方向。

　　2022年4月15日，证监会官网发布《上市公司投资者关系管理工作指引》，该指引正式将ESG纳入其中，作为投资者关系管理中上市公司与投资者沟通的内容之一。与2021年的征求意见稿相比，正式版本将ESG表述做了微调，即从"公司的环境保护、社会责任和公司治理信息"调整为"公司的环境、社会和治理信息"。

　　从目前已有的信息披露规定来看，在环境信息披露方面，证监会两次修订上市公司定期报告内容与格式准则，逐步完善了分层次的环境信息披露制度。在社会责任信息披露方面，鼓励上市公司在年度报告中披露履行社会责任的有关情况。公司治理信息披露方面，证监会修订上市公司定期报告内容与格式准则，要求全部上市公司披露报告期内因环境问题受到行政处罚的情况，鼓励上市公司自愿披露在报告期内为减少其碳排放所采取的措施和效果。

在目前我国的经济发展阶段，完善上市公司ESG信息披露意义重大，最明显的意义就是提高上市公司的环保、社会责任、管理意识，其中社会责任意识一直是多数上市公司的薄弱之处。ESG信息披露有望逐步唤醒企业的社会责任意识，为共同富裕作出更大贡献。

4. 上交所关于ESG信息披露的相关要求

近年来，上交所持续强化上市公司环境、社会责任和公司治理信息披露要求（见表3.4）。

表3.4　上交所发布关于ESG的相关文件（2018—2022年）

部门	时间	文件名	主要内容
上交所	2018年	《上海证券交易所科创板股票上市规则》	对环境等相关信息做出了强制披露要求；重点说明了企业应履行生产和安全保障责任以及员工权益保障责任
上交所	2019年	《上海证券交易所科创板股票上市规定》	要求科创板上市公司披露保护环境、保障产品安全、维护员工与其他利益相关者合法权益等履行社会责任的情况
上交所	2020年	《上海证券交易所股票上市规则（2020年12月修订）》	进一步完善退市标准，简化退市程序，加大退市监管力度，保护投资者权益等
上交所	2020年	《上海证券交易所科创板上市公司自律监管规则使用指引第2号——自愿信息披露》	鼓励科创板公司自愿披露ESG方面的更多信息
上交所	2022年	《上海证券交易所股票上市规则（2022年1月修订）》	对上交所上市公司进行环境、社会和治理（ESG）的社会责任方面信息披露提供了更为明确的内容指引
上交所	2022年	《关于做好科创板上市公司2021年年度报告披露工作的通知》	科创板上市公司视情况单独编制和披露ESG报告等文件
上交所	2022年	《"十四五"期间碳达峰碳中和行动方案》	提出优化股权融资服务，强化上市公司环境信息披露，推动企业低碳发展，针对ESG提出要在行动期末达成"上市公司环境责任意识得到提高，ESG信息披露形成规范体系"的目标
上交所	2023年	《上海证券交易所债券自律监管规则适用指引第1号——公司债券持续信息披露（2023年修订）》	一是优化整合前期信息披露规范要求。二是聚焦风险导向、优化披露标准。三是进一步强化信息披露规范性要求

资料来源：根据相关资料手工整理。

2020年9月25日，上交所发布《上海证券交易所科创板上市公司自律监管规则适用指引第2号——自愿信息披露》，纳入ESG信息披露内容。2022年1月7日上交所发布了《上海证券交易所股票上市规则（2022年1月修订）》，对上市公司重视环境及生态保护、积极履行社会责任、建立健全有效的公司治理结构、按时编制和披露社会责任报告等非财务报告也有了明确的要求，对上交所上市公司进行ESG中社会责任方面信息披露提供了更为明确的内容指引。与2020年12月的旧版相比，新版上市规则首次纳入企业社会责任（CSR）相关内容，包括在公司治理中纳入CSR、要求按规定披露CSR情况、损害公共利益可能会被强制退市三个方面。2022年1月，上交所对科创板公司提出在年报中披露ESG信息的相关要求，上交所通过内部系统向科创板上市公司发布的《关于做好科创板上市公司2021年年度报告披露工作的通知》中提出：科创板公司应当在年度报告中披露ESG相关信息，科创50指数成分公司应当在本次年报披露的同时披露社会责任报告或ESG报告。2022年上交所发布《上海证券交易所"十四五"期间碳达峰碳中和行动方案》，提出优化股权融资服务，强化上市公司环境信息披露，推动企业低碳发展，针对ESG提出要在行动期末达成"上市公司环境责任意识得到提高，ESG信息披露形成规范体系"的目标。2023年上交所发布的《上海证券交易所债券自律监管规则适用指引第1号——公司债券持续信息披露（2023年修订）》提出了三点要求，一是优化整合前期信息披露规范要求；二是聚焦风险导向、优化披露标准；三是进一步强化信息披露规范性要求。

5. 深交所关于ESG信息披露的相关要求

近年来，深交所持续强化上市公司环境、社会责任和公司治理信息披露要求（见表3.5）。

表3.5　深交所发布关于ESG的相关文件

部 门	时 间	文件名	主要内容
深交所	2015年	《中小板上市公司规范运作指引》	规定上市公司出现重大环境污染问题时，应当及时披露环境污染产生的原因、对公司业绩的影响等

续表

部 门	时 间	文件名	主要内容
深交所	2020年	《深圳证券交易所上市公司信息披露工作考核办法（2020年修订）》	纳入ESG报告加分项，对上市公司履行社会责任的披露情况进行考核，增加了第十六条"履行社会责任披露情况"，并首次提及ESG披露
深交所	2022年	《深圳证券交易所上市公司自律监管指引第1号——主板上市公司规范运作》	要求"上市公司应当积极履行社会责任，定期评估公司社会责任的履行情况，深证100样本公司应当在年度报告披露的同时披露公司履行主板上市公司规范运用社会责任的报告"，并给出了社会责任报告的内容范围和需于社会责任报告中披露的环境信息
深交所	2023年	《深圳证券交易所上市公司自律监管指引第3号——行业信息披露》《深圳证券交易所上市公司自律监管指引第4号——创业板行业信息披露》	一是回应市场关切，优化经营性信息披露要求；二是突出行业特性，强化ESG信息披露要求；三是强化规则协同，调整非行业信息披露要求

资料来源：根据相关资料手工整理。

2020年9月4日，深交所发布《深圳证券交易所上市公司信息披露工作考核办法（2020年修订）》（以下简称《办法》），纳入ESG报告加分项。《办法》共包括五章内容，分别为总则、考核内容和标准、考核标准、考核实施、附则。比对2020年修订版和2017年修订版发现，考核内容和标准方面，新版考核办法新增对上市公司信息披露的有效性、自愿性披露情况、投资者关系管理情况、履行社会责任的披露情况等方面的考核要求。深交所按照本《办法》规定的考核标准对上市公司信息披露工作开展考核，对照本《办法》中上市公司信息披露工作考核结果不得评为A、评为C以及评为D的负面清单指标，在基准分基础上予以加分或者减分，确定考核期内上市公司评级，从高到低划分为A、B、C、D四个等级。公司信息披露评级为A的数量占考核总数量比例不超过25%。2022年1月，深交所更新了上市规则，首次纳入企业社会责任（CSR）相关内容，包括在公司治理中纳入CSR、要求按规定披露CSR情况、损害公共利益可能会被强制退市三个方面。同月，深交所还通知，科创50指数成分公司应在年报披露的同时披露社会责任报告。2022年深交所发布《深圳证券交易所上市公司自律监管指引第1号——主板上市公司规范运作》，要求"上市公司应当积极履行社会责任，定期评估公司社会责任的履行情况，'深证100'样本公司应当在年度报告披露的同时披露公司履行社会责任的报告，同时鼓励其他有条件的上市公司披露社会责任报告"。

6.北交所关于ESG信息披露的相关要求

2022年1月18日，北京证券交易所（以下简称"北交所"）上市公司管理部总监张华在"2022宏观形势年度论坛"上提出要"发挥北交所市场功能，推动中小企业践行ESG发展理念"，并表示：中小企业在ESG领域有较大的提升空间。作为服务创新型中小企业主阵地，北交所充分发挥市场功能，加大对中小企业的金融支持，推动中小企业践行ESG发展理念，推动上市公司技术革新，实现双碳目标。

（五）"碳达峰碳中和"相关的标准和要求

1.《企业温室气体排放核算方法与报告指南 发电设施》

从发起组织来看，2022年12月22日，国家生态环境部发布更新版《企业温室气体排放核算方法与报告指南 发电设施》，该版本将于2023年1月1日正式施行。

从内容框架来看，发电设施温室气体排放核算和报告工作内容包括核算边界和排放源确定、数据质量控制计划编制与实施、化石燃料燃烧排放核算、购入使用电力排放核算、排放量计算、生产数据信息获取、定期报告、信息公开和数据质量管理的相关要求。工作程序见图3.4。

从应用范围来看，本指南规定了发电设施的温室气体排放核算边界和排放源确定、化石燃料燃烧排放核算、购入使用电力排放核算、排放量计算、生产数据核算、数据质量控制计划、数据质量管理、定期报告和信息公开格式等要求。本指南适用于纳入全国碳排放权交易市场的发电行业重点排放单位（含自备电厂）使用燃煤、燃油、燃气等化石燃料及掺烧化石燃料的纯凝发电机组和热电联产机组等发电设施的温室气体排放核算。其他未纳入全国碳排放权交易市场的发电设施温室气体排放核算可参照本指南。本指南不适用于单一使用非化石燃料（如纯垃圾焚烧发电、沼气发电、秸秆林木质等纯生物质发电机组，余热、余压、余气发电机组和垃圾填埋气发电机组等）发电设施的温室气体排放核算。

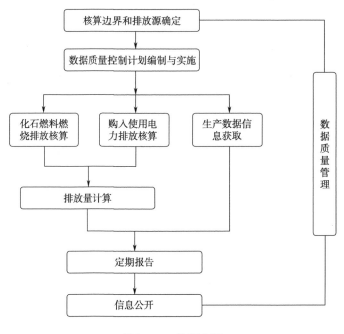

图3.4　工作程序图

2.《组织碳排放管理信息披露指南》

指南按照GB/T 1.1—2009《标准化工作导则 第1部分:标准的结构和编写》给出的规则起草。由中国标准化研究院提出，并由全国碳排放管理标准化技术委员会(SAC/TC548)归口。给出了企业碳排放管理信息披露的目的和基本原则、企业碳排放管理信息披露包含的主要内容、碳信息披露计量方法等。

从企业碳排放管理信息披露计量方法来看，声誉评分法是运用发放问卷的形式向被调查人了解对不同企业的评价，被调查者要对设定好的各个指标进行评分，各指标的总得分即为该企业的声誉分值。指数法是指研究者通过构建指数对企业碳排放管理信息披露水平做出评价，指数，构建的过程如下：一是将信息披露分为大的类别；二是确定大类所涵盖的小类；三是把每个小类分为定量和定性描述，并对两者分别进行赋值；最后将各小类的定量描述和定性描述的得分加总，该总分即为碳排放管理信息披露的得分。内容分析法是指通过对企业已公开的各类报告或文件进行分析，确定每一特定项目的分值或数值，从而对信息披露做出总的评价。

从披露方式来看，组织碳排放管理信息披露方式包括主动披露和应询披露。主动披露时，应按照 GB/T 26450 等标准要求，制定碳排放管理信息披露的工作方针和工作计划，编制碳排放管理信息披露报告并以适当方式公开。

从披露内容来看，组织碳排放管理信息披露的内容要素包括：组织概况、披露范围、碳排放管理、碳排放合规情况、碳排放量、碳减排情况、支持其他组织和个人实现碳减排、外部影响的说明。

从适用对象来看，本标准不是只针对企业，还涉及事业单位、政府机构、社团等等，所以标准的对象为组织。

3. 碳管理体系要求及指南

从发起组织来看，指南由中国工业节能与清洁生产协会2023年发布，旨在实施符合国际惯例的碳管理体系，为主管部门和交易平台提供有效抓手，通过建立组织的碳管理体系，碳排放组织可以在现有的管理体系基础上，有效实现对其碳排放、碳交易、碳资产、碳中和的科学管理，准确评估组织碳管理成熟度。

从使用范围来看，指南规定了建立、实施、保持和改进碳管理体系的各项要求。适用于任何规模、类型和性质的碳排放、碳交易、碳资产、碳中和相关的组织，行使本管理体系评定职责的政府主管部门、交易所、核查机构等除外；适用于由组织管理和控制的影响碳管理绩效的活动；适用于组织基于生命周期分析法所确定的其活动、产品和服务中能够控制或施加影响的行为。本指南可单独使用，也可与其他管理体系协调或融合。

从内容框架来看，本指南主要包括组织所处的环境、领导的作用、策划、支持、运行、绩效评价以及改进等方面进行指导。《碳管理体系要求》标准以生命周期碳管理为理念，采用风险和机遇思维，遵循"策划-实施-检查-改进"（PDCA）持续改进的管理原则，为各类组织开展碳管理活动、提升碳管理绩效提出了规范性要求。具体如图3.5所示

该标准的特点主要体现在以下几个方面：一是以传统的"监测、报告、核查（MRV）"碳管理理念为基础，基于生命周期观点和风险思维，采用ISO管理体系的结构和表达方式，以"提升碳绩效"为目标导向，采用PDCA循环

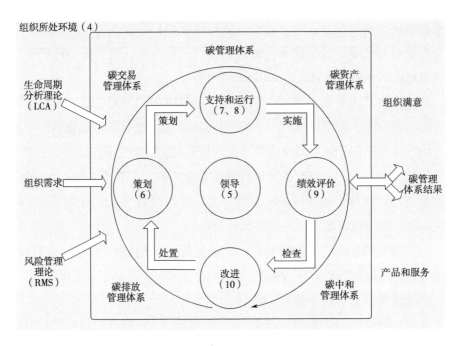

图3.5 碳管理体系要求及使用指南逻辑

运行、持续改进的模式，建立系统、全面、有效的碳管理体系。进一步引导组织采用体系的思维方式全面分析组织面临的碳风险和机遇并采取行动，助力实现国家双碳目标。二是引导行业从特定机制下的碳管理模式向产品/服务生命周期过程的碳管理理念转变，在"设计、采购、生产、交付、使用、废弃、回收处置"的生命周期过程中识别碳管理重点，系统策划、有效运行，带动组织上下游供应链和产业链共同提升碳管理绩效。三是绿色低碳已成为"世界语言"，采用ISO管理体系标准的表达方式，在ISO管理体系高阶结构的框架下，运用ISO14001和ISO50001核心要素和条款设计的理念，与其他管理体系更具兼容性、更利于后续组织应用以及为后续国际互认打好基础。四是通过建立系统、全面、有效的碳管理体系并获得第三方认证，可有效规范组织碳排放数据的采集、分析、核算、报告和披露及其可信性，提升组织的碳数据管理的准确性和完整性，促进政府、行业、金融机构、供应商，以及社会组织等相关方的采信。同时，标准鼓励组织通过碳信息披露机制，引导公众从低碳消费的视角共同参与组织的碳管理，关注从消费端促进碳减排，并提升组织自身的品牌形象。

表 3.6　国内双碳披露指南对比

标准	发布时间	发布机构	内容	应用范围
《组织碳排放管理信息披露指南》	2021	中国标准化研究院提出，并由全国碳排放管理标准化技术委员会（SAC/TC548）归口	指南给出了企业碳排放管理信息披露的目的和基本原则，企业碳排放管理信息披露包含的主要内容、碳信息披露计量方法等。组织碳排放管理信息披露的内容要素包括：组织概况、披露范围、碳排放管理、碳排放合规情况、碳排放、碳排放量、碳减排情况、支持其他组织和个人实现碳减排、外部影响的说明	本指南不是只针对企业，还涉及事业单位、政府机构、社团等，所以标准的对象为组织
《企业温室气体排放核算方法与报告指南 发电设施》	2022	国家生态环境部	内容包括核算边界和排放源确定、数据质量控制计划编制与实施、化石燃料燃烧排放核算、购入使用电力排放核算、定期报告信息获取、生产数据信息获取、信息公开和数据质量管理的相关要求	本指南适用于纳入全国碳排放权交易市场的发电行业重点排放单位（含自备电厂）使用燃煤、燃油、燃气等化石燃料及掺烧化石燃料的纯凝发电机组和热电联产机组等发电设施的温室气体排放核算。其他未纳入全国碳排放权交易市场的发电设施温室气体排放核算可参照本指南
《碳管理体系要求及指南》	2023	中国工业节能与清洁生产协会	本指南主要包括组织所处的环境、领导的作用、策划、支持、运行、绩效评价以及改进等方面进行指导	适用于任何规模、类型和性质的碳排放、碳交易、碳资产、碳中和相关的组织，行使本管理体系评定职责的政府主管部门、交易所、核查机构等除外

（六）绿色相关标准和要求

1.《银行业保险业绿色金融指引》

2022年6月，银保监发布《银行业保险业绿色金融指引》。指引提出银行保险机构应当完整、准确、全面贯彻新发展理念，从战略高度推进绿色金融，加大对绿色、低碳、循环经济的支持，防范环境、社会和治理风险，提升自身的环境、社会和治理表现，促进经济社会发展全面绿色转型。银行保险机构应当有效识别、监测、防控业务活动中的环境、社会和治理风险，重点关注客户（融资方）及其主要承包商、供应商因公司治理缺陷和管理不到位而在建设、生产、经营活动中可能给环境、社会带来的危害及引发的风险，将环境、社会、治理要求纳入管理流程和全面风险管理体系，强化信息披露和与利益相关者的交流互动，完善相关政策制度和流程管理。重点关注的客户主要包括以下四类：①银行信贷客户；②投保环境、社会和治理风险等相关保险的客户；③保险资金实体投资项目的融资方；④其他根据法律法规或合同约定应开展环境、社会和治理风险管理的客户。

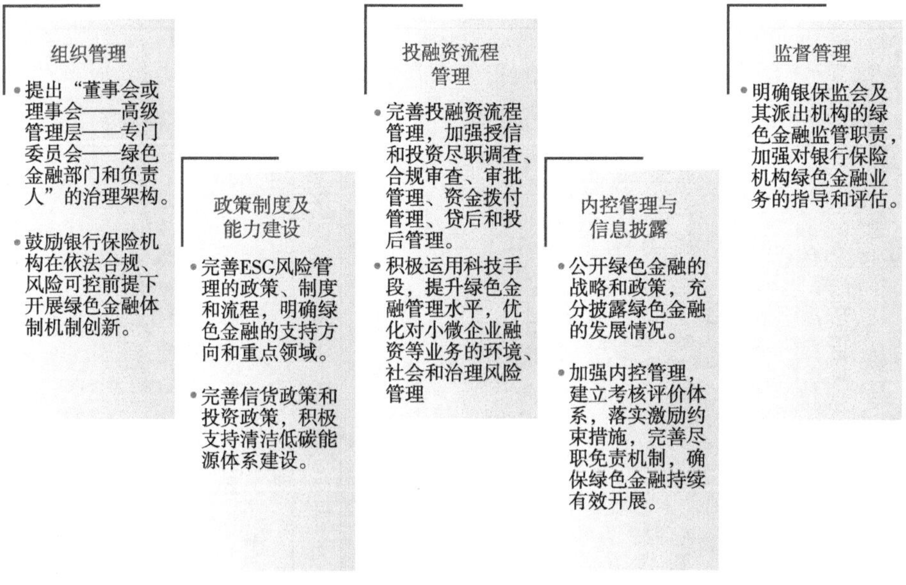

图3.6 银行业保险业绿色金融指引

2.《关于加快建立健全绿色低碳循环发展经济体系的指导意见》

2022年2月22日，国务院近日印发《关于加快建立健全绿色低碳循环发展经济体系的指导意见》。《指导意见》提出，建立健全绿色低碳循环发展经济体系，促进经济社会发展全面绿色转型，是解决我国资源环境生态问题的基础之策。要以习近平新时代中国特色社会主义思想为指导，深入贯彻党的十九大和十九届二中、三中、四中、五中全会精神，全面贯彻习近平生态文明思想，坚定不移贯彻新发展理念，全方位全过程推行绿色规划、绿色设计、绿色投资、绿色建设、绿色生产、绿色流通、绿色生活、绿色消费，使发展建立在高效利用资源、严格保护生态环境、有效控制温室气体排放的基础上，统筹推进高质量发展和高水平保护，我们应从抑制两高项目发展、调整用能结构、推行绿色项目、加快技术创新和数字化转型等方面设计优化绿色产业结构的政策，以确保实现碳达峰、碳中和目标，推动我国绿色发展迈上新台阶。

3.《绿色产业指导目录（2023）》征求意见稿

为贯彻落实党的二十大精神，更好适应绿色发展新形势、新任务、新要求，国家发改委修订了《绿色产业指导目录（2019年版）》，形成《绿色产业指导目录（2023年版）》（征求意见稿），于2023年3月16日至2023年4月15日向社会公开征求意见。

《绿色产业指导目录（2023年版）》（以下简称《目录》）的出台是大势所趋，符合我国当前经济社会发展状况、产业发展阶段的基本态势。《目录》的出台，划定了产业边界，协调了部门共识，凝聚政策合力。让绿色项目有了统一标准，助力全面绿色转型，为绿色金融保驾护航。《目录》共分三级，涵盖了节能降碳、环境保护、资源循环利用、清洁能源、生态保护修复和利用、基础设施绿色升级和绿色服务7个一级目录，并细化出29个二级目录、211个三级绿色产业内容。《目录》的出台厘清了此前绿色标准概念泛化、标准不一和监管不力的问题，有利于政府、企业和金融部门充分利用绿色信贷、绿色证券等金融工具，有效引导资金流向绿色领域，扩大绿色金融市场规模，帮助各行各业了解绿色发展的要求，推进企业可持续发展。

表 3.7 国内绿色标准和要求

名称	发布时间	发布部门	内容
《银行业保险业绿色金融指引》	2022	银保监会	银行保险机构应当有效识别、监测、防控业务活动中的环境、社会和治理风险，重点关注客户（融资方）及其主要承包商、供应商因公司治理缺陷和管理不到位而存在建设、生产、经营活动中可能给环境、社会带来的危害及引发的风险，将环境、社会、治理要求纳入管理流程和全面风险管理体系，强化信息披露与利益相关者的交流互动，完善相关政策制度和流程管理
《中国绿色债券原则》	2022	绿色债券标准委员会	借鉴国际经验并遵从国内实际，从募集资金用途、项目评估与遴选、募集资金管理和存续期信息披露四大核心要素对发行人和相关机构提出了基本要求，推动绿色债券市场规范化、标准化、国际化发展
《关于完善能源绿色低碳转型体制机制和政策措施的意见》	2022	国家发展改革委、国家能源局	构建以能耗"双控"和非化石能源目标制度为引领的能源绿色低碳转型推进机制
《关于加快建立健全绿色低碳循环发展经济体系的指导意见》	2022	国务院	建立健全绿色低碳循环发展经济体系，促进经济社会发展全面绿色转型
《绿色交通"十四五"发展规划》	2022	交通运输部	完善能源绿色低碳转型体制机制的总体要求、重点任务和政策措施，为集团公司实施"清洁替代、战略接替、绿色转型"三步走战略具有重要的指导作用
《绿色产业指导目录（2023）》征求意见稿	2023年	国家发改委	《目录》共分三级，涵盖了节能降碳、环境保护、资源循环利用、清洁能源、生态保护修复、基础设施绿色升级和绿色服务7个一级目录，29个二级目录

（七）中国ESG信息披露体系的发展特点与不足

目前，中国尚未建立统一的ESG披露标准框架，但我国在环境、社会、治理等方面的信息披露政策和要求从未停止脚步，政府相关部门和有关机构都在为构建中国ESG披露标准作出不懈努力和贡献。目前，我国ESG信息披露体系已经取得明显发展和长足进步，但与先进国家（地区）的ESG政策和实践发展相比仍存在一定差距，我国ESG披露标准尚存在许多不足之处。

目前，我国 ESG信息披露体系已经取得明显发展和长足进步，逐步由自愿披露向强制披露转变，但是信息披露的强制化仍然不足，与先进国家（地区）的 ESG政策和实践发展相比仍存在一定差距。

2013年，深交所发布《深证证券交易所主板上市公司规范运作指引》，针对环境问题进行了强制披露要求，规定上市公司在出现重大环境污染问题时应及时披露环境信息。2018年9月，证监会修订并发布了《上市公司治理准则》，其中第八章（利益相关者、环境保护与社会责任）初步搭建了上市公司ESG信息披露框架，并在2020年成为强制性要求。2019年，上交所发布《上海证券交易所科创板股票上市规则》，对ESG相关信息做出了强制披露要求，要求科创板上市公司披露保护环境、保证产品安全、维护员工与其他利益相关者权益等情况。2020年10月，国务院印发《关于进一步提高上市公司质量的意见》，明确要求上市公司规范公司治理和内部控制并提升信息披露质量。2021年，生态环境部印发《环境信息依法披露制度改革方案》，根据方案，2022年国家发展改革委、中国人民银行和证监会要完成上市公司、发债企业信息披露有关文件格式修订，2025年基本形成环境信息强制性披露制度。2022年9月，中国人民银行发布《深圳经济特区绿色金融条例》，要求银行披露绿色信贷余额、绿色信贷占总信贷余额比重、不良贷款余额及不良率、资产结构、较之前报告期的变动情况等，为金融机构开展环境信息披露提供统一指引，设定了符合条件的金融机构强制性披露环境信息的工作要求。通过以上文件可以看出，国内对企业社会责任信息的披露要求由"自愿披露"逐渐过渡到"强制披露部分环境信息"，如今逐步向"强制披露ESG信息披露框架"方向发展。

目前中国内地对ESG信息披露的要求以上市公司自愿披露为主，只对部分上市公司的特定ESG信息才有强制披露要求，虽然已初步构建ESG信息披露框架，但仍处于由自愿披露向强制披露转变的发展过程中。从当前发展来看，ESG相关信息的披露仍以企业自愿为主，但部分国家和地区（例如中国香港地区、澳大利亚、印度和南非等）已经开始采取半自愿半强制的原则，要求企业"不遵守就解释"，或要求有重大影响的企业（如高污染高风险企业、市值达到一定规模的上市公司）披露完整的ESG信息内容。中国香港地区2019年发布的第三版《环境、社会及管治报告指引》将所有"自愿披露"事项转变为"不披露就解释"，一些关键指标提升为"强制披露"水平，并新增强制性披露的指标。与国外先进经济体及中国香港地区相比，中国内地ESG披露的强制化程度仍相差甚远，因此中国内地应逐渐提高披露要求，从当前以企业自愿披露为主的要求逐步向自愿和强制结合过渡，最后实现全面的强制披露要求。从中国内地信息披露情况来看，虽然每年发布ESG相关报告的上市公司数量都在增长，但信息披露程度仍然不足，反映出相关政策强制化要求不够，因此，ESG信息披露政策强制化程度仍需加强。

2. 披露内容逐渐全面化，但披露要求缺乏统一规定

自2003年国家环保总局颁布《关于企业环境信息公开的公告》开始要求企业披露环境信息，中国在环境等方面的披露制度和政策要求逐步完善。2017年6月，环保部、（证监会）联合签署《关于共同开展上市公司环境信息披露工作的合作协议》，推动建立和完善上市公司强制性环境信息披露制度。"十四五"以来，中国环境监管部门陆续发布多份政策文件，包括《关于统筹和加强应对气候变化与生态环境保护相关工作的指导意见》（环综合〔2021〕4号）、《"十四五"节能减排综合工作方案》、《"十四五"土壤、地下水和农村生态环境保护规划》和《"十四五"期间碳达峰碳中和行动方案》，对上市公司等企业的环境信息披露提出要求。深交所和上交所陆续发布《上市公司社会责任指引》《上市公司环境信息披露指引》等，对上市公司包括环境保护在内的社会责任信息披露提出了具体要求和指引，证监会也针对上市公司信息披露及相关治理提出了具体要求。反观"社会"和"治理"方面，并没有发布任何独立的相关政策，虽然2022年深交所发布的《深圳证券交易所上市公司自律监管指引第1号——主板上市公司规范运作》、2022年证监会发布的《上市公司投资者关系管理工作指引》正式稿、2022年银保监会发布的《银行业保险业绿色金融指引》等相关指引文件中加入该部分内容，但相比"环境"部分披露要求仍然比重较少，且缺乏披露要求的统一规定。

由于国内各交易所对环境、社会、治理报告披露的内容、格式等并无统一的规定，仅有指引性的建议，各家上市公司的报告内容格式也为自主决定，对于关键信息并不像欧美市场一样有统一编码，因此国内市场呈现出报告内容、格式参差不齐的情况。2018年，证监会修订了《上市公司治理准则》，为上市公司披露ESG信息提供框架，但具体细则过于宽泛，并未从根本上解决ESG信息披露指标存在差异、数据口径不一致等问题，因此ESG信息披露仍然缺乏统一的规定和要求。

3. 披露主体范围逐步扩大，但发展较为缓慢

2014年，《中华人民共和国环境保护法》将环境治理信息披露的主体规定为"重点排污单位"。2016年，中国人民银行、财政部等七部委联合中的《关于构建绿色金融体系的指导意见》以及2017年环保部和证监会联合签署的《关于共同开展上市公司环境信息披露工作的合作协议》提出逐步要求全体上市公司披露环境信息；当前除了"上证公司治理板块""深证100"样本股必须披露社会责任报告，对其他上市公司仅作鼓励性要求。2021年，生态环境部发布《企业环境信息依法披露管理办法》，要求重点排污单位、实施强制性清洁生产审核的企业、符合规定情形的上市公司、发债企业等主体依法披露环境信息，同时对制定环境信息依法披露企业名单的程序、企业纳入名单的期限进行了规定。2022年1月，深交所发布《深圳证券交易所上市公司自律监管指引第1号——主板上市公司规范运作》，要求"上市公司应当积极履行社会责任，定期评估公司社会责任的履行情况，'深证100'样本公司应当在年度报告披露的同时披露公司履行社会责任的报告，同时鼓励其他有条件的上市公司披露社会责任报告"，并给出了社会责任报告的内容范围和需于社会责任报告中披露的环境信息。2022年，上交所发布《上海证券交易所"十四五"期间碳达峰碳中和行动方案》，提出优化股权融资服务，强化上市公司环境信息披露，推动企业低碳发展，针对ESG提出要在行动期末完成"上市公司环境责任意识得到提高，ESG信息披露形成规范体系"的目标。由最初只要求"列入名单的企业"公开环境信息向要求"全体上市公司"披露环境信息转变，可见我国要求的披露主体范围逐步扩大。

中国内地的披露主体范围正在逐步扩大，但发展缓慢，当前除了"上证公司治理板块""深证100"样本股必须披露社会责任报告，对其他上市公司仅作鼓励性要求。而中国香港地区在起步时要求披露的主体范围就比较广，并且中间直接经历了从全港上市公司到所有香港注册公司的跨越式发展。美国 ESG 法律文件的规约主体从上市公司开始逐步扩大到养老基金和资产管理者，再进一步延伸到证券交易委员会等监管机构。日本早期的 ESG 政策法规主要针对上市公司和机构投资者。因此，我国政府部门以央企控股上市公司为抓手，从提出央企"有条件的企业发布报告"到"ESG 报告全覆盖"，范围逐步扩大；报告形式要求也由社会责任报告向 ESG 报告转变，披露范围和内容进一步扩宽，更为全面地反映企业可持续发展的表现。国内监管机构则以金融机构为核心，2022年分别出台了《金融机构环境信息披露指南》《银行业保险业绿色金融指引》等系列指引文件，旨在通过完善金融机构的环境信息披露逐步提升企业的 ESG 管理能力，但其规定的 ESG 披露主体仍主要集中在金融行业等，因此，ESG 信息披露主体范围仍需要进一步扩大，从而全面促进企业 ESG 实践发展。

4. 披露标准逐步细化，但总体信息披露质量有待提高

2017年，中共中央办公厅、国务院办公厅印发《关于创新体制机制推进农业绿色发展的意见》，对农业提出了绿色发展等要求。2020年，国家发展改革委、司法部印发《关于加快建立绿色生产和消费法规政策体系的意见》，提出推行绿色设计，强化工业清洁生产，发展工业循环经济。由此看来，国内 ESG 分行业披露标准建设正在路上。2021年，生态环境部发布《生态环境保护专项考察办法》，规范生态环境保护专项督查工作，推动解决突出生态环境问题，落实生态环境保护责任。2022年，证监会印发《上市公司投资者关系管理工作指引》正式稿，进一步增加和丰富投资者关系管理的内容及方式，明确上市公司投资者关系管理工作的主要职责，要求公司制定制度和机制。2022年6月，银保监会印发《银行业保险业绿色金融指引》，要求金融保险机构的董事会或理事会承担绿色金融的主体责任，从战略高度确认了将 ESG 纳入管理流程和风险管理体系的重要意义，并要求银行、保险机构充分公开绿色金融战略和政策，充分披露自身绿色金融的发展情况。由此可见，各部门正逐渐细分标准，加强对 ESG 各维度的披露程度和披露质量。

目前我国ESG披露的信息仍然比较单一，国内对社会责任内容的披露要求多集中于"环境"方面，对于"社会"及"治理"方面的规定较少，且指标不明确，虽然中国ESG信息披露要求在政府部门的推动下已经逐步由环境方面转向ESG全覆盖要求，但仍处于发展不平衡不充分的阶段，因此要加快完善ESG信息披露体系建设。

与此同时，我国ESG报告缺乏独立验证。截至2022年，发布ESG相关报告的上市公司达到了1 427家，当年披露ESG相关报告有1 513份。近两年增速有所加快，2021年新增135家，2022年新增285家，但是在披露了ESG报告的公司中，只有少数的报告经过了第三方审计。在沪港深ESG研究的6个案例中，只有中国平安一家发布的ESG报告附上了由德勤出具的独立鉴定报告，可见第三方审计能力和水平亟待提升。虽然越来越多的中国企业开始发布ESG报告，但绝大多数ESG报告未经审验，在可信度方面有待验证。相比于内地ESG验证情况，香港联交所发布的新版ESG指引鼓励公司就其ESG报告获取独立验证以加强所披露ESG数据的可信性；公司若取得独立验证，应在ESG报告中清晰描述验证的水平、范围和所采用的过程。因此，内地应该尽快完善ESG报告独立验证的政策体系，促进ESG报告信息独立验证，提升信息可信度和信息可比性。

5. 董事会作用逐步强化，但ESG实践和管理水平有待加强

国内自1993年《中华人民共和国公司法》发布就对董事会、监事会的设立与委任做出了规定。2002年，证监会与国家经贸委联合发布《上市公司治理准则》，对控股股东行为、董事与董事会义务责任作出明确的规定。2015年，国务院发布《关于深化国有企业改革的指导意见》，提出要推进董事会建设。2015年印发的《国务院办公厅关于加强和改进企业国有资产监督防止国有资产流失的意见》，要求落实董事对董事会决议承担的法定责任。2021年12月，香港联交所刊发《有关检讨〈企业管治守则〉及相关〈上市规则〉条文以及〈上市规则〉的轻微修订》，推动香港上市公司改变董事会组建思维，提升董事会独立性，并推进公司更新董事会成员组合及继任规划，以全面提升公司董事会成员的多元化水平及企业管治水平。总体上，各部门正逐步强化董事会在企业ESG实践中的作用，同时加强对董事会的监督约束机制。部分企业从治理层、管理层、执行层三个维度加强可持续ESG管理，通过设置战略与可持续发展委员会、可持续发展管理委员会、可持续发展与气候行动办公室、可持续发展专家委员会和ESG执行小组等制订可持续ESG战略实施方案。其中，战略与可持续发展委员会作为公司战略与ESG决策层，承担制定企业ESG战略和发展方向，判定企业面临的风险及机遇，核准企业的ESG长期、中期及短期目标，定期核查企业ESG绩效业绩，决策重大ESG议题事项如审定社会责任报告等职能。但目前，大多数企业的ESG战略管理和实践仍处于初步探索阶段，各层面的组织架构、人员配备及相关配套措施都不甚完善，仍然需要提高董事会、管理层和执行层在企业ESG实践方面的协调配合程度，以完善的治理结构和治理机制推动企业ESG绩效提升，从而实现企业可持续健康发展。

（八）中国ESG信息披露体系的发展趋势分析

目前中国并没有完整的ESG披露标准框架，但多年来在环境、社会、治理方面也从未停止前进的脚步，各部门各机构都在为构建ESG披露标准不懈努力。由于中国起步较晚，且国内环境复杂，目前与发达国家相比仍有一定差距，如：信息披露的强制化程度不足、信息披露的内容过于单一、参与披露主体的范围较小、披露内容的格式无统一规定、信息披露报告缺乏独立验证等。但也已经取得了不小的成效，如：自愿披露向强制披露转变、披露内容逐渐全面化、披露主体范围逐步扩大、披露标准逐步细化、董事会作用逐步强化等，因此亟需抓紧构建中国特色的企业ESG信息披露标准，以规范企业ESG信息披露，降低"漂绿"风险，为企业和资本市场的ESG信息良性互动提供基础，促进ESG生态系统高质量发展，推动双碳战略目标实现和经济社会绿色低碳转型。

1. 企业ESG信息披露数量及特征

企业社会责任报告是中国企业披露ESG信息的主要载体。近年来，A股上市公司发布ESG相关报告（包括《环境、社会与管治报告》《可持续发展报告》和《社会责任报告》）数量持续增加。从2017年的888家企业披露发展到2022年的1 775家披露（见图3.7）。上市企业总体披露率缓慢稳定上升，其中，截至2023年6月30日，A股和中资港股（港股不含两地上市公司，以下同口径）上市公司6 295家，披露2022年度ESG相关报告的上市公司共计2 739家，披露比例为43.51%。2022年A股上市公司披露报的比例为34.50%（1 775家），相较于2021年进一步上升5.26个百分点；中资港股报告披露比例为88.68%（964家），较2021年度报告披露比例上升2.67个百分点（见图3.8）。

图3.7 2017—2022年A股上市公司ESG相关的报告发布情况

资料来源：A股上市公司数量及股票代码基于国泰安数据；报告数据来自企业官网和主要财经网站和南开大学绿色治理数据库。

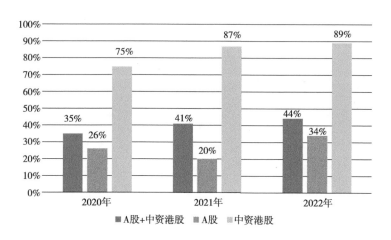

图3.8 2020—2022年ESG相关报告披露情况

资料来源：中诚信绿金ESG Ratings数据库整理。

从公司不同属性来看，A股和中资港股上市公司中央国有企业、地方国有企业2022年与2021年报告披露相比分别增长10.39%、7.41%。民营企业披露比例仍与2021年报告披露比例接近。在国资委2022年发布的《提高央企控股上市公司质量工作方案》推动下，国有控股上市公司较民营企业ESG信息披露比例明显增长，披露差距进一步扩大（见图3.9）。

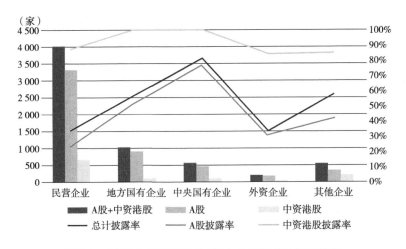

图3.9　2022年不同属性的A股上市公司单独披露情况

资料来源：嘉实基金、南开大学绿色治理数据库。

A股上市企业整体披露率水平长期以来在25%左右波动，2022年突破30%；沪深300成分股上市企业ESG披露率自2011年呈现稳步且迅速增长趋势，由2011年的50.7%已经发展至如今的89.70%。因此，可以认为在沪深300中的绝大多数企业已经建立起ESG披露的自主意识（如图3.10所示）。

图3.10　A股与沪深300ESG披露率

从发布报告板块来看，受不同板块监管制度和规则影响，四个板块中沪市主板的发布数量和发布率均最高，发布数量达到714，发布率达到43.48%。其次是深市主板，发布数量达到420，发布率达到28.67%。沪市科创板的发布数量达到84，发布率达到22.28%。深市创业板的发布率最低，发布数量为148，发布率为13.68%（见图3.11）。

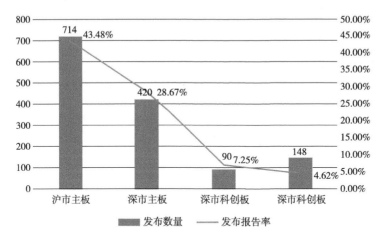

图3.11 各板块社会责任报告发布数量及发布率

资料来源：中国上市公司协会学术顾问委员会、中国公司治理研究院绿色治理评价课题组。

2017—2022年10月，发生ESG负面实践企业比例逐年增加，尤其是2021年受到疫情等宏观因素冲击，企业发生ESG负面实践比例达到46%，比2019年增加13%（见图3.12）。

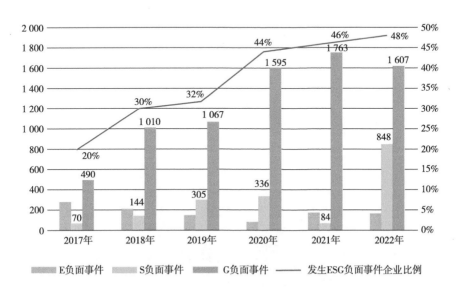

图3.12 2017—2022年企业ESG风险事件（数据截止到2022年10月31日）

资料来源：根据Wind数据资料整理。

2. 企业ESG评级情况分析

中国企业ESG表现现状：ESG总评分均值逐年增加，B+级（含）以上ESG评级的公司比例增加，ESG表现逐步改善。以中证800成分股公司为例，过去4年来，ESG平均得分增长了32%。可以说，上市企业正逐渐把ESG理念贯彻于经营实践中。企业ESG评级结果从高到低共有7个等级，分别是AAA、AA、A、BBB、BB、B、CCC，与去年结果相一致，本次评级中尚无企业获得最高的AAA、AA评级。从这个意义上来说，A股上市公司ESG建设、ESG信息披露领域仍有很大的提升空间（见图3.13）。

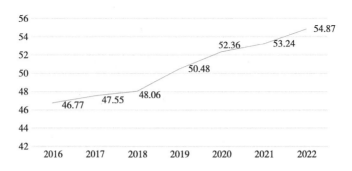

图3.13　2016—2022年沪深300上市公司ESG总评分均值变化

资料来源：根据商道融绿资料整理。

在2022年中国A股公司ESG评级中，B评级所占比例最高，达到了75.89%，其次是C评级，A评级的企业最少，仅占2.3%（见图3.14）。

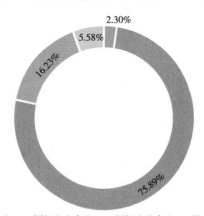

■ A评级企业占比　■ B评级企业占比　■ C评级企业占比　■ 没有评级企业占比

图3.14　2022中国A股公司ESG评级比例

资料来源：中国上市公司协会学术顾问委员会、中国公司治理研究院绿色治理评价课题组。

（九）国外ESG标准对国内ESG披露标准体系的启示

相比于发达国家，中国目前尚未建立一套既适用于中国国情又能够对接国际相关标准的ESG披露标准体系。因此，亟须政府相关部门牵头制定统一的中国ESG标准体系，全面吸纳各利益相关者所关切的问题和内容，利于各市场经济主体之间的ESG信息良性互动，从而提高中国ESG信息披露标准体系的社会影响力和国际认可度。随着ISSB等国际ESG标准的逐步完善，欧盟以及美国、日本、英国、新加坡等经济体纷纷加速布局ESG标准的政策规划，以全面促进各自和国际ESG规范发展。因此，我国应基于中国国情和企业发展现状，从各国的政策演进和实践发展中总结先进经验和有益启示，尽快推动中国特色ESG披露标准体系建成。

1. 形成合力，基于中国国情制定中国特色ESG披露标准体系

首先，上市公司、中介机构、自律组织、监管部门等多方主体共同努力，形成合力。ESG是一个系统工程，涉及多个主体，关系到多方利益。目前在ESG利益链条上存在各行其是的情况。比如不少上市公司受到评级机构或投资机构倒逼迫切需要提高ESG评级，但对纷繁复杂的评级指标评级方法存在困惑；很多小公司受制于成本负担等原因对ESG接受程度较低，不愿开展ESG工作；不同评级机构评级方法指标等差异性较大，又急于扩大影响力，论调不一。ESG要在中国真正落地生根，需要各方主体加强理解、共同发展，推动形成健全的ESG生态体系。上市公司特别是央企上市公司更应体现责任担当，践行ESG理念，发挥引领作用。评级机构、金融机构等中介机构，通过投资导向推动上市公司提高ESG管理水平。中上协等自律组织应当发挥贴近市场、灵活机动的优势，先试先行，通过自律管理、最佳实践倡导等推动ESG工作不断深入开展。

其次，从全球和各国ESG标准发展经验来看，美国和欧盟等地区的ESG标准都是立足于本国国情构建的，因此我国也应该结合中国国情构建ESG披露标准体系。此外，国际标准中的部分指标在中国情境下不适用，部分能够充分体现中国企业在社会责任与治理等方面特征的重要指标未包含在国际标准中。因此，基于中国国情和企业发展情况，构建和推行一套客观、公正、符合实际的中国ESG披露标准体系才能指导企业ESG实践，促进企业和资本市场ESG良性互动发展。制定ESG标准时要考虑地区和行业的特征，确定披露核心原则，初期搭建普适性标准框架，后期再根据不同行业特性进行特色标准议题的补充；同时，上市和非上市公司、国有企业和非国有企业等企业的实践应用情况不同，可采取"分步走"策略全面推动企业ESG披露规范化、标准化发展。

最后，ESG信息披露标准应具有一致性、可比性和兼容性，相关披露主体应通过专门的行业协会、研究机构组织进行披露，以保证信息的公平准确，并通过信息共享平台和机制降低信息不对称问题带来的风险，保证信息披露的及时性、可靠性、权威性、有效性，使政府、企业、机构、公众等ESG市场主体能够及时获取ESG信息，在提高企业ESG信息透明度的同时增加各利益相关方的信息互联互通水平，全面促进ESG标准化发展和实践应用。

2. 引导ESG市场主体共同参与ESG标准体系构建与发展

政府相关部门应积极引导企业、行业协会、标准制定机构、机构投资者、国际组织、社会公众等各类ESG实践主体共同参与、协力促进中国ESG标准体系构建与发展。其中，政府相关部门应抓紧完善国内相关法律法规并加大执法、监督力度；企业应将ESG纳入其管理、运营中，树立企业发展的全新理念和价值导向，并自上而下积极贯彻和践行ESG理念；行业协会应搭建好企业与政府之间信息交流的桥梁，做好行业内部协同发展与咨询服务工作；标准制定机构应对标国际ESG标准体系，制定适合中国国情的披露标准体系，多方协作共同促进国内ESG标准统一发展；机构投资者要积极协同发展多层次资本市场体系，加大长期价值投资理念的宣传力度，优化ESG可持续投资和产品发展；国际组织与倡议是实现国际对话的桥梁，国内ESG标准制定机构应该积极对标国际，构建国内国外ESG标准良性互动、相互影响的良好局面；社会公众则以消费者和个人投资者的身份持续关注ESG可持续发展，从而"倒逼"企业ESG实践发展。

3. 提高ESG披露体系的强制化和指标量化要求

香港联交所于2019年修订《环境、社会及管治报告指引》，引入"不披露就解释"条文，这使得其ESG信息披露率显著提升，从2015年的7.6%信息披露率提升到2016年的77.3%，因此强制化信息披露要求可以有效加强企业的信息披露信息的质量和数量，从而为ESG信息交互提供更所企业层面的信息数据。首先，通过欧盟、香港等ESG披露实践经验，中国ESG披露要求可从大型上市公司着手，待相关制度建设相对成熟、ESG信息披露成本下降后，再逐步推广到中小微企业和未上市公司等。从行业的角度来看，可以先在少数行业进行尝试，由金融行业扩大到其他行业，而后不断扩大强制披露的行业范围，因此ESG披露框架可以针对特定行业进行测试使用，待标准体系的指标基本确定后再将披露范围扩大到所有行业，循序渐进地提出披露要求。在披露内容方面，可以扩大必要披露信息的范围，由环境到社会再到公司治理，逐步整合ESG报告内容。其次，监管部门应当将更多实质性议题和量化指标纳入披露要求，从而提高企业ESG信息披露质量，保证ESG报告切实可应用于投资实践。最后，通过对美国、欧盟以及中国香港地区的政策梳理可以看出，企业ESG信息披露将会是一个循序渐进的过程，针对参与披露ESG信息的企业应先采取鼓励、引导为主的态度，随着披露制度的完整性、统一性、科学性不断增强，再逐步增加强制性披露指标的数量和强制性披露要求。另外，在提高ESG披露效率的同时要考虑到大量中小微企业的信息披露水平和披露成本承担能力，政府或监管机构应当出台相应的政策和配套服务体系，以帮助中小微企业降低ESG信息披露和ESG报告编制成本。

4. 侧重披露ESG实质性议题

在制定我国ESG标准时，应充分考虑企业实质性议题。主要应从三个层面考察：一是企业应注重可持续发展的重要影响，对于行业中确定的每个主题，选择或开发可用于决策的会计指标，以说明该主题下的公司绩效。在制定ESG标准时，不仅要重视会计指标涉及可持续发展的影响，还要重视创新机会。二是要将实质性议题纳入利益相关方的评估和决策，在披露实质性议题时应足够准确翔实，以供利益相关方评估报告组织的表现。ESG报告中披露的数据信息应经过充分的测量，并对报告中披露的会计指标进行充分的描述，通过会计指标可以反映出企业在可持续发展背景下的经营表现。三是要综合经济、社会、环境可持续发展的重要影响，在人类可持续发展系统中，生态环境可持续是基础，经济可持续是条件，社会可持续才是目的。

5. 探索建立信息披露鉴证制度

为提高企业ESG信息的可比性，应在ESG披露制度中明确ESG信息披露方式。应根据ESG可持续发展信息披露的特点，全面采用定性披露和定量披露相结合的方式，提高企业ESG信息披露的数量和质量。此外，对可以采用货币计量的ESG信息，可以在企业现有企业资产负债表、利润表、现金流量表等基本会计报表中增设相关项目来揭示企业ESG责任，同时，针对企业ESG报告内容多、可货币化计量项目少的特点，可要求企业在现有财务报告基础上编制单独的ESG报告（可持续发展报告），如"ESG年报"或"可持续发展年报"，按年度定期编制并对外公告，促进企业全面披露ESG信息。基于中国国情，ESG信息披露鉴证制度应抓紧培养第三方咨询服务机构审验ESG报告（可持续发展报告）的能力，从而规范中国上市公司ESG信息披露的方式。

综合来看，在当前阶段抓紧启动我国企业ESG标准化建设，是符合国际趋势也符合国内发展趋势的必然选择，ESG标准化建设能够有效地提高企业ESG信息披露的规范性、统一性，推进双碳战略目标的实现和经济社会全面绿色低碳转型。与此同时，中国ESG标准化发展还能促进中国企业更好地与国际接轨，展示我国的负责任大国形象，提升国际话语权，推动我国更好融入国际经济体系，领导参与全球经济治理进程。

6. 完善从资产端到上市公司的ESG金融生态

首先，鼓励养老金、保险资金等机构投资者在投资决策中纳入ESG因素，建立长期且适当的激励与考核机制。养老金、保险资金等机构投资者具有长期性和强公共属性，与ESG关注的长期价值、兼顾各方利益、减少负外部性理念高度匹配。养老金、保险资金等机构投资者可在投资决策中纳入ESG因素，向可持续发展项目注入长期资金，同时建立长期且适当的激励与考核机制，促进资本市场更好地服务实体经济可持续发展。

其次，加大对投资者的教育，引导投资者和投资机构更多地进行负责任投资。一方面，与发达国家相比，我国可持续投资仍处于起步阶段，ESG资管市场规模仍然处于比较低的水平；另一方面，协会的问卷调查显示，近三成的公司认为投资者构成以个人投资者为主，更在乎公司股价和财务表现而不是ESG表现也是阻碍开展ESG工作的主要障碍之一。近年来，A股市场中机构投资者持股和交易占比稳步上升，个人投资者交易占比逐步下降到60%左右，但个人投资者数量超过2亿，这是我国资本市场最大的市情，是市场活力的重要来源，也是市场功能正常发挥的重要支撑。因此，在重视中小投资者合法权益的保护的同时，也要重视加强投资者包括个人投资者和机构投资者的教育，引导投资者更多的进行负责任投资，充分发挥ESG投资的驱动作用。

最后，培育ESG中介机构，发挥市场多方参与者的信息供给、监督和服务功能，强化资本市场绿色低碳发展的市场动能。ESG鉴证机构、评级机构、数据供应商和指数公司等作为可持续发展信息价值链上的关键环节，发挥着信息的整理、分析、监督和服务的功能，在不同程度上影响或决定了可持续金融市场的运行效率。对于ESG鉴证和ESG评级机构，应在遵循国际标准与共识的基础之上，制定本土化鉴证和评价方式，提高业务的科学性和公信力。针对目前缺少ESG数据源以及高质量的ESG投资工具的现状，数据供应商和指数公司应积极开发相关产品，为ESG指数基金、衍生品、绿色底层资产投资者提供多样化投资工具，丰富ESG投资生态。

二、企业ESG信息披露报告与鉴证

（一）企业ESG信息披露报告编写

1. 企业ESG信息披露报告编写流程

一般地，企业编制和发布ESG报告的流程应主要包括以下7个步骤：组建报告编制小组；厘清ESG评价维度；制订工作计划；策划报告内容；收集整理报告信息；撰写报告并设计排版；发布报告。

（1）组建报告小组

企业应组建报告编制小组，以便全面负责ESG报告的编制和发布工作。为确保报告编制工作顺利开展并取得成功。报告编制小组负责人应由企业最高管理层中专门负责ESG工作的人员担任。报告编制小组成员应包含企业内部的ESG专业管理人员、职能部门和业务部门的代表等，必要时还可包含外部ESG方面专家，对于大中型企业，报告编制小组成员还宜包含其下属企业的代表。报告编制小组既可直接编写ESG报告，也可将报告编写工作委托外部专业技术机构承担。当委托外部专业技术机构承担编写工作时，报告编制小组成员应包含外部专业技术机构指定的代表。

（2）理清ESG评价维度，基于企业ESG报告所针对的报告对象选择适合的报告指标指引

ESG报告的编写，并非公司某个组织独立的工作，它将牵扯各部门，各层级共同协作，各司其职，在统一的指导下，把组织内部的不同部门的ESG工作进行跨部门协同总结。因此在组织公司编写ESG报告前，清晰的目标、体系指引和框架十分重要。

表3.8　企业ESG报告编制要求

报告信息可得性	定期发布ESG报告
	报告编制具有明确的参照标准
报告完整性	披露范围与财务报告一致
	具有报告编制说明/ESG各层面的披露情况
报告平衡性	客观披露正面与负面信息
报告实质性	实质性议题识别与分析
报告量化可比性	提供3年关键量化管理目标及绩效表
	披露关键量化绩效的计算方法
报告可靠性	董事会层面ESG的管理构架/董事会对ESG的管理责任
	真实性承诺
	流程效力说明
报告可理解性	专业词汇解释
	信息数据化和图表化

（3）制定工作计划

工作计划应包含报告编制小组成员的工作任务分工及相关职责、报告编制和发布的工作时间进度、关键工作控制点等。对于定期发布财务报告的企业来说，ESG报告的发布时间应尽可能与财务报告保持同步。

（4）策划报告内容

报告编制小组应按照合适的报告指引标准来策划报告内容，包括报告框架、报告主题和报告信息等。在各报告期，FSG报告的框架和主题通常保持连

续性。如果本报告期企业的ESG有关活动发生重大变化或调整，或者为了对ESG报告做出重大改进，那么报告的框架和主题也可随之进行调整或改进。

（5）收集整理报告信息

本文件所述的议题及议题说明是企业收集整理报告信息的重要途径。企业还可通过资料收集清单、问卷调查、访谈等多种形式有关信息。报告信息既可包括文字信息，又可包括图片、视频、音频等信息。报告载体既可是纸页的，也可是电子的，为了增强说服力，报告信息还可以包括实践总结、典型案例等。对于所收集到的信息，报告编制小组宜分类整理，并评审其时效性、完整性和准确性。如果条件允许企业也可建立相关数据库或系统对所收集整理的信息进行有效管理。

（6）撰写报告并设计排版

基于所收集整理的报告信息，报告编制小组应根据报告内容的策划结果撰写报告草案。在报告撰写阶段，报告编制小组可视情况将报告草案在企业内征求意见，亦可向企业外部的主要利益相关方征求意见，以使报告草案的内容和质量更加完善。报告编制小组应基于报告读者群的现状、报告具体内容和传播需要，根据报告发布载体(如纸件、电子文档等)的特点，综合考虑实用性和审美需要，对报告版式进行设计，包括文字、图片和表格的合理搭配等。对于同一企业来说，不同报告期的报告版式及设计风格应尽可能统一，这种统一的设计风格宜充分展现本企业的独特人文特性。ESG报告的版式风格可采取多种多样的形式，本文件无意确定某种统一的固定模式。为便于读者反馈意见，ESG报告宜在适当位置醒目标明意见的便捷方式和渠道。ESG报告中应体现报告范围、报告编制依据、报告编制流程、报告保证方法、报告数据说明、发布形式、指代说明、报告编委会成员及联系方式。

（7）发布报告

ESG 报告应在监管部门指定或企业自主选择的平台进行披露。

2. 企业ESG信息披露报告编写的参考标准

当前主流ESG信披标准的制定机构

（1）全球报告倡议组织（Global Reporting Initiative，GRI）

GRI最新标准被划分为三类：通用标准、议题专项标准（包括经济、环境和社会三方面议题）和行业标准，在原有2016年版本上更新了通用标准，新增了行业标准内容，全方位指导可持续发展信息披露。

	通用标准	议题专项标准	行业标准
具体内容	使用GRI标准的要求和原则（2021年更新）	排放	石油和天然气业（2021年发布）
		能源	煤炭业（2022年发布）
	报告组织的背景信息（2021年更新）	水资源与污水	采矿业（制度中）
		雇佣	农业（制度中）
	实质性议题的披露和指引（2021年更新）	职业健康与安全	水产业（制度中）
		……	……

图3.15　GRI标准2021年版本内容划分

（2）气候变化相关财务信息披露工作组（Task Force on Climate-related Financial Disclosures，TCFD）

气候变化相关财务信息使用者的需求逐渐变化，各类指标的核算方法陆续更新，与时俱进的TCFD也不断修订其披露标准，于2021年10月发布了最新的《指标、目标和转型计划指南》，针对气候相关指标、气候相关目标、转型计划和财务影响的披露给出了相应指导和示例。TCFD也逐渐受到更多组织承诺支持，截至2021年10月6日，TCFD已在全球获得2 600多个组织的支持，已有多个国家和地区提出或最终确定了关于要求披露与TCFD建议一致信息的法律和法规（例如：香港、新加坡、英国等）。

治理	战略	风险管理	指标和目标
披露企业对气候相关风险和机遇的治理。	披露气候相关风险和机遇对企业业务、战略和财务规划的实际和潜在影响（如果该信息是重要的）。	披露企业如何识别、评估和管理气候相关风险。	披露用于评估和管理气候相关风险和机遇的相关指标和目标（如果该信息是重要的）。

图3.16　TCFD关于气候相关财务信息披露的建议围绕四个主题领域展开[

资料来源：TCFD《指标、目标和转型计划指南》。

（3）国际综合报告委员会（International Integrated Reporting Council，IIRC）

2010年成立的IIRC致力于制定国际公认的综合报告框架和思维原则，强调企业内部实践，提高信息披露质量，促进资源的有效分配，维持金融稳定和推动可持续发展。

其中，综合报告框架主要包括组织概况和外部环境、治理结构、商业模式、风险和机遇、战略及资源配置、业绩、未来前景和报告基础8大内容，用于评估企业可持续价值创造的能力，旨在推动企业对广义资本（财务、制造、智力、人力、社会与关系和自然）的存量价值管理，支持企业短期、中期和长期内的增量价值创造。而综合思维原则被划分为三个层次，包括明确、评估和实践，从6个角度（目的、战略、风险与机遇、企业文化、公司治理和公司表现）指导公司构建更加可持续的商业模式。目前为止，IIRC的综合报告框架已经被全球75个国家采纳使用。

（4）国内参考标准

2022年以来，各社团组织以及地方推出了具有中国特色的ESG信息披露规则指南，为企业ESG报告编制提供了参考。

表3.9 国内ESG报告编制参考标准

序号	团体名称	标准编号	标准名称	公布日期	状态
1	中国质量万里行促进会	T/CAQP 027 2022	《企业ESG信息披露通则》	2022-06-25	现行
2	中国质量万里行促进会	T/CAQP 026 2022	《企业ESG评价通则》	2022-06-25	现行
3	深圳市企业社会责任促进会	T/SZCSR 0012022	企业ESG评价规范	2022-05-12	现行
4	中国生产力促进中心协会	T/CPPC 10352022	混合型饲料添加剂液态植物精油通用要求	2022-02-18	现行
5	中国生物多样性保护与绿色发展基金会	T/CGDF 00011-2021	ESG评价标准	2021-10-14	现行
6	中国化工情报信息协会	T/CCIIA 0003-2020	中国石油和化工行业上市公司ESG评价指南	2020-11-18	现行

（二）企业ESG信息披露报告鉴证

随着企业内外部利益相关方对ESG的关注度日益增加，越来越多的企业开始关注ESG话题，并逐步开展ESG实践工作，其中ESG信息披露报告的编制工作成为多数企业迈向ESG管理理念的第一步。

随着报告的编制，企业能够进一步有效地在环境、社会和公司治理维度衡量和管理其财务与非财务指标，其ESG信息的对外披露于企业提供稳健风险管理工具与投资决策角度；于行业创造产品及社会价值与产业竞争优势；于投资搭建透明信息交流平台与合规运营环境。而ESG信息披露报告的鉴证工作从准确性、可靠性和透明度上如基石一般支持着这一完备体系的稳定运行。

1. 国内与ESG鉴证业务的有关政策

尽管ESG的实践行动相对于国际并不处于领先位置，但中国市场对ESG的行动始终保持着积极态度。如表3.10所示，中国政府对ESG相关政策制度正逐步完善加强，相较于国际出现鉴证强制要求，我国主要还保持在鼓励为主的自愿鉴证阶段。

表3.10　国内ESG鉴证服务政策

时　间	机　构	政　策	内　容
2009	中国银行业协会	《中国银行业金融机构企业社会责任指引》	银行业金融机构原则上应于每年6月底前提交上一年度的企业社会责任报告，并鼓励实施第三方独立鉴证
2017	上海证券交易所	《公开发行证券的公司信息披露内容与格式准则第2号——年度报告的内容与格式(2017年修订)》	环境信息核查机构、鉴证机构、评价机构、指数公司等第方机构对公司环境信息存在核查鉴定、评价的，鼓励公司披露相关信息
2021	生态环境部	《环境信息依法披露制度改革方案》	完善第三方机构参与环境信息强制性披露的工作规范，引导咨询服务机构、行业协会商会等第三方机构对披露的环境信息及相关内容提供合规咨询服务
2021	中国证监会	公开发行证券的公司信息披露内容与格式准则第2号——年度报告的内容与格式（2021年修订）》	鼓励上市公司披露环境信息核查机构、鉴证机构、评价机构、指数公司等第三方机构对环境信息的核查、鉴定、评价结果

续表

时　间	机　构	政　策	内　容
2022	中国人民银行	《金融机构环境信息披露指南》	指导200余家金融机构试编制环境信息披露报告，包括环境风险的识别、评估、管理、控制流程，经第三方专业机构核实验证发放碳减排贷款的情况及其带动的碳减排规模等信息
2022	中国银保监会	《银行业保险业绿色金融指引》	银行保险机构应当借鉴国际惯例、准则或良好实践，公开绿色金融战略和政策，充分披露绿色金融发展情况。必要时可以聘请合格、独立的第三方对其履行ESG责任进行鉴证、评估或审计
2023	国务院国资委	《关于转发〈央企控股上市公司ESG专项报告编制研究〉的通知》	鼓励央企控股上市公司在自身可靠性承诺的基础上，引入第三方专业机构，对ESG专项报告进行验证、评价，并且出具评价报告，规范央企控股上市公司ESG专项报告编制内容和流程，提高央企控股上市公司ESG专项报告编制质量

2009年1月12日起实施的《中国银行业金融机构企业社会责任指引》提出，银行业金融机构原则上应于每年6月底前提交上一年度的企业社会责任报告，并鼓励实施第三方独立鉴证。

2017年上海证券交易所发布《公开发行证券的公司信息披露内容与格式准则第2号——年度报告的内容与格式(2017年修订)》，提出环境信息核查机构、鉴证机构、评价机构、指数公司等第方机构对公司环境信息存在核查鉴定、评价的，鼓励公司披露相关信息。

2021年5月，生态环境部印发《环境信息依法披露制度改革方案》，提出完善第三方机构参与环境信息强制性披露的工作规范，引导咨询服务机构、行业协会商会等第三方机构对披露的环境信息及相关内容提供合规咨询服务。

2021年6月，中国证监会发布《公开发行证券的公司信息披露内容与格式准则第2号——年度报告的内容与格式（2021年修订）》，鼓励上市公司披露环境信息核查机构、鉴证机构、评价机构、指数公司等第三方机构对环境信息的核查、鉴定、评价结果。中国香港联合交易所在2020年7月起实施修订后的《ESG报告指引》，将披露建议全面调整为"不披露就解释"，并将部分内容纳入强制披露范围，首次提出鼓励发行人对ESG报告实行第三方鉴证。

金融管理部门积极利用第三方专业机构配合金融政策实施。人民银行发布了《金融机构环境信息披露指南》，指导200余家金融机构试编制环境信息披露报告，包括环境风险的识别、评估、管理、控制流程，经第三方专业机构核实验证发放碳减排贷款的情况及其带动的碳减排规模等信息（易纲，2022）。

2022年6月，中国银保监会发布《银行业保险业绿色金融指引》，提出银行保险机构应当借鉴国际惯例、准则或良好实践，公开绿色金融战略和政策，充分披露绿色金融发展情况。必要时可以聘请合格、独立的第三方对其履行ESG责任进行鉴证、评估或审计。

2023年7月25日，国务院国资委办公厅印发《关于转发〈央企控股上市公司ESG专项报告编制研究〉的通知》。《通知》所指的《央企控股上市公司ESG专项报告编制研究》包括：《中央企业控股上市公司ESG专项报告编制研究课题相关情况报告》《央企控股上市公司ESG专项报告参考指标体系》《央企控股上市公司ESG专项报告参考模板》。《央企控股上市公司ESG专项报告参考模板》提供了ESG专项报告的最基础格式参考。参考模板由10个一级标题，26个二级标题以及2个参考索引表组成，既界定了ESG专项报告的基本内容，标准化设定ESG专项报告框架，便于监管机构、投资者、社会公众等主体的查阅，又明确反映了ESG专项报告编制的主要环节和基本流程，便于报告编制机构搜集和整理ESG信息、第三方专业机构审验报告以及发布传播ESG报告，鼓励央企控股上市公司在自身可靠性承诺的基础上，引入第三方专业机构，对ESG专项报告进行验证、评价，并且出具评价报告，规范央企控股上市公司ESG专项报告编制内容和流程，提高央企控股上市公司ESG专项报告编制质量。

地方性法规对ESG鉴证提供支持，但暂未纳入信息披露的强制性配套要求。作为我国首部绿色金融地方性法律，也是全球首部规范绿色金融的综合性法案，2022年3月起实施的《深圳经济特区绿色金融条例》提出为金融机构、认证和评级机构从事绿色金融活动提供便利。2022年7月起实施的《上海市浦东新区绿色金融发展若干规定》提出支持提供绿色认证、环境咨询、碳排放核算、环境信息披露报告核查等服务的第三方机构，依法开展核查和验证等专业业务。

2. 国内ESG鉴证情况

（1）鉴证机构

可持续发展报告的鉴证机构大致可分为会计师事务所和其他鉴证机构两大类。会计师事务所和其他第三方鉴证机构在外部监管、内部风控及专业性方面都有着各自的优势。但由图 3.17 可见，2017—2022 年，会计师事务所在可持续发展报告鉴证服务市场中所占的行业份额有逐年递减的趋势。其中2017 年，独立第三方鉴证报告中有约 59% 的报告是由会计师事务所出具的，但该比例在 2022 年已经逐步下滑至 45%；相反，其他鉴证机构的市场占有率则由 2017 年的 41% 上升至 55%，并在 2021 年首次超过了会计师事务所的市场占有率。

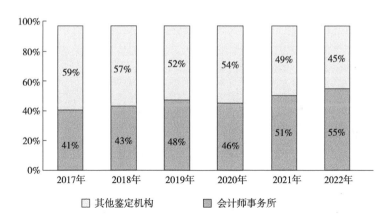

图3.17 第三方鉴证机构占比情况

（2）鉴证对象

鉴于目前我国监管机构对可持续发展报告鉴证并未提出强制性要求，A股上市公司可持续发展报告鉴证率普遍偏低。以 2022 年为例，披露可持续发展报告的A股上市公司有 1 745 家，其中仅有 96 家对其可持续发展报告进行了独立第三方鉴证，且这些公司中大部分为金融行业上市公司或非金融行业A+H股公司，如图 3-18 所示。A股公司披露的经过鉴证的可持续发展报告多数来自金融类公司，非金融类公司非常少，如图 3.19 所示。

图3.18　A+H股、纯H股及红筹股公司可持续发展报告鉴证率

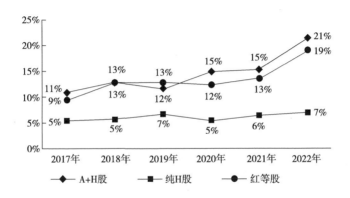

图3.19　非金融行业上市公司可持续发展报告鉴证率

2017—2022年，在上述各板块发布了可持续发展报告的上市公司中，报告鉴证率均呈不断上升趋势。2017年，仅有20%的A+H股公司、15%的纯H股公司、10%的红筹股公司对其可持续发展报告进行了第三方鉴证。但2022年，A+H股、纯H股、红筹股公司中该比例分别增长至31%、19%和18%。

尽管金融行业上市公司鉴证率普遍高于非金融行业上市公司，但6年来其鉴证率一直维持在相对稳定的水平（见图3.20）。2022年，在所有金融行业上市公司中，A+H股公司以较高的鉴证率（60%）保持领先，纯H股公司（54%）紧随其后；A股公司（26%）和红筹股公司（10%）则维持相对较低的可持续发展报告鉴证率。

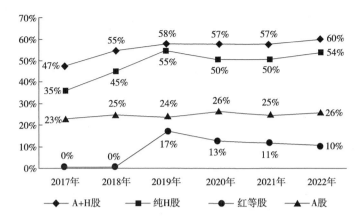

图3.20 金融行业上市公司可持续发展报告鉴证率

（3）鉴证保证程度

鉴证保证程度主要包括合理保证和有限保证两类。合理保证是较高水平的保证，通常以积极方式提供结论，所需证据较多，取证程序较为充分，但不是绝对保证；有限保证的保证程度相对较低，通常以消极方式提供结论，所需证据较少，取证程序相对简化。财务报表审计通常为合理保证鉴证，目前ESG鉴证主要为有限保证鉴证。

（4）总结

我国上市金融机构ESG鉴证比例不足一半，鉴证机构主要为国际四大会计师事务所，其余为专业认证机构，鉴证标准主要采用国际标准，鉴证对象差异较大，鉴证保证程度偏低，H股鉴证报告整体质量优于A股。主要原因包括：一是ESG鉴证的内生动力不足。目前ESG信息与财务报表的关联度有限，金融机构提升ESG信息披露质量的投入对其财务直接回报及市场价值的促进作用有待提升。二是ESG鉴证的难度较大。合理保证鉴证需执行检查、函证、内控评估、分析性复核、实质性测试等一系列复杂程序，这需要金融机构加强底层数据和内控建设作为基础。三是ESG鉴证标准不统一。ESG鉴证的内容和程序因鉴证标准而异，目前缺乏全球公认的ESG专门鉴证标准，ESG鉴证缺乏完整体系，不同鉴证机构执行相关鉴证标准的尺度不一。全球ESG发展进程差异较大，由发达经济体主导的国际鉴证标准与我国金融业实际存在偏差。四是ESG鉴证的外部约束不严。近年来我国出台不少鼓励措施，但暂未强制性要求上市金融机构进行ESG鉴证，应用场景不足使不少金融机构缺乏鉴证动力。我国ESG信息披露及鉴证主要由政府机构及监管部门推动，投资者、债权人等市场参与者对ESG信息质量需求不如部分发达国家强烈，ESG评级和评价机制不完善，对ESG鉴证未形成强有力的倒逼机制。

3. 国内ESG鉴证业务的问题

（1）缺乏ESG报告和鉴证准则体系

当前，尚未建立ESG鉴证准则体系。当前我国上市公司 ESG 报告鉴证准则体系还未建立，我国 ESG 鉴证报告反映的要素、名称、标准、程序、结论等各异。目前我国上市公司 ESG 鉴证报告中只有部分鉴证主体说明对 ESG 信息披露相关的内部控制执行了抽样测试或询问程序。鉴证主体自行决定依据何种鉴证标准执行鉴证业务，尤其行业协会和专家作为鉴证主体时，其鉴证报告中表现出较大的随意性，由此影响了我国企业 ESG 报告鉴证的整体水平。

信息披露及鉴证的强制化程序度不足。目前国内对 ESG 信息披露以自愿披露为主，只对部分上市公司的特定 ESG 信息强制披露，导致披露数量和比例均不高。另外，我国证券交易所没有强制鉴证要求，只提出指导性建议。我国发布 ESG 报告的公司越来越多，但绝大多数没有经过独立第三方鉴证，报告的可信度有待验证。

（2）鉴证难度大

鉴证业务涉及鉴证对象、标准、证据等要素。鉴证对象的可验证性，是开展鉴证业务的前提。ESG 报告作为鉴证对象，其内容涵盖范围广泛、信息多而庞杂，披露的信息分别从环境、社会、治理三大维度出发，涉及股东、员工、社区、消费者等众多利益相关者，不同的行业间有共性的通用标准，也有本行业的特性指标，而且有定量指标，也有很多定性指标，如对治理机制、水资源使用管理政策、废气排放标准、公司劳工保障政策、公司价值观等以文字叙述，涉及公司治理层和管理层的经营管理思想、投资理念、风险偏好等诸多主观因素，审计人员难以判断其真实性、完整性，从而如何发表审计意见，是合理保证还是有限保证，均无从谈起。此外，即使鉴证机构仅需对定量信息进行审验，但定量信息中仍包含较多非结构化、非货币化信息，对于如何搜集充足的证据对这些数据进行可靠的鉴证，鉴证机构也面临诸多困难。截至目前我国还没有发布统一的 ESG 报告准则，未明确 ESG 报告的目标、信息质量特征等概念框架。此外，上市公司 ESG 报告的信息质量低也在客观上增加了鉴证的难度。

（3）鉴证主体专业胜任能力待提高

鉴证主体水平有待提高主要反映在鉴证主体专业胜任能力不足方面。ESG 报告的鉴证涉及多领域、多行业，SASB 准则包括 11 个领域 77 个行业，不同行业披露主题和指标不同，且各行业均有特定的与可持续发展相关的标准。另外，ESG 报告信息内容范围广，从公司治理到公司战略，从绩效考核到业绩改善，而且很多信息是定性描述而非定量反映，与传统财务报告鉴证差别较大。目前我国还未出台统的 ESG 信息披露准则和报告准则，ESG 报告鉴证业务对从业人员提出了更高的专业胜任能力的要求，鉴证工作中需要更多从业人员的职业判断。所以我国上市公司ESG 报告鉴证主体的专业胜任能力有待提高。

专业对口人才缺乏导致鉴证工作发展缓慢。对于ESG报告的鉴证工作，其不仅需要具备深入了解ESG领域的专业知识，还对数据分析、ESG评估和报告编制能力有需求，国内市场对同时具备这些综合能力的人才还存在暂时的缺口，给企业与机构在寻找合适人才时带来了一定困难。同时，ESG报告鉴证的复杂与专业程度对鉴证人才的培养与发展带来了要求，而目前中国现有的高校ESG教育体系及机构ESG培训水平暂不够完善，同时也缺少专项课程和培训机会，使得鉴证人才的培养相对滞后。

（4）企业缺乏对ESG鉴证业务的认识

在企业自身意识层面，部分企业对ESG报告鉴证的重要性与益处缺乏足够认知。对于部分企业ESG报告鉴证或是ESG行动仅被当作一项额外的负担与成本，未足够意识到其与企业价值增长和可持续发展的强关联性，ESG问题难纳入业务决策和战略规划中。其次，部分企业于披露工作仅满足于法规要求与监管最低标准，缺乏主动性和深度，在信息收集层面缺乏一致的数据与标准化的绩效，限制了ESG报告鉴证在提供准确信息和促进可持续发展方面的作用；在报告透明度层面披露的态度使得报告可信度受到质疑，难以简历投资者和利益相关方的信任。

（5）鉴证机构难以响应市场需求

与国际市场相比，国内市场的ESG报告鉴证方面仍处于初步阶段，不仅在鉴证工作上，鉴证机构的约束上也存在着空白。中国独立鉴证机构的数量和专业服务能力于市场需求而言相对有限，这不仅影响其质量水平，不同鉴证机构的审查标准和方法也缺乏一致性，由于中国暂无统一鉴证标准和指南，不同的鉴证机构存在使用不同的方法和标准来评估和审查企业的ESG报告，这也使得鉴证意见的可信度与可信度存在一定的挑战。同时在监管角度，目前仍缺乏ESG报告鉴证明确的惩罚和处罚机制，这也将导致部分企业漠视ESG报告鉴证要求，降低现行及未来政策的可执行性。

由于ESG于国内发展起步较晚，独立ESG报告鉴证机构整体业务经验相对不足，其服务过程及鉴证流程方面将影响结果的准确性与可靠性，同时也限制了企业和投资者对鉴证机构的信任度，形成发展难题。另外机构的独立性在鉴证环节也存在冲突，由于中国提供ESG服务的机构相对较少，部分机构间可能与被鉴证企业存在利益冲突，导致鉴证结果受到偏见或被影响，这也给ESG报告鉴证工作的独立性、客观性与可靠性带来挑战。

4. 国内ESG鉴证业务的发展对策

（1）积极参与ESG信息披露与鉴证国际标准制定

可持续金融界定标准、ESG信息披露标准、ESG鉴证标准的兼容性和一致性是保障全球ESG信息可比性的三个重要基础。相比而言，可持续金融界定的国际标准制定进展较快。2021年10月发布的《G20可持续金融路线图》要求提升全球可持续金融界定标准（包括分类目录、ESG评价方法等）的一致性。可持续发展信息披露涉及较多对未来风险和机遇的估计，不确定性较高。例如ISDS、ESRS和美国SEC披露要求都涵盖范围3排放数据，由于涉及企业上下游供应链，范围3数据的披露口径和标准有待进一步明晰。金融机构既有自身运营产生的直接排放，又有通过投融资活动产生的间接排放，金融机构范围3排放数据计算较为复杂。这些涉及金融行业特征的国际标准有待细化。建议通过G20可持续金融工作组、金融稳定理事会（FSB）、巴塞尔银行监管委员会（BCBS）、央行与监管机构绿色金融网络（NGFS）等平台，统筹完善金融机构ESG信息披露与鉴证体系，将强制性鉴证纳入TCFD等披露框架，推动提升金融机构ESG信息质量。

（2）取长补短稳中求进，发展本土化鉴证体系

中国对ESG鉴证的发展趋势积极，政府、监管部门和专业机构在推动ESG

信息披露方面也一直扮演着重要角色。随着ESG意识的提高和相关法规的完善，ESG鉴证从自愿走向强制已成为趋势，在完善ESG鉴证政策方面，中国可以积极参考国外相关政策与企业响应及发展情况以结合中国金融市场特色，填补国内在ESG报告鉴证方面的立法空白。在发展时主张稳中求发展，以保证企业正常稳定运行为基础来推进ESG报告鉴证进入企业生态。部分ESG领先行业可率先完善自身鉴证标准，与政府及监管部门就相关信息披露内容进行积极沟通，为政策制定者提供可靠的案例参考，加速政策的推出进度。在政策制定者的视角下不仅需要加强法律法规的明确规定、统一的鉴证标准和指南，还需鼓励企业落实ESG报告鉴证、鼓励增设独立鉴证机构，同时加大监管和执法力度，确保ESG报告鉴证政策的有效实施。

（3）强化利益相关方意识与能力，共促良性循环

在强化企业ESG鉴证认知方面，企业对应归口部门与领导层应主动了解ESG报告及ESG管理于企业运营的重要性，并积极向专业机构咨询ESG行动的落实方法及行动意义。对ESG具备一定认知与理解后就ESG信息披露报告这一初步实践融入到企业正常商业活动的环节中，同时运用专业的ESG鉴证服务强化利益相关方的信任度，并通过企业内部的宣传和教育活动，提升员工对提高员工对于ESG及ESG报告鉴证的认识与理解，以便后续ESG行动持续有效地开展。

在提升ESG鉴证服务能力方面，机构应完善自身工作流程的标准化，同时加强鉴证的专业培训与能力建设以提高其专业服务水平。同时机构间可加强沟通与专业合作，促进能力共同进步与信息共享，保证自身行业高质量发展的同时也能促成鉴证服务流程的标准化或形成相应指南，提高鉴证结果的可比性。在增强鉴证独立性方面，行业间机构也需强化相互监督监管机制，确保鉴证机构的质量与可信度，在企业与内外部利益相关方间形成信任层面的积极循环。

（4）探索实施"财务信息+ESG信息"综合报告鉴证机制

财务信息与ESG信息整合的趋势正在加强。国际财务报告准则基金会（IFRSF）完成与价值报告基金会（VRF）的合并，制定与国际财务报告准则（IFRS）兼容的可持续发展披露准则（ISDS）。欧盟委员会将欧洲财务报告咨询组（EFRAG）的职能由IFRS应用评议扩展至欧盟可持续发展报告准

则（ESRS）制定。会计准则制定或评议机构在ESG披露标准制定中发挥重要作用，有利于增强财务信息与ESG信息的衔接。ISDS、ESRS等披露标准支持在财务报告的管理层评论中披露ESG信息，财务信息与ESG信息交叉融合将增强。SEC提案要求将财务报表附注中的气候相关财务指标和气候变化风险相关的内容控制纳入鉴证范围，财务报表与ESG鉴证将难以严格区分。将财务信息与ESG信息鉴证有机整合，建立综合报告鉴证体系，或是企业对外报告鉴证的新趋势。金融机构是经营货币的特殊企业，受金融市场波动的直接冲击，ESG风险或预期变化对金融企业影响较大。例如气候变化通过投融资活动影响金融机构的资产和负债估值，引起投融资成本收益的变化，金融机构的财务业绩与ESG表现将愈发紧密。实施综合报告鉴证，有利于更好评价金融机构信息披露质量，为发展可持续金融、防控金融风险提供更好支持。

三、《企业ESG报告编制指南》等典型团体标准系列

（一）典型行业团体标准介绍—以钢铁为例

1. 团体标准——钢铁企业环境、社会和治理（ESG）第1部分信息披露

从发展历程来看，本标准是由北京首钢股份有限公司、冶金工业规划研究院、首都经济贸易大学中国ESG研究院等起草的，自2023年3月20日起开始实施。本标准规定了钢铁企业环境、社会和治理（ESG）的披露原则、披露要求、披露指标体系，适用于实施ESG信息披露的钢铁企业。

从披露要求来看，钢铁企业ESG披露应按照《中华人民共和国证券法》《上市公司信息披露管理办法》《企业环境信息依法披露管理办法》等信息披露管理规定，遵循相关政府监管要求和政策指引，依据本标准文件进行披露或自愿披露。ESG披露周期以一个自然年为基准，或根据需要自主规定披露周期。钢铁企业ESG披露的一般流程包括披露目的的确定、披露形式的选择、披露信息核验和发布报告。钢铁企业可根据自身的实际情况，选择不同的披露形式对外披露。信息披露文件的形式包括但不限于：企业ESG报告或ESG数据表格、《企业社会责任报告》等报告、根据国家和地方相关法律法规要求编制的专题报告、企业声明或简报、其他适合的形式。

从信息核验来看，钢铁企业在ESG正式披露前，应对信息的真实性、准确性和时效性进行核验，保证所披露信息的真实、及时、有效。钢铁企业可在披露前引入外部第三方评价机构对即将披露的ESG信息的搜集程序和真实性进行评估。

从报告的发布来看，钢铁企业应根据利益相关方需求，采用相应披露形式发布ESG信息披露报告。

2. 团体标准——钢铁企业环境、社会和治理（ESG）第2部分评价要求

从发展历程来看，本标准是由北京首钢股份有限公司、冶金工业规划研究院、首都经济贸易大学中国ESG研究院等起草的，自2023年3月20日起开始实施。本标准规定了钢铁企业环境、社会和治理（ESG）评价要求的评价原则、评价指标体系和评价方法、评价程序和评价报告。适用于开展ESG评价活动的钢铁企业。

从评价指标体系来看，主要由环境（E）、社会（S）和治理（G）三个维度、12项一级指标、若项二级指标和三级指标及相应的权重组成，三级评价指标下设具体评价要求和打分说明。

从评分方法来看，5.2.1评价采用指标加权综合评分的方式，按照百分制对各项指标进行加权综合评价。12项一级指标，每项赋值100分，总分1200分：每项一级指标设置一个权重，加权平均后总得分100分。

从评价程序来看，评价程序包括成立评价小组，制定评价方案，对评价对象的ESG信息采集、处理和评价，形成评价报告，应用与跟踪等。评价小组应按照本标准的评价指标和方法，组织制定相应的评价方案。

从信息采集来看，信息采集应选择企业依法公开披露或自愿公开披露的信息，评价小组可从以下渠道采集信息：①钢铁企业公开披露的ESG报告、可持续发展报告、社会责任报告、环境报告、公司年报等收集提取相关信息或内容；②其他正式公开渠道获取的相关信息。

从信息评价来看，评价小组应尽可能完整地采集被评价钢铁企业的内部信息和外部信息，并进行核实、记录存档和内部复核。评价小组根据制定的评价方案对钢铁企业进行ESG量化评价，并得到评价结果。评价机构在出具钢铁企业ESG评价报告后，宜对ESG评价结果进行定期跟踪（一般一年一次）对企业ESG评级和报告内容进行及时更新。根据组织开展评价工作的主体不

同，钢铁企业ESG评价可分为主动评价和委托评价。主动评价一般由第三方机构发起，并按照评价程序对钢铁企业进行ESG评价。委托评价需由钢铁企业首先进行ESG评价申请，待评价机构受理后签订委托合同，然后成立评价组进行评价。

评价报告内容包括但不限于：①实施评价的组织方式；②评价目的、范围及准则；③评价内容，包括环境管理、资源能源消耗、气候变化、环境污染排放等环境指标，社会责任管理、员工权益、产品责任、供应链管理、社会响应等社会指标和治理结构、治理机制、治理效能等治理指标；④评价证明材料的核实情况，包括证明文件和数据真实性、计算范围及计算方法、相关计量设备和有关标准的执行情况等；⑤评价结果。

从应用来看，钢铁企业的ESG评价结果可用于政府相关部门行政管理、投资机构和投资决策者决策、企业经营管理等。

（二）团体标准《企业ESG报告编制指南》

1. 团体标准《企业ESG报告编制指南》简介

《企业ESG报告编制指南》团体标准是中国企业改革与发展研究会2022年团体标准制修订项目，于2022年9月5日正式立项，由首都经济贸易大学提出申请，首都经济贸易大学、中国企业改革与发展研究会等单位组织牵头起草，经过评估、探讨交流等众多的环节后，目前已经完成标准研制工作。《企业ESG报告编制指南》（T/CERDS 4—2022）团体标准已于2023年1月1日起正式实施。

ESG是企业可持续发展的核心框架，ESG报告是企业信息披露的重要组成部分，ESG标准是企业披露ESG信息、金融机构开展ESG投资的关键基础设施。建立和完善ESG标准体系，是推动资本市场由"利益化"向"可持续发展化"转变的重要举措。《企业ESG报告编制指南》强调的是"披露内容的标准化呈现"，为企业编制高质量ESG报告提供了指南。三个标准相辅相成，构建了完整的企业ESG标准体系，为政府部门、社团组织、广大企业开展ESG工作提供了依据和遵循。

2. 团体标准《企业ESG报告编制指南》主要内容

企业ESG披露是企业关于环境（Environmental）、社会（Social）和治理

（Governance）的信息披露体系。ESG是企业可持续发展的核心框架，已成为企业非财务绩效的主流评价体系。鉴于此，为了不断适应市场的新变化，推动企业绿色低碳战略转型，引导企业高质量发展，建立适用于我国国情的企业ESG报告编制指南是必要的和迫切的。

《企业ESG报告编制指南》在借鉴国际ESG标准的基础上，结合我国国情，给出了编写ESG报告的基本原则、主要内容和编写流程，提供了报告编制指标体系，具有科学性、实用性和可操作性，对规范企业ESG报告编制、宣传推广ESG治理表现具有十分重要的意义。适用于各种行业、不同规模、不同类型企业的ESG报告编制。

从指南的报告方式来看，企业发布ESG报告宜尽可能采取定期发布的方式，发布时间宜满足监管部门(如中国证券监督管理委员会、国家市场监督管理总局、生态环境部等)的要求和期望。为了提高和持续保持与利益相关方沟通的效果，鼓励企业提高ESG报告的发布频次，例如每半年或每季度发布一次。企业宜每年至少发布一次结构完整、内容完备的年度ESG报告。考虑到企业高管致辞、企业基本信息、企业ESG基本情况、承诺及免责声明等内容的稳定性，企业的半年度ESG报告和季度ESG报告可简写以上内容，重点呈现企业ESG绩效披露。如果企业突然发生了引起社会广泛关注的重大事件或重大变化，也可及时发布ESG报告。对于初次发布报告的企业来说，可一次性将其以往多年ESG活动情况及绩效进行综合披露，随后再定期发布。企业ESG报告可以采用各种发布形式，例如纸质文件、电子文件或基于互联网的交互式网页等，具体选用何种形式，取决于监管部门的要求、企业的性质和利益相关方的需求。鼓励企业从低碳环保角度考虑发布电子版报告。ESG报告宜按独立的报告单独发布，也可作为企业年度报告、非财务报告或其他报告的组成部分共同发布。

从报告的内容看，ESG报告宜包括封面、报告说明、企业高管致辞、企业简介、企业 ESG 基本情况、企业 ESG 绩效披露、承诺及免责声明、附录等内容。报告中建议说明数据来源及有效性、时效性等信息，并提供评价数据的可验证性方法。报告封面宜包括企业名称、报告出具日期、报告年度等信息。此外，根据企业自身意愿，还可包括企业logo、企业愿景、报告编号等内容。为增强利益相关方对 ESG 报告的整体了解，建议企业对报告整体情况进行说明。报告说明可包括但不限于以下信息：公司对外公布的 ESG 报告期数"、报告编制的依据标准(包括国际国内通用标准行业标准、地方性标准等)、报告覆盖范围(是否覆盖子公司等)、报告时间范围、数据来源、报告原则、报告的发布形式和获取方式等。企业可通过一份单独的董事长或/和总经理致辞说明企业的 ESG 发展理念和 ESG 实践情况等，同时，企业可选择在致辞中对自身的 ESG 承诺进行陈述，承诺主要包括将 ESG 理念融入企业的决策活动之中，遵守法律法规和行业标准，为企业的 ESG 活动提供所需的资源保障等。企业简介旨在帮助利益相关方了解企业概况，方便利益相关方更好地解读企业 ESG 报告。企业宜披露以下信息：企业名称、统一社会信用代码、法定代表人、注册地址、业务所在地、企业性质、行业类别等。在对企业 ESG 绩效进行详细披露之前，介绍企业 ESG 基本情况有助于利益相关方了解企业的 ESG实践情况。企业可依据自身情况选择角度对 ESG 基本情况进行介绍，可选内容包括但不限于：企业发展理念以及与 ESG 理念的结合、企业 ESG 治理结构、企业 ESG 历史沿革、企业当期 ESG 实践总结企业 ESG 相关经营环境分析、企业 ESG 发展战略、企业利益相关方识别与沟通等。

ESG绩效指企业环境、社会和治理方面目标的实现程度，在ESG报告中，ESG绩效信息通常为利益相关方所期望了解的重要信息，也是企业在本报告期所应披露的主要信息。ESG绩效信息既包括可定量测量的结果，也包括需定性分析的绩效方面，如：ESG意识和态度、将ESG理念融入企业、对社会责任原则的遵循情况等。同时，ESG绩效信息既可能是综合绩效信息，也可能是单项绩效信息。本报告建议企业以本章所述ESG议题为指导，从企业自身实际情况出发，对ESG议题的重要性进行分析。企业可依据重要性分析的结果，从本章所述ESG议题中选取重要议题，对报告期内相关ESG实践信息进行披露。ESG报告的议题分为环境、社会和治理三个方面。环境方面主要包括资源消耗、污染防治和气候变化三个议题。社会方面的议题包括员工权益、产品责任、供应链管理和社会响应四个议题。治理议题包括治理结构、治理机制、治理效能三个议题。

3. 团体标准《企业ESG报告编制指南》中的编制流程

企业 ESG 报告的编制流程一般主要包括7个步骤，分别是组建报告工作小组、制订工作计划、确定报告主要内容、收集和整合信息、报告撰写与设计排版、报告审核、报告发布与传播。具体工作流程见图3.21，以下对7个步骤进行详细说明。

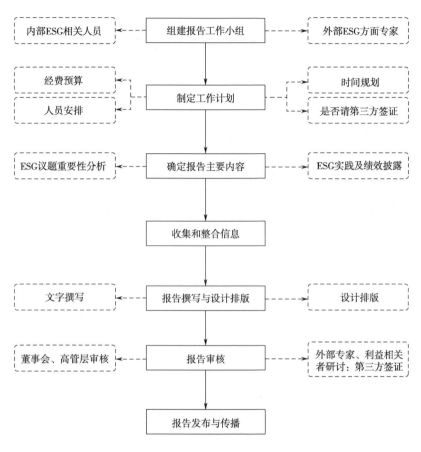

图3.21　ESG报告编制作流程

（1）组建报告工作小组

企业宜组建 ESG 报告工作小组，全面负责 ESG 报告的编制和发布工作。报告编制小组负责人宜选择企业高管中负责 ESG 工作的人员担任，明确各个议题的负责人，小组成员还可以包括环境管理部门、立品质量部门、安全生产部门等与 ESG 议题相关的职能部门的管理人员，以及报告涉及的子公司的代表。企业还可以聘请第三方专业机构编制报告，此时 ESG 工作小组成员可以包括第三方机构委派的代表。高管宜为报告编制工作提供支持，尽可能地向编制小组提供所需文件，同时统筹安排好其职责管辖范围内的 ESG 相关工作。董事长可亲自参与报告编制工作；监事会需要在报告编制过程中起到监管、督促作用，并结合 ESG 的考核标准给出公平公正的独立意见。

（2）制定工作计划

确定报告内容之后，ESG 小组宜制定工作计划，包括报告编写的经费预算、报告编制和发布的时间计划、报告编制的人员安排和分工、是否请第三方机构对报告进行鉴证等内容。

（3）确定报告主要内容

企业可参考《企业ESG披露指南》中的ESG披露指标，并考虑自身的特点以及利益相关者的诉求进行议题重要性分析，确定需要重点披露的议题。企业可通过建立行业图谱或行业热点，依据矩阵或权重来评估议题的重要性；此外，也可以通过对企业外部政府和监管机构、公众和消费者、投资者、供应商，以及对企业内部董事、高管、员工等利益相关者调研来确定需要重点披露的议题。根据 ESG 议题重要性分析的结果确定企业需要重点披露的 ESG实践及绩效，分若个议题进行披露。

（4）收集和整合信息

根据确定的报告内容对定量信息和定性信息进行收集，企业宜明确负责各项信息收集及报送的部门和人员，可对议题相关的职能部门负责人以及相关子公司代表等人员进行培训，帮助其理解信息需求；定量信息宜注意在企业内和行业内的可比性，并确保 ESG 相关的效益可被评估及验证；采用严谨的顺查与逆查程序，以便追溯数据和信息的可靠来源并验证其有效性与准确性。

（5）报告撰写和设计排版

第一，文字撰写方面，以收集的信息为基础，根据确定的报告主要内容撰写报告草案。第二，设计排版方面，可以根据企业特点和读者特点对 ESG 报告的风格和版式进行设计。为了增强报告的可读性和感染力，报告可以包括文字、图片、表格等多种元素；图片的选择和色彩的选择宜融入 ESG 理念：报告的风格在一定时期内尽可能地保持统一，以树立企业独特的品牌形象，加深读者对企业的印象。

（6）报告审核

企业内部宜建立健全内部控制制度，同时，董事会根据相关法律法规并结合企业实际情况，对报告草案进行审核，还可以请外部专家和利益相关者参与研讨，确保报告信息满足完整全面原则、客观准确原则、及时可比原则和可读可用原则。另外，建议企业聘请第三方机构对报告进行鉴证，出具第三方鉴证报告。

（7）报告发布与传播

企业宜通过法定的信息披露媒体对报告进行发布，还可以在业绩说明会、实地调研、路演等投资者关系活动中进行宣传，也可以通过公司官网、互动易(上证e互动)、官方微博、官方微信公众号等多种渠道对ESG报告进行广泛传播。

○ 第四章 中国企业ESG评价

为积极应对气候变化，中国在第七十五届联合国大会上提出了"二氧化碳排放力争于2030年前达到峰值，努力争取2060年前实现碳中和"的双碳目标，展现了大国担当（宋科等，2022）[①]。党的二十大报告也提出了"推动绿色发展"，并进一步对绿色低碳发展做出了系统部署（谢红军等，2022）[②]。作为发展绿色经济的微观基础和国民经济发展的中坚力量，企业尤其是上市公司是践行"双碳"战略的重要主体，而ESG是上市公司积极助力"双碳"目标实现的重要抓手。从本质上来说，ESG是一种关注企业环境、社会、治理绩效的投资经营理念和框架体系，为企业低碳发展提供了综合的评价标准和有效的方向指引（雷雷等，2023）[③]。ESG理念强调企业注重环境保护、履行社会责任、改善治理水平，与新发展理念和可持续发展目标的主题高度契合。当前，ESG理念在全球范围内引起了广泛关注，将ESG融入经营管理和投资决策已成为一种重要趋势。其中，ESG评价是ESG投资的重要基础，也是衡量企业ESG绩效的重要手段。[④]

然而，伴随着ESG在全球的兴起，中国ESG的发展面临新的机遇和挑战。一方面，ESG评级机构存在较大的评价分歧，这降低了ESG评价的有效性。由于评级标准不一致（Billio et al.，2021）[⑤]、文化背景存在差异（Berg et al.，2022）[⑥]

---

① 宋科，徐蕾，李振，等.ESG投资能够促进银行创造流动性吗?——兼论经济政策不确定性的调节效应[J].金融研究，2022，（2）：61-79.

② 谢红军，吕雪.负责任的国际投资：ESG与中国OFDI[J].经济研究，2022，57（3）：83-99.

③ 雷雷，张大永，姬强.共同机构持股与企业ESG表现[J].经济研究，2023，58（4）：133-151.

④ https://news.cnstock.com/paper，2021-08-16，1507963.htm.

⑤ BILLIO M，COSTOLA M，HRISTOVA I，et al. Inside the ESG Ratings：（Dis）agreement and Performance[J]. Corporate Social Responsibility and Environmental Management，2021，28（5）：1426-1445.

⑥ BERG F，KOELBEL J F，RIGOBON R. Aggregate Confusion：The Divergence of ESG ratings[J]. Review of Finance，2022，26（6）：1315-1344.

指标选择和权重赋值的主观性较强等原因，ESG评价可能存在较大分歧。而面对差异较大的评价结果，投资者会陷入"难以抉择"的境地。此外，评级机构的评价方法有待完善，评价能力也有待提升。另一方面，我国ESG投资虽保持了稳定的高速增长，但仍存在投资整体规模较小、投资风格单一等问题。截至2021年11月30日，除未披露规模产品外，ESG产品净值总规模达到人民币17 879亿元。根据GSIA统计[①]，美国、欧盟ESG产品规模在2020年分别为120 170亿美元、170 810亿美元，占当地总管理资产的48%和34%。相比之下，国内仍处于起步阶段。而产生这一问题的根源在于ESG评级预测股票收益和股票风险的有效性还不够强，如何增强ESG评级预测的有效性，为投资者提供更有效的ESG投资依据，是亟待解决的重要问题。

因此，基于上述两个重要方面，本报告比较并评价了不同评级机构的ESG评价结果，同时也分析了ESG评价与投资收益之间的关系。一方面，本报告对国内外评级进行介绍与比较，从全面性、规范性、透明性、有效性和独立性五个角度对国内五大主流评级机构的ESG评价进行再评价。这有助于投资者进一步了解国内外评价体系，也有利于投资者对国内评价结果进行理性分析和判断。另一方面，针对ESG投资中存在的问题，本报告采用回归的方法研究了ESG评价与股票收益率、ESG评价与股价波动率之间的关系，为投资者通过ESG评价进行ESG投资提供了有益参考。

一、国内与国外ESG评价的比较

（一）国内和国外评价体系的比较

1. 国际主要ESG评价体系

随着ESG在全球范围内兴起，ESG 评级机构也不断涌现。据不完全统计，全球ESG评级机构有600多家，其中影响力较大的有MSCI（明晟）、Thomson Reuters（汤森路透）、FTSE Russell（富时罗素）、Refinitiv（路孚特）、Morningstar（晨星）等。然而，不同ESG评级机构在评价框架、评价方法、权重赋值以及指标选取、评价目标、评价结果等方面存在巨大差异。例如，从

[①] https://baijiahao.baidu.com/s?id=1725636077804322342&wfr=spider&for=pc.

指标选择来看，明晟关注35个关键问题和10个主题，汤森路透关注178个指标以及10个关键领域，而富时罗素则围绕300个指标和12个重点领域展开评级。表4.1从评级机构是否考虑产品安全性、是否考虑财务指标、是否考虑争议事件、是否排除敏感行业、是否考虑公司主动暴露问题、是否与企业进行沟通、是否采用打分法和是否考虑ESG风险与机遇这八个方面对国际评价体系的指标选取进行了对比。从该表中，我们可以看出不同的评级机构的关注重点不一样，并且评价方法也存在差异。大部分评价机构都会考虑财务指标、考虑ESG风险与机遇、采用打分法，但是少部分机构会考虑公司主动暴露问题并直接排除敏感行业。

表 4.1　国外ESG评价体系指标对比

	KLD	MSCI	Sustaina-lytics	FTSE Russell	ISS	DJSI	Moody穆迪	CDP	Refinitiv	Thomson Reuters
是否考虑产品安全性	✓	✓			✓			✓	✓	✓
是否考虑财务指标		✓	✓		✓	✓	✓		✓	✓
是否考虑争议事件	✓	✓	✓			✓			✓	✓
是否排除敏感行业	✓	✓		✓						
是否考虑公司主动暴露问题	✓			✓						
是否与企业进行沟通		✓	✓	✓		✓				
是否采用打分法	✓	✓	✓	✓	✓	✓			✓	✓
是否考虑ESG风险与机遇	✓	✓	✓	✓		✓	✓	✓		✓

2. 国内主要ESG评价体系

相比于外国ESG评价，国内的ESG评价虽然起步较晚，但是近年来却获得了飞速发展。目前，国内主流ESG评级机构有华证、商道融绿、Wind、盟浪（社会价值投资联盟）、CNRDS、嘉实、润灵环球、中证等。评级对象方面，华证、中证、商道融绿与嘉实基金等机构的 ESG评价对象为所有的A 股上市公司，而其他机构则以中证800成分股为主。大部分评级机构均从 E、S、G 三个维度展开，并且通过公司的公开披露和新闻媒体等渠道获取信息，但是少数机构如微众揽月借助计算机技术更高效地获得信息[①]，而Wind和CNRDS均有自己开发的一整套数据库。表4.2从评级机构是否考虑产品安全性、是否考虑财务指标、是否考虑争议事件、是否排除敏感行业、是否考虑公司主动暴露问题、是否与企业进行沟通、是否采用打分法和是否考虑ESG风险与机遇这八个方面对国内评价体系的指标选取进行了对比。从该表中，我们可以看出不同的评级机构的关注重点不一样，并且评价方法也存在差异。大部分评级机构都考虑了财务指标并考虑了ESG风险与机遇，但只有少部分机构会排除敏感行业，它们也很少与企业进行沟通。

表4.2　国内ESG评价体系指标对比

	商道融绿	华证	Wind	盟浪	CNDRS	嘉实基金	中财大绿金院	润灵环球	中国证券投资基金协会	中国ESG研究院
是否考虑产品安全性	√		√		√	√		√	√	√
是否考虑财务指标	√	√	√	√	√	√	√		√	√
是否考虑争议事件			√	√	√	√	√			
是否排除敏感行业				√						
是否考虑公司主动暴露问题									√	
是否与企业进行沟通			√							

---

① https://zhuanlan.zhihu.com/p/634684162.

	商道融绿	华证	Wind	盟浪	CNDRS	嘉实基金	中财大绿金院	润灵环球	中国证券投资基金协会	中国ESG研究院
是否采用打分法	√		√		√	√		√		√
是否考虑ESG风险与机遇	√	√	√	√	√	√	√	√		

资料来源：作者整理

3. ESG指标体系异同

总的来说，国内与国外的ESG评级指标体系存在很多相同点，但也存在一些差异。从评价标准来说，它们都遵循了全球可持续发展报告倡议组织发布的GRI标准，并从环境、社会和治理三个方面对公司进行评价，但是考虑到国情和文化差异，不同的评级机构会根据国内政策进行相应的调整。从底层指标来看，评级机构基本上都采用了自上而下构建、自下而上加总的方式，逐级拆解底层数据。然而，在底层指标的筛选方面仍存在差异，有些机构的底层指标数量非常多，而有些机构则采用更加精简的底层数据。此外，不同机构可能会选择不同的指标来衡量企业的在某一维度的具体表现。最后，从权重分配上看，大部分机构都注重了行业的差异性，但是在定性和定量指标分配以及不同维度权重赋值方面仍存在差异。表4.3从上述三个角度总结了国内外ESG指标体系的异同。

表4.3 ESG指标体系异同

	共同点	差异
评价标准	均参考了全球可持续发展报告倡议组织发布的GRI标准，从三大维度对公司表现进行评价	不同国家的机构还会根据国内的政策要求进行相应的调整
底层指标	基本都采用了自上而下构建、自下而上加总的方式，逐级拆解底层数据	具体底层指标的选择有所不同
权重分配	评价指标体系和权重分配会考虑行业差异性	定性定量指标的分配以及权重分配有所差异

（二）国内外ESG评价的定量分析

通过对国内外ESG评价体系的定性分析，本报告总结了ESG评价体系的异同点。接下来，本报告将从定量的角度，对具有代表性的ESG评级机构之间的相关性进行分析。本报告采用皮尔逊相关性检验方法来评估相关性，该方法是目前应用最为广泛的相关性检验分析方法，适用于线性相关变量间关联关系分析。考虑到数据的可得性，本报告选择了来自华证、商道融绿、盟浪、富时罗素、Wind五家评级机构的ESG评价数据，进行了相关性分析。此外，我们展示了这五家机构的相关性系数，上述数据均来自Wind数据库。

本报告采用了评级机构起始年份至2022年的ESG评价数据进行分析，华证的评级数据开始于2010年并按照"AAA、AA、A、BBB、BB、B、CCC、CC、C"从高到低依次赋值为9到1，商道融绿的数据开始于2015年并按照"A+、A、A−、B+、B、B−、C+、C、C−"从高到低依次赋值为9到1，盟浪的数据开始于2016年并按照"AAA、AA、A、BBB、BB、B、CCC、CC、C"从高到低依次赋值为9到1（如果在原有等级上进行微调，按照该等级赋值），Wind的数据开始于2018年并按照"AAA、AA、A、BBB、BB、B、CCC、CC、C"从高到低依次赋值为9到1，CNRDS的数据开始于2007年并按照原有评分进行赋值（评分范围为0–100），富时罗素的数据开始于2018年并按照原有评分进行赋值（评分范围为0–5）。

从表4.4中可以看出，各个评级机构之间的相关性并不高。其中，Wind与富时罗素的相关性系数最高，该系数为0.499且在1%的水平上显著，而CNRDS与华证的相关性系数甚至为负数并在1%的水平上显著（−0.054）。与其他机构相关性最强的机构是Wind，除了与CNRDS的相关性系数为0.150外，Wind与其他四家评级机构数据的相关性系数均在0.3以上。其次，商道融绿与其他机构相关性强度仅次于Wind，而盟浪和富时罗素紧随其后。最后，CNRDS与其他机构评级的相关性系数最差，最高仅为0.163。从相关性来看，表现最好的是Wind。

表4.4 各个机构ESG评级的相关系数表

	华证	商道融绿	盟浪	Wind	CNRDS	富时罗素
华证	1.000					
商道融绿	0.208***	1.000				
盟浪	0.307***	0.425***	1.000			
Wind	0.305***	0.498***	0.437***	1.000		
CNRDS	−0.054***	0.163***	0.076***	0.150***	1.000	
富时罗素	0.141***	0.388***	0.388***	0.499***	0.074***	1.000

注：***、**和*分别表示回归系数在 1%、5% 和 10% 置信水平上显著。

二、对国内外评级机构的再评价

（一）评价目的

随着ESG和可持续投资理念的普及和公众对于环境、气候等议题的重视程度不断提升，ESG评级机构层出不穷。但是，面对市场上众多机构给出的不同ESG评级，如何选择和应用评价结果，已然成为困扰很多投资者的问题。已有研究表明由于ESG评价分歧的存在，ESG评价难以准确地预测企业未来的信息（Serafeim et al.，2022）[1]，这不利于投资者做出投资决策；ESG评价分歧还会影响企业决策和市场回报，其通过增大资本资产定价模型（CAPM）中 α 和 β 系数影响风险收益权；此外，较大的ESG评价分歧还会导致收益波动加剧，减少外部融资（Christemsen et al.，2022）[2]。因此，如何对众多ESG评价进行比较和挑选，是投资者面临的重要问题。基于此，本报告将对国内具有代表性的五个评级机构进行再评价，以辅助投资者进行投资决策。

（二）评价方法

本报告采用定性和定量相结合的研究方法，从全面性、规范性、有效性、

---

[1] Serafeim G，Yooon A. Stock Price Reactions to ESG news：The Role of ESG Ratings and Disagreement[J]. Review of Accounting Studies，2022：1-31.

[2] Christemsen D M，Serafeim G，Sikoch A. Why Is Corporate Virtue in the Eye of the Beholder? The Case of ESG Ratings[J]. The Accounting Review，2022，97（1）：147-175.

透明度和独立性五个维度，对各主流ESG评级机构的详细资料、评级数据进行质性和量化分析。首先，通过评级机构官方网站、期刊论文、社交媒体的报道等公开资料获取各评级机构的相关资料，并初步拟定了每个分维度评价特性下的指标选项。其次，采用德尔菲法，以匿名方式征询专家对初拟指标的意见，经多轮修改、汇总和反馈，得到较一致的标准评价方案，据此构建ESG评价再评估指标体系。然后，在汇总各机构相关资料形成具体描述后，我们邀请多位专家以匿名和背对背的方式对二级指标进行评分（0~5分），并最终进行标准化处理。最后，将二级指标得分汇总到一级指标层面，依据各机构的总得分进行各一级指标得分的排名。我们选取了2007—2022年中国A股的上市公司年度数据和5家国内主流ESG评级机构数据作为研究样本。主流评级机构包括Wind、华证、商道融绿、盟浪和CNRDS。接下来，本报告将详细说明各个维度的评价指标并展示再评价的结果。

（三）评价结果

本报告将从再评价的五个维度逐一对评价结果进行介绍。第一，关于全面性，底层数据是评级机构进行评价的重要基础，其信息搜集和获取的能力会对评价结果产生重要影响。因此，本报告首先考察了五个机构的全面性，主要从评级机构的指标选择范围、数据来源和时空范围这三个方面入手。其中，指标选择范围主要包括评级机构底层数据点和相关指标的数量、所采用的指标是不是考虑了上市公司的个性与共性特征，数据来源主要是分析数据渠道的多样性和获得数据的技术性（是不是采用了人工智能等新技术获得数据），而时空范围主要是看评级开始的时间和其所覆盖的上市公司样本数。在全面性方面，Wind的排名最高，其次是商道融绿，然后是CNRDS，最后华证和盟浪ESG评级并列第四。

第二，关于规范性，规范性体现了评级机构的评价准则和评价体系，其体现了评级机构能否构建一套合理、可行且适用的综合评价指标体系，来尽可能满足国际组织、证券交易所等的披露要求。该维度主要从评级机构的评价体系和标准与国际准则的一致性程度、对定性指标和定量指标的选择和搭配、评级指标在中国情境的适用性这三个角度进行评价。在规范性方面，华证的排名最高，然后从高到低依次是Wind、盟浪、商道融绿，最后是CNRDS。

第三，关于有效性，除了全面性和规范性外，评价结果是否能够及时且准确地预测收益、预示风险，也是投资者和信息使用者关注的重要问题。本报告主要从股票收益率预测程度、股价波动性风险预测程度和信息发布的及时性三个方面进行了评价和分析。此外，为了验证各机构的ESG评价结果对于企业预期收益、企业风险的影响，本报告主要参考有关文献（陈燕玲和张娜，2023；李瑾，2021；Wang and Li，2023）[①]的做法构建回归模型。根据模型结果，对比各机构的ESG评级对企业收益和未来潜在风险的预测结果，然后对各机构进行打分与排名。在有效性方面，华证的排名最靠前，然后是Wind，而商道融绿、盟浪和CNRDS并列第三。

第四，关于透明性，评级方法的具体内容、具体的评级指标是ESG评级机构的竞争力所在，考虑到保持自身的竞争优势，它们可能只公布部分信息。而披露评级方法和假设的基准是非常重要的，缺少透明度的评级，其可靠性就会受限。因此，本报告从透明性的角度对评价结果进行分析，主要从评价方法、评级指标和是否出具报告三个方面进行评价。在透明性方面，Wind和CNRDS并列第一，然后从高到低依次是商道融绿、盟浪和华证。

第五，关于独立性，评级机构独立性衡量指标包括评级机构是否为企业提供ESG咨询服务，是否涉及评级提升、社会责任报告、ESG报告编制服务等。整体而言，具有一定历史的评级机构倾向基于自身的数据和评估方法开展咨询服务，但若服务对象和服务项目不设置好明确的边界，可能会影响评级机构所发布评级的独立性。评级机构的独立性对评价结果的影响较大，本报告主要从利益相关方是否可以对评价结果独立性进行审查，以及评级机构是否可以作出相关承诺两个方面进行评价。[②]在独立性方面，Wind的表现最好。

综上所述，结合表4.5，我们可以发现Wind的综合排名最高，其次是华证、商道融绿、CNRDS和盟浪。Wind的全面性、透明度性和独立性表现均位列第一，而规范性和有效性也排名靠前。

---

① Wang J, Li L. Climate risk and Chinese stock volatility forecasting: Evidence from ESG index[J]. Finance Research Letters, 2023, 55: 103898.

李瑾. 我国A股市场ESG风险溢价与额外收益研究[J].证券市场导报，2021（6）：24–33.

陈燕玲，张娜. ESG表现对企业股价波动风险的影响研究[J].华北水利水电大学学报（社会科学版），2023，39（3）：27–38.

② https://finance.sina.com.cn/money/fund/jjdt/2018-11-13/doc-ihmutuea9810220.shtml.

表 4.5 对五大 ESG 评级机构再评价（排名）

	华证	商道融绿	盟浪	Wind	CNRDS
全面性	4	2	4	1	3
规范性	1	5	3	2	4
有效性	1	3	3	2	3
透明性	4	2	3	1	1
独立性	2	2	2	1	2
总排名	2	3	5	1	4

三、ESG 评价与投资收益和风险

（一）ESG 评价与投资收益之间的关系

近年来，ESG 投资发展迅速，已成为一种被广泛接受并能带来重要影响的投资方式。目前，虽然已有文献研究 ESG 投资领域的问题，但 ESG 投资如何影响股票回报及股票波动尚未得到完全解决。首先，现有文献中研究了 ESG 对股票收益的影响。Yin 等（2023）[1]选取 2011—2020 年中国上市公司面板不平衡数据的固定效应模型进行实证分析，发现中国上市公司 ESG 绩效对股票收益具有积极影响。进一步研究，基于利益相关者理论，将财务绩效和企业创新能力嵌入到 ESG 绩效与股票收益的关系中，发现这两者在其中起部分中介作用。类似地，Chen 等（2023）[2]通过组合分析和回归证明了 ESG 得分高的股票在中国股市中能够获得更高的回报。Yu 等（2023）[3]通过提取 2009 年至 2020 年中国 A 股上市公司独立企业社会责任报告中的 ESG 相关词汇，对公司的 ESG 定性绩效进行评分，发现企业社会责任报告中描述的企业当前 ESG 概况可以

---

[1] Yin X N, Li J P, Su C W. How does ESG performance affect stock returns? Empirical evidence from listed companies in China[J]. Heliyon, 2023, 9（5）.

[2] Chen S, Han X, Zhang Z, et al. ESG investment in China: Doing well by doing good[J]. Pacific-Basin Finance Journal, 2023, 77: 101907.

[3] Yu X, Xiao K, Xu T. Does ESG profile depicted in CSR reports affect stock returns? Evidence from China[J]. Physica A: Statistical Mechanics and its Applications, 2023, 627: 129118.

积极预测未来股票收益。但是，基于2015年1月至2022年5月A股上市公司的数据，Li等（2023）[1]却发现同一地区的公司面临来自其他公司ESG评价的同行压力，股票收益与ESG评级存在负相关的关系。

其次，一些学者在特殊情境下对ESG投资与股票的关系进行了探索，如Zhang等（2021）[2]结合2016年《绿色金融体系建设指南》政策背景，发现在2016年之后，ESG对提高投资组合绩效变得越来越重要，高ESG形象的股票获得了更高的异常回报。Xu等（2023）[3]发现ESG在COVID-19大流行期间发挥了"公平疫苗"作用，ESG得分对新冠肺炎危机期间和危机后股票收益均有正向影响，且危机后ESG的正向影响更为显著。企业ESG责任有助于恢复危机期间的股价弹性，ESG绩效越好，股价弹性越强。此外，Tan等（2023）[4]研究发现，ESG评价分歧对股票收益水平和波动性有不利影响，在受到分析师、媒体和公众更多关注的公司中，ESG评价分歧对股票收益和波动性的不利影响更大。综上，ESG与股票收益之间的关系仍有待检验，而ESG与股票风险之间的关系还有待探索。

（二）ESG评价与投资收益和风险的回归

为了验证各个机构所发布的ESG评价预测企业收益和风险的有效性，参考已有文献构建了回归模型（陈燕玲和张娜，2023；李瑾，2021；Wang和Li，2023）[5]，基于5家国内主流ESG评级机构的评级数据，本报告选取了评级

[1] Li H, Guo H, Hao X, et al. The ESG rating, spillover of ESG ratings, and stock return: Evidence from Chinese listed firms[J]. Pacific-Basin Finance Journal, 2023, 80: 102091.

[2] Zhang X, Zhao X, Qu L. Do green policies catalyze green investment? Evidence from ESG investing developments in China[J]. Economics Letters, 2021, 207: 110028.

[3] Xu N, Chen J, Zhou F, et al. Corporate ESG and resilience of stock prices in the context of the COVID-19 pandemic in China[J]. Pacific-Basin Finance Journal, 2023, 79: 102040.

[4] Tan R, Pan L. ESG rating disagreement, external attention and stock return: Evidence from China[J]. Economics Letters, 2023, 231: 111268.

[5] Wang J, Li L. Climate risk and Chinese stock volatility forecasting: Evidence from ESG index[J]. Finance Research Letters, 2023, 55: 103898.

李瑾.我国A股市场ESG风险溢价与额外收益研究[J].证券市场导报, 2021（06）: 24-33.

陈燕玲, 张娜.ESG表现对企业股价波动风险的影响研究[J].华北水利水电大学学报（社会科学版）, 2023, 39（03）: 27-38.

起始年份（最早为2007年）至2022年中国A股上市公司的年度数据作为研究样本。其中，这5家主流评级机构包括Wind、华证、商道融绿、盟浪和CNRDS，Wind、华证、商道融绿和盟浪的数据均来自WIND数据库，其他的财务数据来自CSMAR数据库，CNRDS的评级数据来自CNRDS数据库。然后，本报告剔除了金融行业的公司，并剔除了被ST和主要变量缺失的样本。最后，共得到27408个公司年度观测值，所有的连续变量均在1%~99%的水平上缩尾。

1. 模型设定

本报告采用了双向固定效应模型（控制了年度固定效应和个体固定效应）并使用企业层面的聚类标准误，具体的模型如下：

$$Revenue_{i,t} = \alpha_0 + \alpha_1 RANK_{i,(t-1)} + \sum \alpha_m Ctl_{i,(t-1)} + \varepsilon \tag{1}$$

$$Revenue_{i,t} = \alpha_0 + \alpha_1 RANK_{i,t} + \sum \alpha_m Ctl_{i,t} + \varepsilon \tag{2}$$

$$Volatility_{i,t} = \beta_0 + \beta_1 RANK_{i,(t-1)} + \sum \beta_m Ctl_{i,(t-1)} + \delta \tag{3}$$

$$Volatility_{i,t} = \beta_0 + \beta_1 RANK_{i,t} + \sum \beta_m Ctl_{i,t} + \delta \tag{4}$$

第一，因变量为股票收益率（$Revenue_{i,t}$）和股价波动性（$Volatility_{i,t}$）。其中，股价收益率为考虑现金红利再投资的年个股回报率。而股价波动性为t年公司i的股价回报的方差，等于t年5月到$t+1$年4月各个月度股票回报方差的平均值（再乘以100），月度股票回报方差等于当月内日个股回报（市场调整后）的方差乘以当月交易天数，该值越大代表股价波动性越大（辛清泉等，2014）[①]。本报告采用了当期的股票收益率和股价波动性，与当期的ESG评价和控制变量进行回归。此外，为了更好地展现ESG评价的预测性，本报告将控制变量和自变量均滞后一期，即采用当期的股票收益率和股价波动性，与上一期的ESG评价和控制变量进行回归。

第二，自变量为五大评级机构的评价结果，这五个机构分别为Wind、华证、商道融绿和盟浪对五大机构评价结果的赋值方式与前面"国内外ESG评价的定量分析"部分相同。

第三，$Ctl_{i,(t-1)}$和$Ctl_{i,t}$分别为上一期和当期控制变量，主要包括企业基本

---

① 辛清泉，孔东民，郝颖.公司透明度与股价波动性[J].金融研究，2014，（10）：193–206.

面特征和治理层面的特征。企业性质（Soe）、企业规模（Size）、企业杠杆率（Lev）、市账比（BM）、企业年龄（Age），董事会规模（Board）、是否两职合一（Dual）、第一大股东持股比例（Top1）。其中，企业性质的定义为如果企业当年是国有企业则取值为1，否则为0；企业规模为企业当年年末总资产的自然对数；企业杠杆率为企业当年的总负债占总资产的比例；市账比为企业的市场价值除以账面价值；企业年龄为企业成立年限取对数；董事会规模为董事会总人数的对数；是否两者合一为企业的董事长和总经理如果为同一人则取值为1，否则为0；第一大股东持股比例为企业第一大股东持股数量除以总股数。

2. 回归结果

首先，本报告报告了描述性统计的结果。根据表4.6，我们可以看出股票的波动率均值为1.230，股票年收益率均值为0.135；华证的ESG评价均值为6.516，对应的评级为"BBB"到"A"之间；商道融绿的ESG评价均值为4.197，对应的评级为"B−"到"B"之间；盟浪的ESG评价均值为5.603，对应的评级为"BB"到"BBB"之间；富时罗素的均值为1.231，相对于总分而言，处于较低水平；而Wind的ESG评价平均值为5.622，对应的评级在"BB"到"BBB"之间；CNRDS的ESG评分均值为26.190，最大值与最小值的差距较大且标准差较大，说明数据的离散程度较高。此外，样本中国有企业占39.9%，企业资产负债率的均值为44.5%，企业规模约为22.310，企业市账比为0.617，企业年龄均值约为2.916，董事会平均规模为2.131，有25.3%的企业董事长和总经理为同一人，第一大股东持股比例为34.3%。

表4.6 描述性统计

Variable	Obs	mean	sd	p25	p50	p75	min	max
Volatility	27408	1.230	0.763	0.690	1.057	1.573	0.201	10.140
Revenue	27408	0.135	0.494	−0.202	0.027	0.334	−0.555	2.082
华证	27408	6.516	1.158	6	6	7	1	9
商道融绿	4067	4.197	0.974	4	4	5	2	8
盟浪	1874	5.603	1.312	5	6	6	0	8
富时罗素	1883	1.231	0.513	0.900	1.100	1.500	0.300	3.900

续表

Variable	Obs	mean	sd	p25	p50	p75	min	max
WIND	12196	5.622	0.793	5	6	6	3	9
CNRDS	27147	26.19	10.48	18.910	23.980	31.900	7.558	57.260
Soe	27408	0.399	0.490	0	0	1	0	1
Size	27408	22.31	1.294	21.400	22.140	23.050	19.860	26.280
Lev	27408	0.445	0.204	0.285	0.440	0.596	0.062	0.905
BM	27408	0.617	0.256	0.419	0.613	0.810	0.110	1.181
Age	27408	2.916	0.316	2.708	2.944	3.135	1.946	3.526
Board	27408	2.131	0.200	1.946	2.197	2.197	1.609	2.708
Dual	27408	0.253	0.435	0	0	1	0	1
Top1	27408	0.343	0.147	0.228	0.321	0.443	0.091	0.741

其次，本报告报告了ESG评价与股票收益率的回归结果。从表4.7可以看出，大部分ESG评价与股票收益率之间不存在显著的相关关系，但是华证ESG评价与当期收益率存在显著正相关的关系，而商道融绿和Wind的ESG评价与收益率之间反而存在显著的负相关关系。从表4.8可以看出，盟浪和Wind的ESG评价与下一年的股票收益率之间存在显著负相关关系，而其他评级机构的评级与下一年的股票收益率之间没有相关关系。上述结果说明各个评级机构的评级还存在较大分歧，但是少部分评价结果能够预测股票收益率。

表4.7　ESG评价与股票收益率（当期）

	（1）Revenue	（2）Revenue	（3）Revenue	（4）Revenue	（5）Revenue	（6）Revenue
华证	0.009** （2.332）					
商道融绿		−0.029** （−2.265）				
盟浪			−0.021 （−1.451）			
富时罗素				−0.072 （−1.150）		

续表

	（1）Revenue	（2）Revenue	（3）Revenue	（4）Revenue	（5）Revenue	（6）Revenue
Wind					−0.028***（−2.745）	
CNRDS						0.001（1.531）
SOE	−0.052***（−2.938）	−0.028（−0.385）	−0.027（−0.275）	0.087（1.519）	0.007（0.237）	−0.055***（−3.052）
Size	−0.049***（−6.534）	−0.152***（−4.500）	−0.178***（−3.335）	−0.465***（−4.450）	−0.002（−0.111）	−0.051***（−6.735）
Lev	−0.014（−0.527）	−0.040（−0.283）	−0.374*（−1.807）	−0.610**（−2.283）	−0.151**（−2.239）	−0.006（−0.206）
Board	−0.016（−0.621）	0.050（0.640）	−0.038（−0.373）	0.203（1.225）	−0.041（−0.777）	−0.019（−0.738）
Dual	−0.013（−1.355）	0.004（0.110）	−0.005（−0.108）	0.163**（2.371）	−0.021（−1.161）	−0.013（−1.349）
Top1	0.108**（2.294）	−0.248（−1.196）	−0.427（−1.381）	−0.084（−0.168）	−0.282**（−2.211）	0.114**（2.403）
_cons	1.200***（7.451）	3.986***（5.204）	4.765***（3.757）	10.776***（4.346）	0.160（0.332）	1.287***（7.842）
a Observations R−squared	27408 0.338	4067 0.246	1874 0.246	1883 0.085	12196 0.272	27147 0.336
t-values are in parentheses						
***p<.01，**p<.05，*p<.1						

表4.8　ESG评价与股票收益率（滞后一期）

	（1）Revenue	（2）Revenue	（3）Revenue	（4）Revenue	（5）Revenue	（6）Revenue
华证	0.003（0.774）					

续表

	（1）Revenue	（2）Revenue	（3）Revenue	（4）Revenue	（5）Revenue	（6）Revenue
商道融绿		−0.020 （−1.597）				
盟浪			−0.048*** （−3.251）			
富时罗素				0.022 （0.478）		
Wind					−0.027*** （−2.595）	
CNRDS						0.000 （0.097）
SOE	−0.010 （−0.540）	−0.017 （−0.288）	−0.100 （−1.426）	0.067 （0.541）	−0.042 （−1.230）	−0.014 （−0.746）
Size	−0.145*** （−20.124）	−0.482*** （−10.414）	−0.562*** （−8.252）	−1.005*** （−10.023）	−0.453*** （−12.963）	−0.146*** （−20.196）
Lev	0.199*** （6.882）	0.941*** （7.088）	0.994*** （4.983）	1.299*** （4.413）	0.821*** （9.750）	0.208*** （7.165）
Board	−0.015 （−0.619）	−0.005 （−0.076）	−0.076 （−0.655）	0.019 （0.141）	−0.018 （−0.344）	−0.019 （−0.766）
Dual	0.007 （0.772）	−0.017 （−0.581）	−0.003 （−0.061）	−0.061 （−1.009）	0.017 （0.868）	0.005 （0.530）
Top1	0.353*** （7.661）	0.438** （2.563）	0.183 （0.684）	1.17*** （2.629）	0.534*** （3.531）	0.354*** （7.626）
_cons	2.642*** （16.868）	10.737*** （9.977）	13.675*** （8.298）	23.170*** （9.654）	10.071*** （12.545）	2.688*** （16.847）
Observations	26894	4005	1854	1861	11925	26675
R−squared	0.367	0.266	0.307	0.296	0.189	0.366
t−values are in parentheses						
***p<.01, **p<.05, *p<.1						

最后，本报告报告了ESG评价与股票波动性的回归结果。从表4.9可以看出，华证、盟浪和Wind的ESG评价与当年的股票波动率存在显著负相关关系，

其他评级机构的评价结果与当年股票波动率不存在显著的相关关系。从表4.10可以看出，华证的ESG评价与下一年的股票波动率存在显著负相关的关系，其他评级机构的评价结果与下一年的股票波动率不存在显著的相关关系。综上，部分评价结果能够有效地降低企业的股价波动风险。

表4.9 ESG评价与股票波动率（当期）

	（1）Volatility	（2）Volatility	（3）Volatility	（4）Volatility	（5）Volatility	（6）Volatility
华证	−0.050***（−8.238）					
商道融绿		−0.016（−0.979）				
盟浪			−0.096***（−3.980）			
富时罗素				0.054（0.738）		
Wind					−0.035**（−2.242）	
CNRDS						0.001（1.364）
SOE	−0.032（−0.966）	−0.083（−0.755）	−0.028（−0.202）	0.127（0.512）	−0.127**（−2.000）	−0.031（−0.913）
Size	−0.165***（−11.023）	−0.182***（−3.155）	−0.094（−1.350）	−0.235*（−1.722）	−0.173***（−4.287）	−0.175***（−11.538）
Lev	0.648***（12.944）	0.888***（4.097）	0.403（1.648）	−0.084（−0.194）	0.657***（5.389）	0.667***（13.245）
Board	−0.067（−1.582）	−0.116（−0.983）	−0.390***（−2.743）	−0.180（−0.862）	−0.278***（−2.704）	−0.060（−1.380）
Dual	−0.007（−0.480）	−0.057（−1.286）	−0.103*（−1.721）	0.082（1.068）	−0.079**（−2.416）	−0.005（−0.312）
Top1	−0.195***（−2.607）	−0.285（−0.961）	−0.483（−1.055）	−0.355（−0.563）	−0.683***（−2.939）	−0.205***（−2.710）

续表

	（1） Volatility	（2） Volatility	（3） Volatility	（4） Volatility	（5） Volatility	（6） Volatility
_cons	4.948*** （16.340）	6.07*** （4.545）	4.245** （2.485）	7.038** （2.239）	5.817*** （6.449）	4.823*** （15.696）
Observations	27408	4067	1874	1883	12196	27147
R–squared	0.327	0.284	0.261	0.198	0.164	0.325
t–values are in parentheses						
*** p<.01, ** p<.05, * p<.1						

表 4.10　ESG 评价与股票波动率（滞后一期）

	（1） Volatility	（2） Volatility	（3） Volatility	（4） Volatility	（5） Volatility	（6） Volatility
华证	−0.031*** （−4.490）					
商道融绿		−0.015 （−0.775）				
盟浪			−0.015 （−0.966）			
富时罗素				0.113 （0.525）		
Wind					−0.006 （−0.288）	
CNRDS						0.001 （0.799）
SOE	−0.016 （−0.468）	−0.172* （−1.690）	−0.323 （−1.647）	−0.220* （−1.648）	−0.182*** （−2.686）	−0.020 （−0.591）
Size	−0.135*** （−10.333）	−0.208*** （−2.954）	−0.140 （−1.288）	−0.225 （−1.610）	−0.158*** （−2.882）	−0.145*** （−11.482）

	（1）Volatility	（2）Volatility	（3）Volatility	（4）Volatility	（5）Volatility	（6）Volatility
Lev	0.585***（10.379）	0.857***（3.791）	0.918**（2.499）	0.693**（2.279）	0.623***（3.158）	0.581***（10.619）
Board	−0.017（−0.394）	−0.119（−0.965）	−0.282（−1.500）	−0.291（−1.080）	−0.149（−1.151）	0.007（0.160）
Dual	0.008（0.498）	−0.054（−1.076）	−0.027（−0.378）	−0.212**（−1.975）	0.014（0.328）	0.010（0.590）
Top1	−0.076（−0.941）	0.256（0.769）	−0.340（−0.819）	1.266*（1.826）	−0.231（−0.749）	−0.068（−0.860）
_cons	3.769***（13.385）	5.461***（3.359）	4.725*（1.812）	5.996*（1.795）	4.899***（3.977）	3.739***（13.569）
Observations	24083	3183	1501	1207	8876	23822
R−squared	0.334	0.216	0.194	0.095	0.141	0.336
t−values are in parentheses						
*** p<.01, ** p<.05, * p<.1						

综上，部分ESG评价能够预测收益，但是ESG评价对收益的预测作用有待提升。因此，市场应进一步提升对ESG因素的重视程度，正确认识ESG因素所发挥的作用，将ESG评价更好地融入到ESG投资中。同时，部分评价结果能够有效地降低企业的股价波动风险，这表明企业的ESG表现确实能够带来积极效应，企业应持续践行ESG理念。

四、建议

伴随着ESG蓬勃发展，ESG评价和ESG投资方面均出现了一些问题。在ESG评价方面，存在较为严重的ESG评价分歧，评级机构的评价标准不一致、体系不统一、策略方法不完善、评价能力有待提升。同时，ESG评价预测股票收益和风险的有效性有待提高，如何增强ESG评价预测的有效性，为投资者提供更有效的ESG投资依据，是亟待解决的重要问题。

由于中国的ESG仍然处于起步阶段，同时受到多种因素的影响，在短期内想要统一ESG评价标准是非常困难的。因而，想要缓解上述问题，需要ESG评级机构和投资者共同努力。对于ESG评级机构本身而言，它们需要提升信息的透明度，积极且充分地向外界披露其评价标准、评价框架、评价方法和评价重点关注的事项等。根据评级机构披露的详细信息，投资者可以根据投资目的有效地筛选适合自己的ESG评价。此外，随着披露标准的逐渐统一，ESG评级机构还需要及时学习和内化这些新出台的披露标准，例如ISSB于2023年6月26日发布的全球ESG报告标准。通过学习最新的披露标准及时完善自身的评价体系，努力提升自身的评价能力。对于使用者而言，要对ESG分歧有充分的了解和认识。在ESG理念成为全球共识的趋势之下，ESG评级机构"百花齐放"，而ESG评价"百家争鸣"也是必然趋势。在这一背景下，投资者需要积极地搜集评级机构的相关信息，通过评价框架、评价体系、评价标准和部分具体的评价指标来分析不同ESG评价的特点，并根据投资目的选择适配的ESG评价作为决策依据。

○ 第五章 中国ESG金融市场与投资

一、市场规模

（一）ESG债券市场

依据Wind数据统计，截至2023年11月，中国ESG债券市场总体数量为3 455只，总规模达到126 411.11亿元。如采用Wind数据库的分类方式，可将ESG债券进一步划分为ESG绿色债券、社会责任债券、可持续发展债券、可持续发展挂钩债券和转型债券五种。其中，ESG绿色债券主要指以环境相关项目为主题的债券；社会债券主要是从ESG的社会层面出发，指募集资金投向能够产生明确社会效益的项目的债券，包括帮助特定目标人群，解决或减轻特定社会问题等项目；可持续发展债券是绿色债券和社会债券的混合体，指在Wind ESG债券数据库中带有"可持续标识"的债券（此处采用Wind定义）；可持续发展挂钩债券指将债券条款与发行人可持续发展目标相挂钩的债务融资工具；转型债务是指募集资金主要用于传统高碳排放行业（非绿色行业)减碳转型的债券，如钢铁、水泥等高碳高耗能行业的节能减碳。依据Wind数据，ESG绿色债券总体数量为1 633只，规模达到了25 419.48亿元；社会责任债券总体数量为1 673只，规模达到99 597.83亿元；可持续发展债券共有8只，规模达到101.9亿元；可持续发展挂钩债券共有126只，规模达到1 205.4亿元；转型债券共有15只，规模达到86.98亿元。

1. ESG绿色债券

ESG绿色债券又称气候债券，主要从ESG中环境角度出发，是为现有和新的绿色项目融资的固定收益工具。截至2023年11月，国内ESG绿色债券共发行了 1 633 只，相较去年同期新增 490 只，在种类上可以划分为绿色债券、碳中和债券、蓝色债券、转型债券、综合环保类债券等（见图 5.1）。

绿色债券是政府、企业、银行等债务人为筹集资金，按照法定程序发行并向债权人承诺于指定日期还本付息的有价证券。目前国内绿色债券共发行了 465 只，平均票面利率（发行时）为 3.88%，债券平均期限达到 4.82 年。

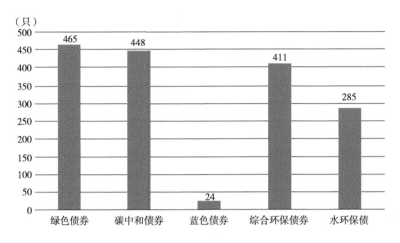

图 5.1　ESG 绿色债券各项目数量统计图

资料来源：基于 Wind 数据库。

其中，中国康富国际租赁股份有限公司于 2023 年新发行的两只债券发行期限达到最大值为 22 年。Wind ESG 评价体系由管理实践评估和争议事件评估组成，能综合反映企业的 ESG 管理实践水平以及重大突发风险。Wind 根据发行债券信用评级体系，对公司进行从 AAA 到 CCC 的评级。2023 年发行绿色债券的企业中，有 66 只发行绿色债券的企业评级达到 AAA，有 39 家评级达到 AA 及 AA+，从这点可以看出，发行绿色债券的公司主体总体评级较高、差异较小。

碳中和债券是指募集资金专项用于具有碳减排效益的绿色项目的债券融资工具。截至 2023 年 11 月，碳中和债券在 ESG 绿色债券市场中占比为 27.4%，共有 448 只，当年新发行的碳中和债券有 143 只，新发行碳中和债券的平均年限约为 6.25 年，（发行时）票面利率平均为 3.37%。发行碳中和债券的企业中有 292 家为 AAA，评级达到 AA 及 AA+的共有 73 家。

蓝色债券是指募集资金用于支持海洋保护和海洋资源可持续利用相关项目的绿色债券。蓝色债券共有24只，蓝色债券中的最大年限为（22风电G2）10年，还有3只蓝色债券年限为5年，最小年限的债券（23青岛水务SCP003（蓝债）年限为0.5年，平均票面利率（发行时）为3.32%。

综合环保债是指募集资金用于环境综合整治项目的债券。综合环保类债券共有411只，平均年限达到13.53年，平均票面利率（发行时）为3.46%。

水环保债是指募集资金用于污水处理、水环境综合整治项目的债券。水环保类债券共有285只，平均年限达到11.99年，平均票面利率（发行时）为3.34%。

根据以上统计可以看出，ESG绿色债券规模较大，其中绿色债券占比约为40.0%，在ESG绿色债券中是占比最大的。中国金融市场对ESG绿色债券的重视程度较高，且平均票息比较稳定。

综合环保类债券是指募集资金用于环境治理的项目的债券。综合环保类债券共有399只，其中有17只综合环保类债券的最大年限达到100年，平均年限达到31.3年，平均票息为0.03。

根据以上统计可以看出，ESG绿色债券规模较大，其中综合环保类债券占比为34.9%，在ESG绿色债券中是占比最大的。中国金融市场对ESG绿色债券的重视程度较高，且平均票息比较稳定。

2. 社会责任债券

社会责任债券主要是从ESG中的社会层面出发，募集资金用于社会责任项目的债券。截至2023年11月，国内社会责任债券共发行1 673只，在种类上可以分为乡村振兴债券、纾困专项债券、疫情防控类债券、一带一路债券、社会事业债券等（见图5.2）。

乡村振兴债是指用于弥补农村融资缺口、支持乡村振兴建设而发行的债券，共有109只；截至报告期内，2023年新增31只，平均期限为3.69年，平均（发行时）票面利率为3.65%。

纾困公司债是指募集资金用于支持面临流动性困难的上市公司及其股东融资，或者纾解民营企业和中小企业的融资和流动性困难的债券，共有42只，平均期限为4.56年，平均（发行时）票面利率为4.33%。

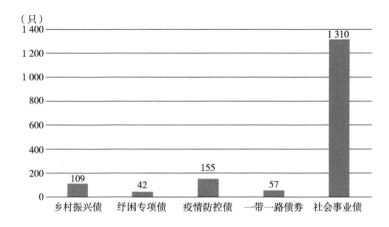

图5.2　社会责任债券各项目数量统计图（单位：只）

资料来源：基于Wind数据库。

疫情防控类债券募集资金用于受疫情影响较大的行业、企业或者为疫情防控领域相关项目而发行的债券，共有155只，2023年新增1只；疫情防控类债券平均期限为7.53年，平均（发行时）票面利率为3.70%。

一带一路债券是金融机构与企业在境内外发行并将募集资金用于"一带一路"建设的公司债券，目前债券市场上在售一带一路债券共有57只；2023年新增16只，最长年限为30年，平均期限为11.07年，平均（发行时）票面利率为3.94%。

社会事业债券是指社会领域产业专项债券，共有1 310只；2023年新增社会事业债券180只，平均期限达到16.8年，平均（发行时）票面利率为3.13%。

可持续发展挂钩债券是指募集资金通常不投向特定项目、资产或活动，而是用于一般用途。所谓的可持续发展，是发行人对未来交付可持续发展成果作出的前瞻性承诺，通常用企业关键绩效指标（KPI）来表示。截至2023年11月，国内共发行了126只可持续发展挂钩债券，在种类上可以划分为可持续挂钩债券和低碳型挂钩债券等（见图5.3）。

其中可持续挂钩债券是指将债券条款与发行人可持续发展目标相挂钩的债务融资工具，共有92只，平均期限为3.64年，平均（发行时）票面利率为3.59%，Wind主体评级均为AA及以上。

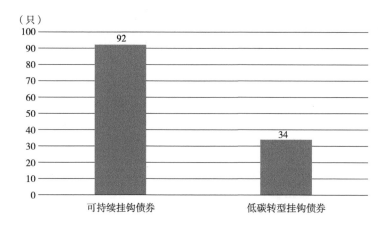

图 5.3　可持续发展债券各项目数量统计图（单位：只）

资料来源：基于Wind数据库。

低碳挂钩型债券是指募集资金用于助力企业实现低碳转型的债券，共有34只，平均期限为4.01年，平均（发行时）票面利率为3.35%，Wind主体评级均为AA及以上。

4. 可持续发展债券

可持续发展债券是指绿色债券和社会债券的混合体，其募集资金投向对环境和社会有益的项目。截至2023年11月，国内可持续发展债券共发行了8只，均是3年内发行的新债券，平均年限为3.75年，平均（发行时）票面利率为3.49%。

5. 转型债券

转型债券是为支持适应环境改善和应对气候变化，募集资金专项用于"转型"或"低碳转型"领域的债务融资工具。转型债券共有15只，平均期限为2.93年，平均（发行时）票面利率为3.00%；2023年新增转型债券2只。

（二）ESG公募基金

ESG公募基金是ESG投资的重要工具。本报告具体将公募基金划分为"纯ESG"基金和"泛ESG"基金。"纯ESG"基金指基金名称中含有"ESG"这一关键词或实质上同时考虑E、S、G三方面因素的基金。"泛ESG"基金指基金名称或投资策略、投资领域涉及ESG下辖因素的基金。例如，某"新能源基金"可归类为"泛ESG基金"，因为新能源涉及ESG因素。本节聚焦股票型公募基金。

1."纯ESG"基金

截至2023年11月，在开放交易中的"纯ESG"基金共有9只。与上一报告期相比，"纯ESG"公募基金ESG评级表现小幅提升，ESG评级为AA的基金提升至3只，4只基金的ESG评级为BBB及以下，总体基金规模为19.21亿元，市场份额相较去年呈小幅下降趋势。

2."泛ESG"基金

截至2023年11月，"泛ESG"基金共有68只，市场规模达到515.63亿元（见图5.4和图5.5）。其中，环境层面共有58只基金，主题词主要涉及"低碳""绿色"和"新能源"等关键词，规模达到了447.61亿元。社会层面共有4只"泛ESG"基金，主题词涉及"国家安全""责任"等，规模达到35.69亿元，相较去年下降了11.39亿元。治理层面共有6只"泛ESG"基金，主题词涉及"国企改革""治理"等关键词，规模达到32.33亿元，相较上年增加0.46亿元。由此可以看出，在基金数量增多的情况下，股票型基金整体市场规模下降了217.03亿元，仅有治理层面的"泛ESG"基金规模小幅增加。

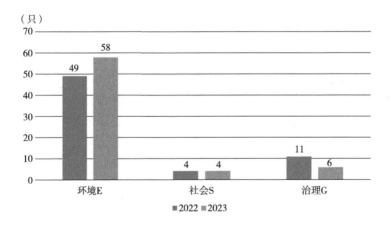

图 5.4 "泛ESG"股票型基金数量统计图（单位：只）

资料来源：基于Wind数据库。

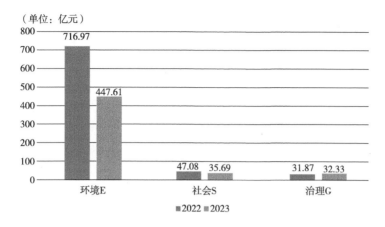

（单位：亿元）

图5.5 "泛ESG"股票型基金规模统计图

资料来源：基于Wind数据库。

（三）ESG私募基金和私募股权

ESG理念在私募投资中也有实践。报告考虑主要针对二级市场的私募基金和一级市场的私募股权基金在ESG方面的实践。

1. 私募基金ESG

私募基金中共有8只以"ESG"命名的"纯ESG"基金。平均成立年限2.13年。截至2023年11月，"泛ESG"私募基金共有70只（见图5.6），涉及"低碳""可持续""碳中和""新能源"和"国企改革"等关键词。在环境（E）层面，共有52只私募基金，平均成立年限为2.61年；在社会（S）层面，共有17只基金，平均成立年限为1.82年；在治理（G）层面，仅有1只基金"鸿道国企改革"，成立年限为8.86年。可以看出，私募基金在环境和社会层面的发行数量均有增长，相较上一报告期，"泛ESG"私募基金数量增加了31只，其中环境层面的"泛ESG"私募基金发行数量最多，增加了31只基金。

2. 私募股权ESG

私募股权公司也对ESG理念给予了越来越多的关注，并开始在投资领域逐渐参考ESG因素。截至2023年11月，国内共有29家私募股权公司签署了联合国责任投资原则组织（UN PRI），包括界星资本、大钲资本、高瓴资本和厚生资本等。

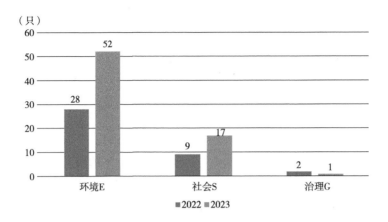

图 5.6 "泛ESG"私募基金各维度数量统计图（单位：只）

资料来源：基于Wind数据库。

根据私募股权公司披露的ESG信息显示，在公司进行投资过程中需要充分考虑到ESG及可持续发展因素的影响，加强现有管理计划，在尽职调查、控股投资组合管理、投后管理及退出过程中进一步融入ESG要素。推动投资组合在ESG管理方面的改进，尤其是在污染物减排、废弃物减量、食品安全和可持续性领域。鼓励被投资企业适当披露ESG信息，审查和鼓励投资企业推动执行符合本政策的ESG原则，鼓励更多投资组合以实现联合国可持续发展目标为己任，采取行动，解决问题。开展适应气候变化的相关行动，例如，推动投资组合开展碳排放核算、减少运营过程中的碳排放、购买碳信用额度、资助以自然为本的解决方案项目等。还将ESG及可持续发展的理念扎根到公司文化中，成为统一的价值观，以促进科学化的市场创新并创造可持续的投资回报。

在公司内部ESG实践过程中，在环境层面，需要积极鼓励员工低碳绿色出行，通过一系列行动方案进行规划。在社会层面，将ESG理念覆盖全产业链、全生命周期，使企业在产业发展和社会变革的长期趋势中把握住机会并创造长期价值。确定了服务实体经济的目标，对于可持续发展的企业，既要提供长期、全程的资金支持，还要参与到企业创新研究和快速发展的过程中，与企业共同发展。在治理层面，适当监督审计、风险管理和潜在利益的冲突，通过适当的激励机制和其他政策确保股东和管理层的权益。通过适当的治理结构，与被投资企业开展ESG方面的合作，提高ESG业绩，尽可能减少ESG风险，遵守投资对象的相关法律法规，根据行业和国际最佳实践，构建可持续、安全、健康的工作场所。通过适当的治理结构，适当监督审计、风险管理和潜在利益的冲突，通过适当的激励机制和其他政策确保股东和管理层的权益。

二、市场参与者

（一）政府及交易所

1. 政府机构

近年来，我国一直倡导生态文明建设的重要意义，随着"双碳"理念的提出和ESG理念关注程度的扩大，政府除推动倡导ESG信息的披露和建设，也发行了一系列债券来促进和引导ESG理念的发展和普及。

截至2023年11月，国内参与发行ESG债券的政府部门共有19个，具体包括河南、湖南、四川、福建和山东等省人民政府，天津市人民政府，以及中华人民共和国财政部。发行债券的类型，包括了中华人民共和国财政部在2020年发行的关于疫情防控的国债，以及各省级政府和市级政府发行的地方政府债，债券涉及碳中和、一带一路、疫情防控和社会事业等多方面内容。截至2023年11月，政府部门发行的债券数量为1 338只，规模由上一报告期的65 611.84亿元增长到96 508.32亿元，其中疫情防控债券和社会事业债券的规模占比较大（见图5.7）。

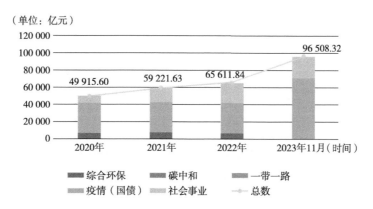

图 5.7 2020—2023年11月国内政府发行ESG债券规模变化图（单位：亿元）

资料来源：基于Wind数据库。

2. 交易所

交易所作为资本市场运行的重要角色，在ESG信息披露中也发挥着重要的作用。目前国内各大交易所开始不同程度地要求上市公司及金融类公司对ESG信息进行披露，虽然各大交易所发布的信息披露指引在细节上有所不同，但其内容都包括环境污染防治、节能减排、社会公益事业和公司治理架构等方面。与此同时，深交所还制定并发布了ESG评级方法和ESG指数，截至2023年11月，深交所累计发布了13只"泛ESG"指数产品，涉及碳中和、节能和社会责任等多个领域。

（二）基金公司

基金公司是从事证券投资基金管理业务的企业。随着ESG理念引起的广泛关注，基金公司开始注重在发展过程中贯彻ESG理念。2020年国内践行ESG理念的基金公司有98家，截至2023年11月，践行ESG理念的基金公司已经增长到269家，其中有83家成为UN PRI的签署机构，占比为30.11%（见图5.8）。

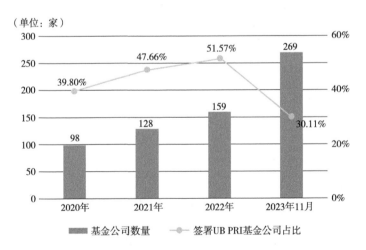

图5.8 2020—2023年11月国内参与ESG理念基金公司数量变化图（单位：家）
资料来源：基于Wind数据库、UN PRI官方网站。

国内基金公司主要采用发行基金产品、信托产品以及指数产品等方式贯彻落实ESG理念。截至2023年11月，发布的指数产品有12只，其中4只为

"纯ESG"指数产品，8只为"泛ESG"基金。自上一报告期之后，累积发行基金的规模由2022年的4 322.38亿元减少到3 106.53亿元（见图5.9）。基金产品涉及关注E、S、G三个维度的"纯ESG"基金以及选取E、S、G某个维度作为主要关注对象的"泛ESG"基金，"泛ESG"基金涉及的主题具体包含绿色、碳中和、社会责任、国家安全和国企改革等。

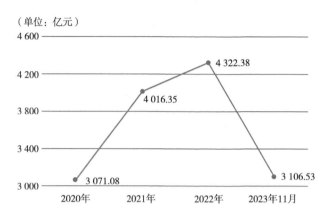

图5.9 2020—2023年11月国内基金公司发行ESG基金规模变化图（单位：亿元）
资料来源：基于Wind数据库。

华夏基金于2017年成为UN PRI的签署机构，为了贯彻ESG理念，其内部设置了ESG业务委员会，监控ESG评级的变化，并在公司运营过程中使用ESG作为风险监控手段。截至2023年11月，华夏基金共发行3只"纯ESG"基金，规模达到1.63亿元。其发行的"泛ESG"基金为20只，规模达到170.35亿元。华夏基金发行的基金产品具体涉及低碳、可持续发展和国家安全等几个方面。

富国基金在主动权益、固收、量化等多个投资领域将ESG原则纳入长期资产配置框架。2021年6月，富国基金发行了一只名为"富国沪深300ESG基准ETF"的"纯ESG"基金，发行规模为5.52亿元。截至2023年11月，富国基金累计发行了22只"泛ESG"基金，主要涉及低碳、环保、国家安全和国企改革等主题，发行规模累计达到347.67亿元。

（三）证券公司

证券公司是从事证券经营业务的有限责任公司或者股份有限公司。如

图5.10所示，截至2023年11月，国内参与ESG理念的证券公司由2020年的11家增长到20家，其中属于UN PRI的签署机构的共有10家，占整体证券公司数量的55.56%。

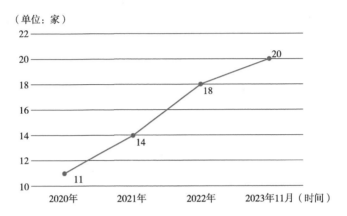

图5.10　2020—2023年11月国内参与ESG理念证券公司数量变化图（单位：家）

资料来源：基于Wind数据库、UN PRI官方网站。

目前国内证券公司践行ESG理念的方式主要包括发行信托产品、基金产品以及指数产品等。如图5.11，截至2023年11月，发行基金产品的规模由2020年的0.25亿元，增长到7.44亿元。发布指数产品的数量由2020年的30只增长到64只（见图5.12）。

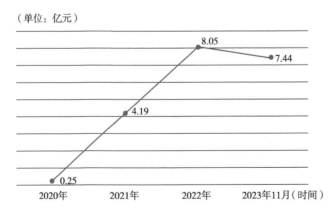

图5.11　2020—2023 年 11 月国内证券公司发布信托产品规模变化图（单位：亿元）

资料来源：基于wind数据库。

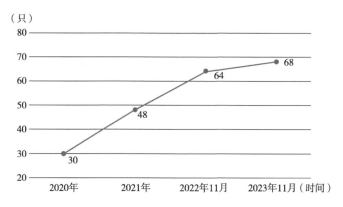

图5.12 2020—2023年11月国内证券公司发布指数产品数量变化图

资料来源：基于Wind数据库。

根据华泰证券2022年3月发布的《华泰证券股份有限公司2022年度社会责任报告》，华泰证券将ESG治理架构与执行体系纳入其风险管理机制，2022年公司MSCI ESG评级连续2年保持A级。在环境（E）层面，华泰证券2021年承销绿色债53只，规模达到268.82亿元；发行了5只单碳中和及绿色ABS，发行规模为58.37亿元。在社会（S）层面，截至2022年年底，华泰证券持仓扶贫债券金额总计20.8亿元"改成"公司投资乡村振兴债券涉及西藏、福建地区规模共计2.5亿元;参与承销乡村振兴债券7只，融资规模4亿元。在公司治理（G）层面，华泰证券组织开展风险管理类专业培训22次，线上开展反洗钱专题讲座5次。

（四）银行

银行是经营货币信贷业务的金融机构，随着国内金融业开始向绿色金融、低碳发展的方向转型，银行也开始越来越多地参与ESG相关业务。如图5.13，截至2023年11月，国内参与ESG相关业务的银行由2020年的17家，增长至67家，其中大型银行、股份行、城商行和农商行均有涉猎。在这75家中与UN PRI和UN PRB（UN Principles for Responsible Banking，联合国负责任银行原则）进行签署的银行达到25家，占总参与银行数量的37.31%。

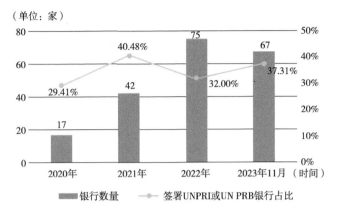

图5.13　2020—2023 年 11 月国内参与ESG理念银行数量变化图（单位：家）

资料来源：基于Wind数据库、UN PRI及UNPRB官方网站。

随着ESG理念得到广泛认可，诸多银行开始主动披露ESG信息，主要从发展绿色金融、将ESG纳入风险管理以及促进机构可持续运营出发，发行相关指数或债券产品。如图5.14，截至2023年11月，国内银行发布的指数产品较少，仅有3家银行发布ESG指数产品，共发布6只ESG指数产品，其中民生银行发布了4只ESG指数产品。而银行发行的债券的数量和规模都比较可观，数量可达到140只，多为普通金融债或政策性金融债，规模由2020年的430亿元，增长到7 409.12亿元。国内银行发行的ESG相关债券主要涉及可持续发展挂钩债券、绿色债券、转型债券、一带一路债券和疫情防控债券等，其中绿色债券数量和规模的增长速度最大，是银行的重点关注对象。

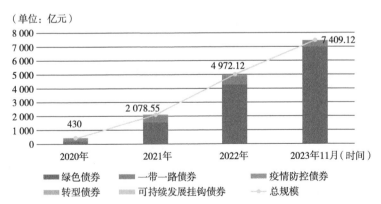

图5.14　2020—2023 年 11 月国内银行发布ESG债券规模变化图（单位：亿元）

资料来源：基于Wind数据库。

中国工商银行股份有限公司（以下简称"中国工行"）于2019年9月成为UN PRB的签署银行，并将ESG理念作为其发展方向。根据其2022年3月披露的《中国工商银行股份有限公司2021社会责任（ESG）报告》，在环境（E）层面，中国工行主要进行了绿色金融投资计划，加强环境（气候）与社会风险评估，2021年投向节能环保、绿色服务和清洁能源等绿色产业的绿色贷款余额达到24 806.21亿元，累积承销绿色债券规模达到636.37亿元。在社会（S）层面，中国工行支持国家重大项目建设，为教育、医疗和抗洪救灾等提供资金支持。在公司治理（G）层面，中国工行主要进行了完善ESG管治架构、加强信息披露、培养ESG方面的人才等内容的建设，促进将ESG理念纳入其风险管理体系[①]。

（五）投资服务机构

投资服务机构主要包括评级机构、投资顾问公司和指数编制公司等。如图5.15所示，截至2023年11月，国内践行ESG理念的投资服务机构从2020年的174家增长到452家，其中，UN PRI的签署机构数量为114家，占整体投资服务机构总数的25.22%。

图5.15 2020—2023年11月国内参与ESG理念投资服务机构数量变化图（单位：家）

资料来源：基于Wind数据库、UN PRI官方网站。

---

① 中国工商银行股份有限公司2021社会责任（ESG）报告[EB/OL]. [2023-03-05]. http://v. icbc. com. cn/userfiles/ Resources/ ICBCLTD/download/2022/2021CSR. pdf.

投资服务机构主要通过发布指数产品和债券来参与ESG理念。如图5.16和5.17，截至2023年11月，投资服务机构累积发布的指数产品由2020年的143只增长到421只。投资服务机构发行的债券主要为普通企业债或者资产支持票据，累积发行债券的数量达到209只，规模由2020年的1 279.21亿元增长到2 502.37亿元。

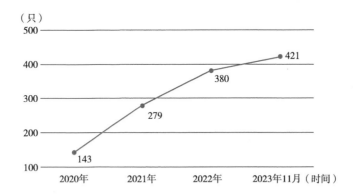

图5.16　2020—2023年11月国内投资服务机构发布ESG指数产品数量变化图（单位：只）

资料来源：基于Wind数据库。

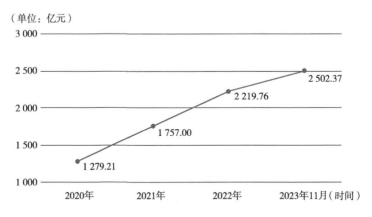

图5.17　2020—2023年11月国内投资服务机构发布ESG债券规模变化图（单位：亿元）

资料来源：基于Wind数据库。

商道融绿是国内绿色金融及责任投资的服务机构，于2016年成为UN PRI的签署机构。其主要工作是基于长期对ESG因子的研究，自主研发ESG评级体系，并对国内各个上市公司进行ESG评级，其研究数据被用于投资决策、风险管理和可持续金融产品的创新和研发，其未来的发展趋势主要包括用"双碳"目标引领ESG和绿色金融发展、促进绿色金融和资产的发展和推进上市公司ESG信息的披露等[①]。

中证指数是由沪、深证券交易所共同出资成立的金融市场指数提供商。随着我国"双碳"目标的提出，中证指数建立了自己的ESG专家委员会，创建了ESG评级方法，评级体系由13个主题、22个单元和近200个指标构成[②]。中证指数发布了诸多ESG指数产品。截至2023年11月，中证指数发布了68只"纯ESG"指数产品和80只"泛ESG"指数产品，其发布的指数产品多为股票型指数，涉及低碳、环保、新能源、国家安全和国企改革等多方面内容。

（六）信托公司

信托公司是主要经营信托业务的金融机构，以信任委托为基础，以货币资金和实物财产的经营管理为形式，进行融资和融物相结合的多边信用活动。目前全国共有71家信托公司，如图5.18所示，截至2023年11月，参与ESG相关业务的信托公司已经达到65家，发布的信托产品由2020年的383.03亿元增长到573.1亿元。

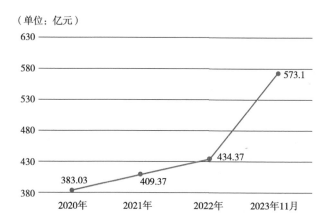

（单位：亿元）

图5.18 2020—2023年11月国内信托公司发布ESG信托产品规模变化图（单位：亿元）

资料来源：基于CSMAR数据库。

---

① 融绿介绍[EB/OL]. [2023-03-05]. https://www.syntaogf.com/pages/about01.

② 中证ESG评价体系[EB/OL]. [2023-03-05]. https://www.csindex.com.cn/zh-CN/researches/esg#/esg?anchor= Methodology.

随着信托公司对 ESG 理念的关注和贯彻，信托公司开始将 ESG 纳入项目评议。除了风控的环节，信托公司也开始对投前、投中和投后涉及的流程进行 ESG 的评级和评估。绿色信贷类业务是信托公司的主要投资项目，除信贷业务外，信托公司还在投资基金、证券等方面践行 ESG 理念，涉及太阳能、城市污水治理等环境层面的内容，扶贫、养老等社会层面的内容以及国企改革和治理等公司治理层面的内容。同时，很多信托公司都开始发布年度 ESG 报告，主动披露公司的 ESG 信息，如中信信托、平安信托和五矿信托等。

根据中信信托 2022 年 10 月披露的《环境、社会和公司治理（ESG）报告》，中信信托为深刻贯彻 ESG 理念组建了 ESG 工作小组，配合提报 ESG 绩效，并进行年度 ESG 信息的披露与回报。在环境层面，中信信托主要通过绿色信托产品与服务来践行 ESG 理念，通过可续期债权、公募 REITs 等业务赋能绿色金融。在社会层面，中信信托主要通过支持战略性新兴产业、乡村振兴项目和扶贫项目等来贯彻 ESG 理念，其涉及的领域主要包含智造、高端装备以及农业服务、旅游业等，累计投资新兴产业的项目达到 23 个，支持的乡村振兴产业共计 11 类，购买的脱贫产品达到 823 个[1]。

平安信托在 2023 年 12 月发布了《平安信托 2022 年度可持续发展报告》，报告中指出，为贯彻 ESG 理念，平安信托建立了 ESG 决策委员会，对公司的 ESG 落实进行统筹规划。在环境层面，截至 2022 年 12 月末，平安信托存量绿色信托规模为 79.70 亿元。在社会层面，面对各地严峻的疫情防控形势，公司发起"志愿抗疫守护平安"志愿者行动，组建平安信托志愿抗疫服务队，积极参与在公司及所在社区抗疫工作中，近 150 名员工共计服务时长超 800 小时[2]。

（七）企业

随着 ESG 理念逐渐得到关注和认可，国内的企业也开始积极参与和践行

---

① 中信信托 2021 年环境、社会、公司治理（ESG）报告[EB/OL]. [2023-03-05]. https:// www. citictrust. com. cn/ content/ gsgg-lsgg/2022/10-14/170326. html.

② 平安信托 2022 年度可持续发展报告[EB/OL]. [2023-12-13]. https://iobs-upload.pingan.com.cn/ download/nts-cms-sf-prd-pri/Febecce11eeda440b9214fdcbe76f0124?e=1702697334&token=088FC0K0dDM0 MM08DI8FK202K6KMKV62:OZAdHAqtTlJR2fbjlcmzyUNMSs4=

ESG理念，除了主动披露ESG报告、履行绿色环保倡议、投身社会责任项目和加强公司治理等方式，企业还采用发行债券的方式贯彻ESG理念。如图5.19所示，截至2023年11月，国内参与ESG理念的企业数量由2020年的204家增长到574家，涉及交通运输业、房地产业、电力和建筑业等多个行业。企业发行的债券多为普通企业债和资产支持票据。截至2023年11月，国内企业共发行ESG债券的数量达到982只，规模由2020年的2 759.61亿元增长到10 283.50亿元，其中绿色债券和碳中和债券占比较大。

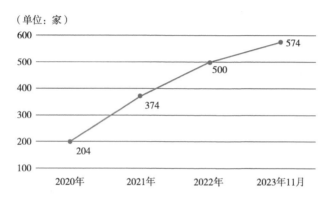

（单位：家）

图5.19　2020—2023年11月国内参与ESG理念企业数量变化图（单位：家）

资料来源：基于Wind数据库。

（八）保险公司

保险公司是销售保险合约、提供风险保障的公司。其主要业务包括收取保费，将保费所得资本投资于债券、股票、贷款等资产，运用这些资产所得收入支付保单所确定的保险赔偿。随着ESG理念在国内的迅速发展，保险公司也越来越注重环境、社会与公司治理的价值和影响。根据UN PRI官方网站披露的签署机构数据，2020年，我国UN PRI签署机构中，保险公司仅有3家，占2020年国内全部签署机构的3.06%。截至2023年11月，国内与UN PRI进行签署的保险公司已经增长到8家，占总体国内签署机构的比例为3.86%（见图5.20）。

保险公司所涉及的业务投资周期较长，规模也比较庞大。随着ESG理念在国内的普及，保险公司为了寻求行业的可持续发展，也逐渐将ESG理念纳入自己的风险管理体系。在投资过程中，保险公司主要通过对环境、社会和公司治理这三个层面加大投资来参与ESG的发展，其中涉及的金融产品具体包括债券、股票和资管产品等，保险公司通过以上方式对绿色发展行业或者碳中和相关产业进行投资，并通过债权计划、股权计划等为ESG产业的发展提供资金支持。与此同时，保险公司也在不断关注养老金的资金管理，力求将ESG理念与民生服务结合在一起。

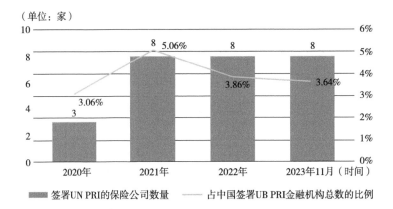

图5.20 2020—2023年11月国内参与ESG理念保险公司数量变化图（单位：家）
资料来源：基于UN PRI官方网站。

中国人寿保险股份有限公司（以下简称"中国人寿"）作为较早一批与UN PRI签署协议的保险公司，近年来一直致力于在发展过程中践行ESG理念，2022年8月MSCI对中国人寿的评级上调为BBB级。根据中国人寿披露的信息，中国人寿已经逐步构建起具有自身特色的ESG工作体系，从绿色销售、绿色保险、绿色投资、绿色运营、绿色办公及绿色生活等方面贯彻落实绿色发展战略。截至2022年6月，中国人寿的绿色投资存量规模达4 266亿元，较2021年同期增长31%[1]。根据中国人寿在2023年4月初披露的《中国人寿2022ESG暨社会责任报告》，中国人寿在2022年落实了各项乡村振兴保险和扶贫保险等项目，公司累计投入帮扶资金2.39亿元，投入消费帮扶资金1.38亿元[2]。

---

[1] MSCI发布ESG最新评级结果，国寿寿险评级获上调[EB/OL]. [2023–03–05]. https://www.e-chinalife.com/c/2022–09–01/528988. shtml.

[2] 中国人寿2022ESG暨社会责任报告[EB/OL]. [2023–12–13]. https://www.e-chinalife.com/c/2023–04–23/b868c76d-3da9-45de-b265-1e69a286c42e.shtml.

（九）主权财富基金

主权财富基金是一国政府通过特定税收与预算分配、可再生自然资源收入和国际收支盈余等方式积累形成的，由政府控制与支配的，通常以外币形式持有的公共财富。随着我国经济的不断发展，我国主权财富基金的规模和影响力也不断扩大。截至2022年12月，全球前十主权财富基金中我国可以占据3个席位，分别为中国投资有限责任公司、香港金融管理局投资组合和全国社会保障基金理事会。随着节能环保、"双碳"等理念的提出，可持续发展也逐渐成为国内企业建设发展的目标，在这样的背景下，我国主权财富基金也开始积极地将ESG理念纳入企业发展的考量范围。为了明确主权财富基金ESG理念的主要发展方向，本节将主要结合目前国内规模较大的主权财富基金，即中国投资有限责任公司、香港金融管理局投资组合和全国社会保障基金理事会，来阐述其ESG理念的原则和执行情况。

1. 中国投资有限责任公司的ESG理念

中国投资有限责任公司（China Investment Corporation，CIC，以下简称"中投"）是中国最大的主权财富基金，主要开展境外投资业务和境内金融机构股权管理工作，其组建宗旨是实现国家外汇资金多元化投资，在可接受风险范围内实现股东权益最大化[①]。根据主权财富基金研究所（SWFI）的数据，2022年中投以1.35万亿美元的资产规模超过了挪威政府全球养老基金，成为全球规模最大的主权财富基金[②]。

根据中投官方网站的披露，中投目前的投资理念是将环境、社会责任和公司治理纳入投资实践；目的是实现经济效益和社会效益的有机统一，促进全球经济的长期可持续发展，以及重大系统性风险的防范与缓释。公司在进行投资时将秉承着以下原则：在各个环节纳入ESG考量，并根据国际惯例和本国及投资标的国的国情完善ESG评估标准，实现高质量可持续的投资；在公司的发展过程中积极宣传ESG理念，提高全体员工对ESG理念的认识，并在日常生活中深刻贯彻ESG理念；在执行过程中积极把握可持续主题投资的机遇，尤

---

① 中国投资有限责任公司概况[EB/OL]. [2023-03-05]. http://www. china-inv. cn/china_inv/ About_ CIC/ Who_We _ Are. shtml.

② Top 100 largest sovereign wealth fund rankings by total assets[EB/OL]. [2023-03-05]. https://www. swfinstitute. org/fund-rankings/sovereign-wealth-fund.

其是气候改善领域；在投资项目的各个程序中都将ESG分析纳入考量，并跟踪研究ESG领域的前沿动态，完善ESG管理动态，促进全球可持续发展[①]。

2. 香港金融管理局投资组合的ESG理念

香港金融管理局（Hong Kong Monetary Authority, HKMA）是中国香港特别行政区政府辖下的独立部门，负责香港的金融政策及银行、货币管理，其主要职能为维护货币及银行体系的稳定。根据SWFI的数据，截至2022年年底，香港金融管理局投资组合的资金规模达到0.59万亿美元，居亚洲第三，在全球排名第七[②]。

香港金融管理局在2019年成为UN PRI的签署机构，一直积极促进香港金融市场的可持续发展。香港金融管理局将ESG理念纳入其选拔任聘投资的标准，并推出了一系列相关举措来推动ESG的发展，具体包括促进银行绿色及可持续发展、支持社会责任相关的投资以及建设绿色金融中心等。

3. 全国社会保障基金理事会的ESG理念

全国社会保障基金理事会是财政部管理的事业单位，主要负责管理运营全国社会保障基金。根据SWFI的数据，截至2022年12月，全国社会保障基金理事会的资金规模可达到0.45万亿美元，居亚洲第五，在全球排名第十[③]。

根据"双碳"目标的提出，全国社会保障基金理事会也迎来了诸多多样化的投资机会，目前全国社会保障基金理事会已经开始在ESG领域进行探索，在海外选取成熟优质的试点进行ESG项目的投资，也建立了相关的ESG投资专题研究，力求将ESG理念融入国内的投资，实现养老金与ESG理念长线结合的目标。

（十）养老金

养老金也称退休金、退休费，是一种最主要的社会养老保险待遇。根据人力资源和社会保障部统计的数据，截至2023年底，我国城镇职工和城乡居

---

① 中国投资有限责任公司可持续投资[EB/OL]. [2023-03-05]. http://www. china-inv. cn/china_inv/ Investments/ Sustainable_ Investment. shtml.

② Top 100 largest sovereign wealth fund rankings by total assets[EB/OL]. [2023-03-05]. https://www. swfinstitute. org/fund-rankings/sovereign-wealth-fund.

③ Top 100 largest sovereign wealth fund rankings by total assets[EB/OL]. [2023-03-05]. https://www. swfinstitute. org/fund-rankings/sovereign-wealth-fund.

民养老保险基金分别达到5.7万亿元和1.3万亿元。财政部发布的《2023年中央预算执行情况和社保基金收支情况》也显示，2022年全国社保基金总收入为8.7万亿元，总支出为8.2万亿元，结余为0.5万亿元。我国的养老金规模庞大，且管理着大量退休储备，具有较强的公共属性，其投资发展方向一直备受关注。目前国内累积结存的养老保险金大部分用于投资银行存款，或交由社保基金理事会来进行管理。随着我国"双碳"目标和理念以及养老金多样化投资需求的提出，养老金的ESG投资也引起了广泛关注。

全国社会保障基金理事会副理事长陈文辉指出，人口老龄化和气候问题是全球面临的共同问题。在这样的背景下，我国要未雨绸缪，企业也要增强社会责任意识。我国养老金规模较大，应摒弃简单的分散投资理念，进入ESG领域寻求更优质的投资机会，提高应对人口老龄化的能力。中国社会保险学会副会长、人力资源和社会保障部社会保险基金监管局原局长唐霁松认为，养老保险关乎国计民生，投资意义重大。养老基金与ESG投资均有鲜明的社会责任，养老基金参与ESG投资能够提高经济和社会效益，同时ESG投资有助于养老基金高质量发展和可持续发展。中国保险资产管理业协会执行副会长兼秘书长曹德云表示，ESG对养老基金保值增值有现实意义。养老基金投资践行ESG理念符合我国经济社会发展趋势，我国具备加快建设ESG生态圈的基础，有助于推动资本市场健康发展，有助于推动养老金资产管理行业自身的发展①。

由此可见，由于我国对ESG发展持有的积极态度，养老金在ESG领域进行投资的效用和价值得到了广泛认可，但目前国内市场ESG评级差异化程度较大，评级体系还不够完善，且国内较多投资者对ESG理念的了解也具有一定的局限性，所以养老金在ESG方面的投资还处于起步探索阶段，仍面临诸多挑战。

三、ESG金融产品

（一）"纯ESG"指数

ESG指数是根据ESG投资策略制定的指数产品，涉及环境、社会、治理

---

① 养老基金ESG投资势在必行[EB/OL]. [2023-03-05]. http://www. cbimc. cn/content/2022-01/04/content_455263. html.

当中的一个维度或多个维度。如图5.21，截至2023年11月，国内指数产品中包含"ESG"字样的"纯ESG"指数，共有352只，由中债估值中心、国证指数、中证指数和恒生指数等19家机构发布，其中中债估值中心和中证指数分别发布了81只和106只，两者在总体中占比高达53.12%。

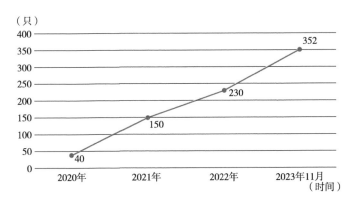

图5.21 2020—2023年11月国内"纯ESG"指数数量变化图（单位：只）

资料来源：基于Wind数据库。

如图5.22所示，截至2023年11月，国内"纯ESG"指数中股票指数和债券指数这两类占比最大，其中股票指数的发布数量从2020年的34只增长至223只，增长趋势比较明显。债券指数从2020年的6只增长到119只。截至2023年11月，多资产和其他类型的指数分别为6只和4只。

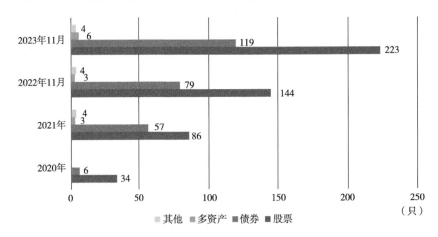

图5.22 2020—2023年11月"纯ESG"主题基金规模变化图

资料来源：基于Wind数据库。

（二）"纯ESG"基金

"纯ESG"基金是指名字中包含"ESG"字样的公募基金。国内第一只"纯ESG"基金——"财通中证 ESG100 指数增强 A"发行于 2013 年 3 月 22 日。近几年，"纯ESG"基金数量的增长态势较为明显，如图 5.23 所示，截至 2023 年 11 月，"纯ESG"基金已经从 2020 年的 11 只增长到 51 只。但是总体来说"纯ESG"基金的发行数量较少，发行规模也比较小。截至 2023 年 11 月，"纯ESG"基金的规模为 113.65 亿元，较 2022 年增长了 29.07%（见图 5.24）。

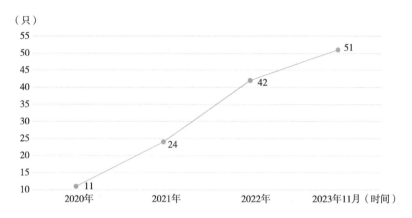

（只）

图 5.23　2020—2023 年 11 月"纯ESG"主题基金数量变化图

资料来源：基于Wind数据库。

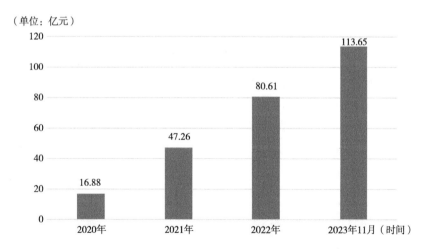

（单位：亿元）

图 5.24　2020—2023 年 11 月"纯ESG"主题基金规模变化图

资料来源：基于Wind数据库。

根据基金类型，国内"纯ESG"基金包括股票型、指数型、混合型和债券型四类。由图5.25可知，债券型"纯ESG"基金增多至6只。股票型"纯ESG"基金增势总体来说比较平稳，2020年仅有5只，目前已有9只。指数型和混合型增长趋势相对明显，其中，混合型2020年发行的数量为3只，2023年已经升至21只。指数型基金2020年发行的数量仅有3只，截至2022年11月增长至16只，截至报告期，指数型基金存量为15只，出现小幅下降。

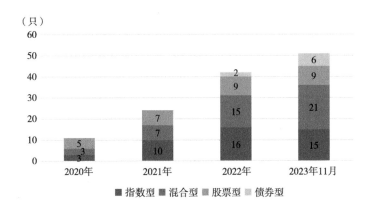

图5.25　2020—2023年11月国内"纯ESG"主题基金类型分布图

资料来源：基于Wind数据库。

（三）"泛ESG"指数

随着ESG概念逐渐引起广泛关注，ESG指数发布的数量也有所增长，但大部分并未在E、S、G三个维度全面涉及此概念，而是只关注了其中某些部分。如图5.26，截至2023年11月，国内发布的"泛ESG"主题指数，共有285只，由中证指数、Wind和恒生指数等17家机构发布，其中中证指数发布了80只，Wind发布了43只，占总体的43.16%，同期占比下降3.03%。

"泛ESG"指数涉及的主题主要包括"碳中和""新能源"和"国企改革"等。指数类型分为股票型、债券型和多资产型。如图5.27，截至2023年11月股票型指数有266只，占总体的比例高达93.33%。

债券型和多资产型数量较少，截至2023年11月，债券型指数发布了17只，2023年新增债券型指数8只。多资产型指数仅有2只，2023年新增1只。

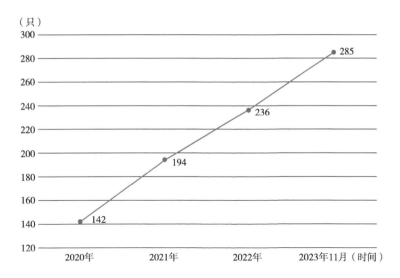

图5.26 2020—2023年11月国内"泛ESG"指数数量变化图

资料来源：基于Wind数据库。

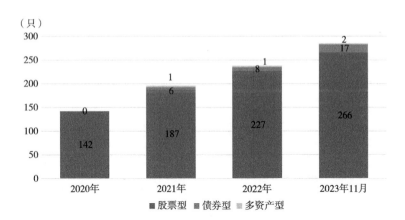

图5.27 2020—2023年11月国内"泛ESG"指数类型变化图

资料来源：基于Wind数据库。

（四）"泛ESG"基金

"泛ESG"基金是未能全面关注E、S、G三个维度，而是选取其中某些维度作为重点关注对象的基金，"泛ESG"基金涉及的主要关键词包括"低碳"、"新能源"、"国家安全"和"国企改革"等。从2020年至今，"泛ESG"基金的数量和规模都有了一定程度的提升，如图5.28，截止至2023年11月，国

内 "泛ESG" 公募基金共有475只，较2020年发行的186增长了60.84%。同时其规模已经达到3 504.66亿元，较2022年基金规模下降了21.26%（见图5.29）。

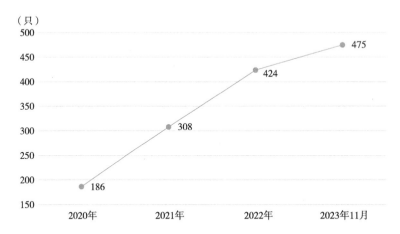

图5.28　2020—2023年11月 "泛ESG" 主题基金数量变化图

资料来源：基于Wind数据库。

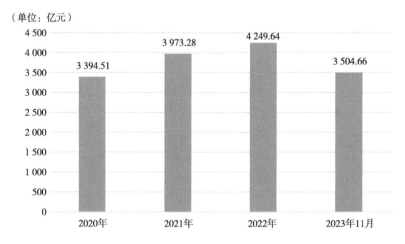

图5.29　2020—2023年11月 "泛ESG" 主题基金规模变化图

资料来源：基于Wind数据库。

从类型上看，"泛ESG" 基金可以分为股票型、债券型、指数型、混合型和灵活配置型。其中，混合型和指数型数量最多，占比分别为36.08%和

34.6%。从2020年至今，这两种类型的基金增长趋势也比较明显。如图5.30，截止至2023年11月，混合型基金从2020年的43只增长至171只，指数型从49只增长至164只。股票型自2020年以来也处于稳步增长的状态，股票型从34只增长至77只。灵活配置型基金从2022年的70只下降至52只。债券型的数量最少，截至2023年11月，发行的数量仅为10只。

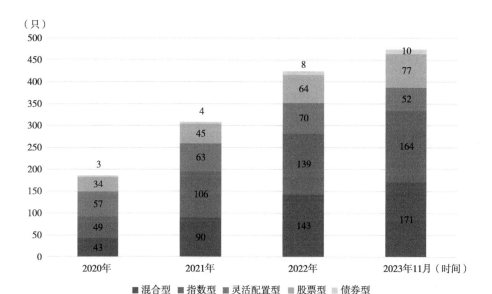

（只）

图5.30　2020—2023年11月"泛ESG"主题基金类型变化图

资料来源：基于Wind数据库。

（五）ESG主题ETF基金

ESG主题基金包含很多ETF（exchange traded fund，ETF）基金，即交易型开放式指数基金，近年来ETF基金的数量和规模在ESG主题基金中都有一定程度的增长，具体表现如下：

如图5.31和图5.32，截至2023年11月，ESG主题基金中ETF基金的数量为81只，在整体ESG基金中占比为20.59%，发行规模达到745.06亿元，在ESG整体规模中占比为15.37%。其中"纯ESG"基金中共有9只ETF基金，发行规模为5.14亿元。"泛ESG"基金中，发行的ETF基金数量为73只，规模已达到739.92亿元

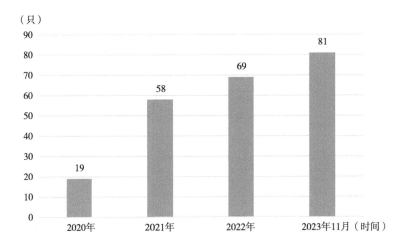

图5.31　2020—2023年11月ESG主题ETF基金数量变化图

资料来源：基于Wind数据库。

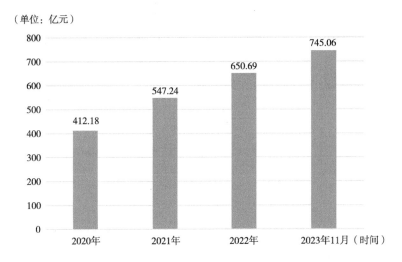

图5.32　2020—2023年11月ESG主题ETF基金规模变化图

资料来源：基于Wind数据库。

四、ESG投资策略

（一）ESG投资策略分类

全球安防产业联盟（Global Sustainable Investment Alliance，GSIA）最初在

《全球可持续投资回顾2012》上发表了可持续投资战略，并于2020年10月进行了修订，以反映全球可持续投资行业的最新实践和思维[①]。依据GSIA提出的方法，ESG投资策略主要分为七类，即负面筛选、正面筛选、ESG整合、企业参与及股东行动、规范筛选、可持续发展主题投资、影响力投资和社区投资，这也是全球公认的分类标准。

1. 负面筛选

负面筛选（negative/exclusionary screening）是指根据特定的ESG标准（基于规范和价值观）排除某些部门、公司、国家或其他发行人的基金或投资组合。排除标准可包括产品类别（如武器、烟草）、公司实践（如动物试验、侵犯人权、腐败）或其他争议事件。负面筛选的优点在于市场对于排除标准有比较统一的认识，且操作简单，中国ESG基金多采用负面筛选策略。但缺点也比较明显：负面筛选，它往往回避了烟草、煤炭等低估值、高收益的板块。

2. 正面筛选

正面筛选（best-in-class/positive screening）是指投资ESG表现优于同类的行业、公司或项目，且其评级达到规定阈值以上，例如投资重视劳工关系、环境保护的公司。正向筛选选出的是ESG表现良好的企业，ESG指数编制常采用此方法。

3. ESG整合

ESG整合（ESG integration）是指投资经理系统、明确地将ESG因素（环境、社会和治理因素）纳入传统财务分析进行投资标的选择。与其他策略不同，ESG整合是在原有的投资框架上加入ESG评估，但并非将ESG视为投资约束，而是作为风险收益的来源之一。

4. 企业参与及股东行动

企业参与及股东行动（corporate engagement & shareholder action）是指利用股东权力影响公司行为，包括直接参与公司事务（即与高级管理层和/或公司董事会沟通），提交或共同提交股东提案，以及按ESG准则委派代表投票表决。

5. 规范筛选

规范筛选（norms-based screening）是指根据联合国、劳工组织、经合组织和非政府组织（例如透明国际组织）制定的国际业务标准或商业惯例的最

---

① Global sustainable investment review 2020[EB/OL]. [2023-03-06]. https://www.gsi-alliance.org/.

低标准筛选投资，例如剔除不符合国际人权组织最低标准的股票基金。从长远发展来看，规范筛选不失为预防风险的有效措施。

6. 可持续发展主题投资

可持续发展主题投资（sustainability themed/thematic investing）是指投资有助于实现可持续发展的主题或资产，本质上致力于解决环境和社会问题，例如可持续农业、绿色建筑、低碳倾斜投资组合、性别公平、生物多样性。但如果投资者过分聚焦清洁能源、低碳技术等领域，也有持仓行业集中度过高而导致投资绩效波动性较大的风险。

7. 影响力投资和社区投资

影响力投资（impact investing）是指针对特定项目投资，以解决社会和环境问题。社区投资（community investing）是指资金专门用于传统上服务不足的个人或社区，以及向具有明确社会或环境目的的企业提供资金。一些社区投资是影响力投资，但社区投资更广泛，并考虑其他形式的投资和有针对性的贷款活动。

（二）"纯ESG"基金投资策略应用

国内49只[①]"纯ESG"基金（以ESG命名的基金）以负面筛选、正面筛选和ESG整合投资策略为主，其中应用最多的投资策略是负面筛选，占比高达75.51%，其次是正面筛选策略（36.73%）、ESG整合策略（20.41%），其他策略则应用较少。详情见表5.1和图5.33。

表5.1　国内42只"纯ESG"基金投资策略

代　码	名　　称	ESG投资策略
000042.OF/003184.OF	财通中证ESG100指数增强A/ 财通中证ESG100指数增强C	正面筛选
007548.OF	易方达ESG责任投资	ESG整合、负面筛选
008264.OF/008265.OF	南方ESG主题A/ 南方ESG主题C	负面筛选

---

① 以上计数视A和C为不同基金。A类基金和C类基金的基金管理人、投资标的和投资策略相同，其区别在于基金代码不同、收益不同和手续费不同（主要区别）。若将A和C视为同一基金，则"纯ESG"基金的总数为26只。

续表

代 码	名 称	ESG投资策略
009246.OF	大摩ESG量化先行	负面筛选、正面筛选
010070.OF/010071.OF	方正富邦ESG主题投资A/ 方正富邦ESG主题投资C	负面筛选
011149.OF/011150.OF	创金合信ESG责任投资A/ 创金合信ESG责任投资C	负面筛选
009630.OF/009631.OF	浦银安盛ESG责任投资A/ 浦银安盛ESG责任投资C	ESG整合、负面筛选
011122.OF/011123.OF	汇添富ESG可持续成长A/ 汇添富ESG可持续成长C	负面筛选、正面筛选、ESG整合
516830.OF	富国沪深300ESG基准ETF	负面筛选
561900.OF	招商沪深300ESG基准ETF	负面筛选
012387.OF/012388.OF	国金ESG持续增长A/ 国金ESG持续增长C	ESG整合、负面筛选
516720.OF	浦银安盛中证ESG120策略ETF	负面筛选
159717.OF	鹏华国证ESG300ETF	负面筛选、正面筛选
013174.OF	银华华证ESG领先	负面筛选、正面筛选
159791.OF	华夏沪深300ESG基准ETF	负面筛选
015102.OF/015103.OF	东方红ESG可持续投资A/ 东方红ESG可持续投资C	负面筛选、正面筛选
014922.OF/014923.OF	华夏ESG可持续投资一年持有A/ 华夏ESG可持续投资一年持有C	负面筛选、正面筛选、企业参与及 股东行动
012854.OF/012855.OF	英大中证ESG120策略A/ 英大中证ESG120策略C	负面筛选
014552.OF/014553.OF	中航瑞华ESG一年定开A/ 中航瑞华ESG一年定开C	负面筛选、正面筛选
014634.OF/014635.OF	景顺长城ESG量化A/ 景顺长城ESG量化C	负面筛选、正面筛选
014123.OF/014124.OF	华润元大ESG主题A/ 华润元大ESG主题C	负面筛选、正面筛选、规范筛选、 ESG整合、可持续发展主题投资
015780.OF/015781.OF	大成ESG责任投资A/ 大成ESG责任投资C	负面筛选

续表

代　码	名　　称	ESG投资策略
159621.OF	国泰MSCI中国A股ESG通用ETF	负面筛选
016681.OF	中金中证500ESG指数增强A/中金中证500ESG指数增强C	负面筛选
016512.OF	嘉实长三角ESG纯债	正面筛选
017199.OF/017200.OF	广发ESG责任投资A/广发ESG责任投资C	ESG整合
159653.OF	国联安国证ESG300ETF	负面筛选
017086.OF/017087.OF	嘉实ESG可持续投资A/嘉实ESG可持续投资C	ESG整合
018130.OF/018131.OF	博时ESG量化选股A/博时ESG量化选股C	负面筛选、正面筛选
560180.OF	南方沪深300ESG基准ETF	规范筛选
018118.OF/018119.OF	华宝ESG责任投资A/华宝ESG责任投资C	负面筛选
017053.OF	南方ESG纯债	负面筛选、ESG整合

资料来源：基于Wind数据库、东方财富网。

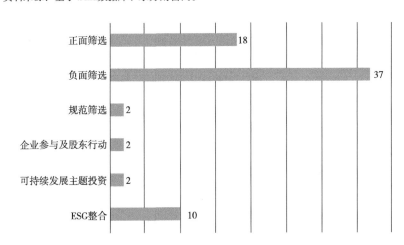

图5.33　"纯ESG"基金ESG投资策略应用图（单位：只）

资料来源：基于Wind数据库、东方财富网。

注：由于同一只ESG基金可能采用两种以上的投资策略，因此上图存在重复统计。

（三）"泛ESG"基金投资情况分析

"泛ESG"基金名称与ESG有关，但是未界定相关ESG投资策略，缺乏具体ESG投资说明。"泛ESG"基金多数名为"低碳"、"绿色"、"环保"或"新能源"基金，且半数以上的基金都关注环境（E）这一维度。其中，E维度包括但不限于温室气体排放、资源有效利用、清洁环保投入、环境信息披露水平、监管处罚等多个方面，用于评估上市公司的环境责任情况；S维度包括但不限于股东和员工的责任、客户和消费者的责任、供应链责任、产品质量、公益及捐赠、社会负面事件等多个方面，用于评估公司的社会责任情况；G维度包括但不限于违规记录、商业道德、董事会独立性和多样性、股东及股权结构、高管薪酬、财务治理、信息披露透明度等多个方面，用于评估上市公司的治理水平。

截至2023年11月，国内发行的475只"泛ESG"基金中，通过"低碳""绿色""清洁"和"碳中和"等关键词筛选关注环境维度的基金共有378只；通过"国家安全"和"责任"等关键词筛选关注社会维度的基金共有59只；通过"国企改革"和"治理"等关键词筛选关注治理维度的基金共有38只。2023年新发行的87只"泛ESG"基金中，有76只关注E维度，5只关注S维度，6只关注G维度（具体见图5.34）。

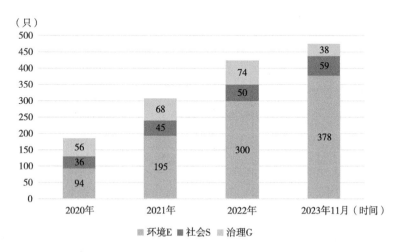

图5.34 "泛ESG"基金 2020—2023 年 11 月E、S、G三个维度分布情况图（单位：只）

资料来源：基于Wind数据库。

E、S、G三个维度中，环境维度的关注度上升幅度最大，2022年到2023年增长率为20.6%；社会维度增长幅度相对平缓，2023年增长率为15.3%；治理维度关注度则呈下降趋势。这说明国内"泛ESG"基金投资产品的主题多侧重环境保护因素，而较少考虑社会责任和公司治理因素。

五、收益与风险

（一）ESG基金投资收益与风险

ESG投资正被众多企业纳入主流投资框架当中。区别于传统投资追求高投资回报，ESG投资是一种将对环境和社会产生积极影响放在首要位置的投资实践方式。现有衡量投资收益与风险的常用指标有年化收益率、净值增长率、年化波动率、最大回撤率、夏普比率、索提诺比率、α系数和β系数等。年化收益率虽然是一种理论收益率，但对投资收益表现较为直观；净值增长率指的是基金在某一段时期内资产净值的增长率，可以用来评估基金在某一期间内的业绩表现；年化波动率可以用来衡量投资标的的波动风险，是对资产收益率不确定性的衡量；最大回撤率用来描述买入产品后可能出现的最糟糕的情况，是一个重要的风险指标。因此，本书选择用年化收益率和净值增长率来衡量ESG投资收益，用年化波动率和最大回撤率来衡量ESG投资风险。

1. ESG基金投资收益

（1）年化收益率

自年初以来，基金行情跌宕起伏，但ESG基金展现出了一定的抗跌性。截至2023年11月，Wind数据库526只ESG主题基金的年化收益率在-10.73%左右。其中，纯ESG基金年化收益率为-9.17%，同比去年增长了7.96%；环境主题基金年化收益率达到-12.69%，公司治理主题基金年化收益率达到-4.33%，社会主题基金年化收益率达到-3.66%。

且在526只ESG基金中，有157只ESG基金的收益率为正，最高的是景顺长城公司治理，达到了354.11%。有369只ESG基金的收益率为负，最低收益率的是长盛国企改革主题基金，收益率为-66.4%。

（2）净值增长率

截至2022年11月，Wind数据库466只ESG基金净值增长率在34.94%左右，略高于总基金市场32.03%的平均水平。其中，纯ESG净值增长率为-3.5%。在泛ESG基金中，环境主题基金净值增长率达到36.48%，公司治理主题基金净值增长率达到46.20%，社会主题基金净值增长率达到49.9%。

在泛ESG基金中，环境主题基金平均净值增长率达到3.20%，公司治理主题平均基金净值增长率达到0.98%，社会主题平均基金净值增长率达到3.20%。

2. ESG基金投资风险

（1）年化波动率

根据Wind数据库的数据统计，ESG基金的年化波动幅度较大，平均波动率（年初至今）达到13.73%。其中，纯ESG年化波动率为13.73%。在泛ESG基金中，环境主题基金年化波动率达到18.1%，公司治理主题基金年化波动率达到13.75%，社会主题基金年化波动率达到18.94%。

（2）最大回撤率

根据526只ESG基金数据显示，ESG基金的最大回撤率远高于业界基准。ESG基金的平均最大回撤率为-41.56%。其中，纯ESG最大回撤率为-24.27%。在泛ESG基金中，环境主题基金最大回撤率达到-38.08%，公司治理主题基金最大回撤率达到-38.94%，社会主题基金最大回撤率达到-42.83%。在526只ESG基金中，汇添富社会责任A基金的最大回撤率为-70.52%，申万菱信全球新能源C基金的最大回撤率仅为-0.01%。

（二）ESG主题ETF基金投资收益与风险

1. ESG主题ETF基金投资收益

（1）年化收益率

截至2023年11月，ESG主题ETF基金平均年化收益率为-13.22%。局部来看，纯ESG主题ETF平均年化收益率为-12.12%，环境主题ETF平均年化收益率为-16.25%，社会主题ETF平均年化收益率为3.14%，公司治理主题ETF平均年化收益率为2.91%。且ESG主题ETF中，有17只基金年化收益率为正，最高的为国泰中证新能源汽车ETF，达到13.51%。

（2）净值增长率

2022年年底至今，ESG主题ETF基金报告期内的平均净值增长率为2.40%。其中，8只纯ESG基金的报告期内ETF平均净值增长率2.05%，环境主题ETF平均净值增长率2.19%，社会主题ETF平均净值增长率3.61%，公司治理主题ETF报告期内平均净值增长率1.95%。最高的是华宝中证军工ETF，增长率为4.65%，最低的为华夏中证绿色电力ETF，低至-2.77%。

2. ESG主题ETF基金投资风险

（1）年化波动率

截至2023年11月，8只纯ESG主题ETF平均年化波动率为13.92%，环境主题ETF平均净值增长率为18.10%，社会主题ETF平均净值增长率为17.71%，公司治理主题ETF平均净值增长率为13.19%。特别的，ESG主题ETF当中，年化波动率最高的为广发国证新能源车电池ETF，为21.74%，最低的为国泰国证绿色电力ETF，其年化波动率为10.03%。

（2）最大回撤率

2023年ESG主题ETF基金的平均最大回撤率为-42.59%。其中，纯ESG主题ETF平均最大回撤率为-22.78%，环境主题ETF平均最大回撤率为-44.95%，社会主题ETF平均最大回撤率为-43.00%，公司治理主题ETF平均最大回撤率为-46.87%。最大回撤率最高的是华安中证内地新能源主题ETF，为-58.06%，南方基金南方东英银河联昌富时亚太低碳精选ETF最大回撤最低，为-10.37%。

（三）ESG指数收益及风险

在ESG指数的市场表现方面，2022年度中国市场各类ESG股票指数的年度收益虽然区别不大，但通常难以跑赢大盘。这一现象与本年度国际市场ESG指数表现类似。本报告比较了MSCI发布的中国ESG旗舰指数和中国A股指数，结果如图5.35所示。

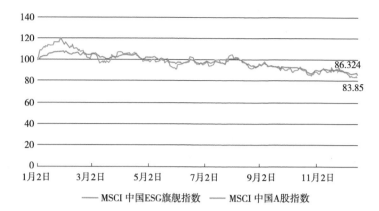

图5.35 MSCI中国ESG旗舰指数与MSCI中国A股指数2023年收益对比图

资料来源：依据MSCI数据绘制。

2022年整体上中国ESG旗舰指数收益的波动幅度大于中国A股指数。从2023年上半年来看，中国ESG旗舰指数表现良好。

○ 第六章 中国ESG案例：三峡国际

ESG理念在国内外市场受到越来越多的关注，ESG越来越成为落实国家新发展理念，实现国家"双碳"目标的有效抓手。三峡国际能源投资集团有限公司（简称"三峡国际"）作为一家广泛参与境外清洁能源合作，业务涵盖海外水电、风电和太阳能等清洁能源项目投资开发的中央企业，具有先天的ESG基因。2022年初，三峡国际通过以上率下的方式开始进行ESG引入、搭建、落地等工作，经历了理念转变、结构调整等诸多变革，最终将ESG理念融入企业战略。三峡国际通过自身实践吸收、转化、提升ESG理念，其在ESG实践过程中的创新举措和发展经验值得各大企业借鉴。

一、ESG理念

作为一家主营业务在海外的国际化投资企业，三峡国际参与投资了大量的国际投资项目。近年来，三峡国际参与的一些国际投资项目（例如，巴基斯坦卡洛特项目）面临着ESG要求。由于国际上对ESG已经有了一套更为成熟的标准和要求，因此三峡国际必须考虑如何才能满足国际投资项目的ESG要求。中国企业在国际市场中将ESG国际通行标准引入自身投资管理之中，希望的结果是能够带来更安全、更广泛、更长远的投资回报而灵活掌握和使用国际ESG体系能够助力中国企业更加高质量地在国际市场中开展项目，夯实在国际市场上的竞争优势，推进创建具有竞争力的世界一流企业。"我们在海外业务的参与程度很深……这样的一种国际化制度对我们具有很强的影响，且国际标准的发展比国内快很多……在与国际利益相关者打交道的过程中，外部而来的压力已经使公司高层对ESG有了足够的认识。"

随着外部环境变动和三峡国际自身要求不断提升，管理层高度重视ESG理念的融入，在企业内开始了其ESG探索之路。比如，2015年卡洛特水电站项目开工时，三峡国际就在项目建设过程中逐渐认识到自身体系建设、管理方式、人员组织等方面存在不足，开始摸索新的管理方案。最终总结出一套完整的项目全生命周期E&S管理方案。2022年1月，三峡国际总经理召集了董事会办公室、安全环境部、合规经营部等各部门负责人，决定将ESG融入企业发展战略规划。通过对ESG内容初步拆解以及分析公司现有部门职责分工情况，总经理指定了初步负责ESG建设工作的相关人选。2022年2月25日，三峡国际组织召开2022年度第一期ESG研讨会，就如何尽快推动公司ESG体系建设进程，优化体系建设成果进行研讨，业内专家建议三峡国际把ESG进一步融入公司发展战略，为企业带来更多发展机遇。2022年4月7日，三峡国际召开公司ESG规划专题会，公司副总经理同董事会办公室、安全环境部等部门代表共同审议了公司ESG规划，明确了公司ESG建设的管理组织架构，工作开展的原则、方法、目标，以及分步骤、分阶段的实施计划。三峡国际在主动对标国际主流ESG标准，全面分析调研境内外有关要求和经验教训的基础上，结合公司社会责任建设以及各项管理工作的开展情况，经过研讨和宣贯，明确了三峡国际建设ESG的总体思路。

同时，从宏观政策来讲，国资委对于国央企的ESG工作也有了新的要求。2022年5月27日，国资委发布《提高央企控股上市公司质量工作方案》，明确提到要推动更多央企控股上市公司披露ESG专项报告，力争到2023年相关专项报告披露"全覆盖"。尽管ESG在中国的发展起步较晚，但依托庞大的市场规模和经济体量，中国ESG领域的实践和表现受到各界的广泛关注，中国企业的ESG实践有利于贯彻"创新、协调、绿色、开放、共享"的新发展理念，有利于实现国家的"碳达峰、碳中和"战略目标。

在自2022年起至今近两年的ESG搭建、实施过程中，三峡国际深刻认识到，从ESG所包含的具体事项来看，中国企业对ESG并不陌生，但中国企业缺乏ESG理念的聚合过程，难以将ESG理念高效整合进企业的战略规划、治理结构以及具体事项推动等方面。作为一家因水而生的企业，三峡国际承担的使命中很大一部分内容是和ESG相关的，在此基础上，三峡国际期望高效利用其天然基因优势和良好的现实基础，用具体实践将ESG聚沙成塔，将ESG理念融入企业发展战略，走出一条具有三峡国际特色的ESG之路。

二、ESG架构

在介绍三峡国际的ESG业务如何具体开展之前，首先要了解三峡国际ESG的管理架构。2022年，三峡国际成立董事会ESG与关联交易委员会，作为董事会在ESG方面的专业支持决策机构，准备按照"ESG双委员会+ESG办公室"的模式搭建ESG管理架构董事会的作用主要包括：首先，机构建设，即ESG委员会和ESG办公室的建设，这是进行ESG工作的基础；其次，关注重点，董事会要对ESG工作过程中的决策重点进行审批。"联交所要求的重要性评估、气候变化、供应链，这几个相当于过程中的东西，包括最终的成果，我们都要报董事会去批的。"

同时，董事会还负责对ESG实施内容和履行机制的把握，在实施内容方面具体有四项：①组织研究、审核什么内容；②重要性评估；③持续跟踪评估ESG体系运作情况；④识别相关风险和机遇。而五条履行的机制则具体包括：①定期组织会议；②审批相关文件；③参与公司的ESG重大活动；④听取公司的专项报告；⑤查阅公司的ESG信息。

2022年，三峡国际正式成立了ESG办公室。2023年，三峡国际正式成立了公司ESG执行委员会，公司经理层的每一个成员都是委员会的委员，并由总经理担任委员会的主任，拓展了原有的ESG管理架构。至此，三峡国际的ESG管理架构正式形成，如图6.1所示。三峡国际董事会对ESG双委员会工作进行审批和监督。双委员会包括公司董事会ESG与关联交易委员会和ESG执行委员会，其中，公司ESG执行委员会主要是在董事会及其专门委员会监督指导下，负责对承担ESG具体执行工作的下设ESG办公室进行组织、指导和监督。而董事会ESG与关联交易委员会则起到了一个专业支持决策的作用。

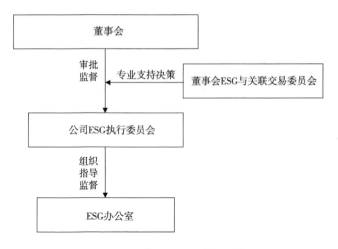

图 6.1　三峡国际ESG管理架构

在此基础上，三峡国际经会议决定，自2023年第一季度起，公司ESG执行委员会与ESG办公室每一季度至少要跟董事会ESG与关联交易委员会汇报一次进展；同时还设定了三峡国际ESG工作的KPI，将ESG指标纳入各相关部分分管ESG的各层负责人的KPI指标中，这里的ESG各层负责人包括了副总、区域公司、各个部门等各个层次；在员工层面则是将ESG指标直接关联到了绩效考核，且比例在逐渐放大。三峡国际预计2024年将会把ESG指标纳入到管理层团队中经理层的绩效考核里。

三峡国际通过这样一个清晰的管理架构，明确了各层级职责，确定了各部门、各区域公司重点工作，在投资决策、安全管理、环境保护、供应链管理、合规管理、诚信道德等多个方面充分融入ESG理念和标准。

三峡集团的ESG管理架构现在看起来清晰明确，但在实际的调整确定过程中，充满了各种曲折。

在ESG管理架构构建初期，三峡国际沿用之前的部门工作部署，董事会办公室承担社会责任工作，安全环境部主要负责安全、员工职业健康以及环境的管理，合规经营部负责风险管控相关工作。2022年8月，公司对ESG管理架构进行了第一次调整，原有董事会办公室的社会责任工作由安全环境部接管，并在安全环境部原有人员配置基础上形成了一个新的机构——ESG办公室。具体ESG业务的开展需要各部门的配合与支持，因此，ESG办公室将与各部门建立联系，如图6.2所示。其中，人力资源部就把人力资源ESG的具体业务工作分成了ESG专项培训、薪酬政策、劳工政策以及人才发展等部分。

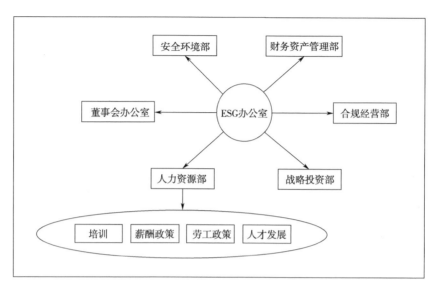

图6.2 调整后ESG办公室框架

经过近一年的ESG实践，三峡国际逐步认识到"ESG不是一个部门能做的事情，也不是若干个部门能做的事情，ESG首先是一个战略层面的事情"。由于安全环境部属于职能部门，而董事会办公室是负责顶层治理的部门，更加具备综合协调管理的属性，兼有从顶层到执行层的协调功能，从管理层自上而下进行管理控制更具合理性。部分从事ESG研究人员表示"从企业实践视角来看，ESG应该倒过来说，即GSE。现有ESG理念中的E和S都是企业原本已经在做的工作，而G则从高管的视角将E和S两件事重视且关联起来，形成企业的第四张报表"。因此，根据ESG的核心对企业管理层的治理架构进行调整，形成企业特有的ESG架构是企业ESG实践中的重中之重。三峡国际内部董事会、管理层、经营层等多方深入讨论、综合各种因素，最终制定了ESG职能调整方案，于2023年6月将ESG办公室相关职能负责从安全环境部调整回董事会办公室。

在ESG办公室相关职能负责调整过程中，三峡国际更加意识到，成功的ESG实践需要贯穿企业整个管理过程，融入每个部门的具体工作。正如图6.2

所示，ESG办公室的工作开展离不开各部门的配合与支持。因此，ESG办公室首先要明确各部门的ESG负责人作为部门ESG具体业务工作的第一负责人。该负责人可以指定一名部门内部的ESG专员，ESG工作中涉及到哪个部门的事情就会找到相应部门的ESG专员进行沟通并落实，共同协助ESG办公室完成各类职能工作。三峡国际ESG负责人在采访中说道："在未来ESG办公室人员满编的情况下，会从办公室中安排一个人对应到一两个部门去，对部门联络人进行追踪沟通，落实联络人的工作有没有做到位、过程是怎么样、有没有问题等注重追踪，主动对接。"

同时，三峡国际通过两个月发布一次ESG简讯的方式，在企业内部共享有关ESG的国内外动态、公司内部的ESG工作进展等内容。其中，第一期的内容主要倾向于国际上的一些动态政策，后经大家商讨决定在原有内容基础上加入公司进展的相关内容，这其中包括ESG小组在各部门中已经明确的工作以及部门中牵扯到的或可能相关的工作等。

此外，由于三峡国际初期组建的ESG团队中只指定了ESG各相关业务的负责人，但他们缺乏足够的经验和能力去做ESG，因此团队搭建的后期，在领导的支持下，团队吸纳了之前接触过ESG、有过相关经验的人员，这也为后续ESG工作的展开奠定了良好的人员基础。

ESG不仅让三峡国际得到了国际资本的青睐，也完善了企业管治。作为一家国际化投资企业，通过引进国际先进企业治理理念，可以促进三峡国际良政善治，实现了与政府紧密合作、与客户互利互信、与员工共同成长。

三、ESG设计

在完整的ESG管理体系框架之下，三峡国际在ESG内容定位、阶段规划、议题分解等方面都进行了积极的探索尝试，并走出了有别于其他公司的特色之路。

（一）ESG内容

三峡国际在决定推行ESG之初就清楚地认识到，要想顺利实施ESG，首先就必须对三峡国际ESG所涉及的内容进行明确的定位。ESG的阶段性目标是否可以实现、ESG推行的顺利与否等诸多问题，都与ESG内容的定位有着密不可分的关系。为此，三峡国际明确了ESG内容定位的三角形图，如图6.3所示。

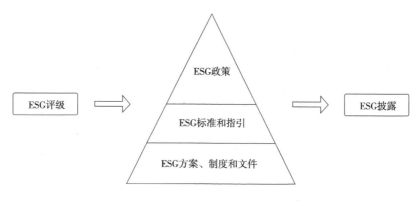

图6.3 三峡国际ESG内容定位图

三角形的第一层是最为宏观的ESG政策；第二层是ESG的标准和指引，指引是解决公司要关注什么，标准是解决指引中关注的这些要做到什么程度；第三层是ESG的方案、制度和文件。目前所做的很多事情都是以方案为主，需要先构建出整体的思路架构再具体实施，例如ESG的披露方案、ESG的实施方案等内容。对于企业怎么加强供应链ESG方面的管理这类问题，则需出台制度或文件。三角形三个层次之外还有左右输出箭头，左边的对内输出箭头代表ESG 评级对公司的影响，右边的对外输出箭头代表ESG 披露。三峡国际的ESG落地就是基于这个三角形的ESG内容定位图实施的。

（二）ESG议题

ESG议题是对公司业务和利益相关者最为重要的主题，议题选择的目的一方面在于厘清对公司可持续发展来说重要的因素并进行分解，另一方面为后续议题的落实提供了优先级顺序的依据。因此，议题的分解落实是ESG落地过程中至关重要的一步。经由多次会议大家共同商讨，三峡国际各ESG负责人决定首先共同确定三峡国际的ESG议题分解，并制定了"三原则"的大框架，即"我们明白的、我们能做的、有部门愿意做的"。

此外，三峡国际制定了从2022年开始要做的循序渐进的标准。其中第一步也是三峡国际最重要的一步是要满足香港联交所的要求。从2011年12月香港联交所首次发布ESG指引咨询文件到2022年1月正式实施的《环境、社会及管治报告指引》第四版已经过去了整整十年，最新指引鼓励并协助上市公司按照气候相关财务信息披露工作小组（TCFD）的建议做出汇报，对在港上市企业的ESG表现提出更明确的要求，以信息披露推动在港上市公司不断提升可持续发展水平。由此可见，虽然三峡国际目前并未在港交所上市，但在推行ESG工作、分解ESG议题中时刻保持对自己的高标准、高要求。三峡国际制定了清晰的ESG目标，将ESG理念与公司战略相结合，科学地分解ESG议题，不断强化企业应对长期风险的能力。

（三）ESG规划

近年来中国企业不断加强在公司治理、社会责任和环境保护等方面的建设，切实推动企业可持续发展。三峡国际面临着在未来两年提升第三方机构对三峡国际ESG评级的需求，ESG报告的质量在一定程度上会影响到ESG评级，这意味着三峡国际至少要在2023年开始编制其ESG报告，在此之前更需要进行大量的ESG筹备、搭建和充实等工作。"评级这一块其实对我们的作用很大，一个（原因）是必须要评，另外一个就是我们不管在哪个层面上搞对外融资，外界都会关注你的ESG过程……所以各公司做ESG 的初衷之一都有为了评级能够评更高的级别。我们目前想的就是从内部评级做准备，为外部评级做铺垫，今年准备开始做。"

成功的ESG实践需要具体的ESG规划引领整个实践过程，对此，三峡国际提出了"顶层推动，战略引领，机构健全，系统全面"的指导，以及"分重点实践"的策略。在实践过程中的顶层推动方面，是指公司领导从全局考虑，对ESG的实践过程进行统筹规划，集中所需的有效资源高效快捷地推动助力目标实现；早在三峡集团决定在三峡国际推行ESG起，三峡国际便将ESG融入了公司的战略。想要做好ESG仅仅靠喊喊口号是不行的，要切实地将其纳入公司战略，以战略为引领，逐步推行完善；在机构健全方面，三峡国际采用的是"双委员会+ESG办公室"的模式；最后是系统全面，ESG内容定位、议题三原则分步走等内容都属于系统全面中的一部分。系统全面要求三峡国际将所要做的工作与已经做过的以及即将要做的工作进行系统联系，整体宏观地看待工作并完成目标。

目前三峡国际有三项重点实施工作：第一是重点关注环境议题相关的评分，因为三峡国际在公共事业这一行业中大约有50%以上是环境议题相关，其中气候变化和资源使用是最重要的两个评分，所以不论从任何一个渠道来看环境议题都是非常重要的；第二是联交所环境披露信息的几项要求，近年来香港联交所不断推动ESG管理的力度，提升相关企业ESG信息披露的实时性要求，加强在ESG方面作出重要评估的意义；第三是提高内部评级，提高内部评级是三峡国际针对外部评级化被动为主动的一种策略，与其坐等外部机构对公司进行评级，不如从内部开始主动出击，比如先联系几家评级机构，每年对公司进行一次评级，看看公司目前存在哪方面的欠缺，然后对标国外做得比较好的企业请相关中介针对欠缺进行改进，查漏补缺。

从阶段划分来看，三峡国际ESG规划包括筹备、搭建和充实三个方面，如图6.4所示。在筹备阶段，为了弄明白"ESG是什么"和"怎么做ESG"这两个问题，三峡国际进行了大量的调研访谈、咨询专家与召开规划会工作。通过成立专业工作组、配备专业人员、组织召开培训分享会等方式，公司在ESG筹备建设方面的工作已经顺利完成。2022年5月12日，三峡国际邀请了首都经济贸易大学中国ESG研究院执行院长柳学信教授详细讲述ESG理念的理论内涵与时代价值，分享中国绿色发展理论成果与实践创新经验。通过这次培训，三峡国际对ESG理念有了更深刻的认识，更加深刻地理解了在当前形势下主动建立并实施ESG的重要意义以及推进公司ESG建设的关键要点。

图6.4　三峡国际ESG阶段规划时间轴

在搭建阶段，三峡国际主要对ESG相关的机构、人员和机制等进行了建设。目前三峡国际完成了充实ESG的很多工作，包括但不限于：2022年8月，三峡国际ESG办公室联合战略投资部初步制定了ESG的标准；2022年10

月，制定项的ESG尽调的流程和标准；ESG办公室还设定了三峡国际ESG工作的KPI，即将ESG列入具体部门，或者具体管理人员的绩效考核里。2023年，三峡国际正式成立了公司ESG执行委员会。至此，三峡国际的ESG搭建基本完成。

2023年，在筹备和搭建阶段奠定的基础上，三峡国际进入ESG充实阶段，正式着手ESG报告的编制工作，同时以ESG披露报告为抓手展开ESG的向下落地工作。2023年下半年，三峡国际开始编制企业内部的ESG指标管理手册以及优化公司英文网站的ESG信息披露工作。通过根据近一年的ESG工作经验形成企业内部的ESG指标管理手册，三峡国际期望以评促建，更好地实现企业ESG指标管理，这一工作也将会随着企业的ESG实践持续更新及完善。截至目前，三峡国际ESG团队已向公司申请年启动并落地ESG数据库的建设以及ESG预评级工作，完成公司ESG数据库的基本搭建以及对公司较为正式的ESG评级。

当然，在这个过程中三峡国际也遇到了很多的困难和挑战。但正如三峡国际ESG负责人所说，ESG能有效应对风险，不断创造机遇，是企业实现可持续发展的重要路径。

四、ESG实践

ESG包括环境、社会和公司治理，与我国战略部署高度契合。加快ESG建设，对于推动三峡国际业务实现高质量和可持续发展具有重要意义。在明确了ESG理念、架构、阶段规划、内容定位以及议题分解落实之后，三峡国际将重点放在ESG的实践过程当中。实践过程是执行与完成工作任务并达到预期目标的过程，那么如何达到目标？从哪些方面下手？如何具体落实到E、S、G三个方面呢？

（一）ESG——G治理维度

三峡国际作为三峡集团实施"走出去"战略的重要平台，承载着打造世界一流清洁能源集团的重要使命。由于三峡国际的业务全部在海外，必须建成国际化的企业，不断深化与国际接轨。为此，三峡国际高度重视ESG理念中的治理维度，积极推动公司治理结构改革和内容完善，持续推动公司治理现代化。

1. 合规建设

三峡国际一直高度重视合规建设，深刻认识到合规经营对公司可持续发展的重要意义，始终坚持"合规融于业务、全员主动合规、合规创造价值"的合规经营理念，持续提升全员合规意识，将"加强合规管理"作为公司"十四五"规划的五大发展重点之一。2021年初，三峡国际全面启动合规管理体系建设工作，公司总部按照董事会—经理层—部门的三级经营层级及"三道防线"的职责划分管理模式构建并运行合规管理工作体系，将合规管理要求嵌入日常经营活动，使合规管理成为公司行稳致远、做强做优的助推器。

三峡国际将"加强合规管理"作为中长期发展战略的重点之一，注重合规管理制度、反（商业）贿赂制度、商业合作伙伴制度以及合规咨询管理制度等一系列制度的建设。2023年10月，经过国际公认的测试、检验和认证机构SGS审核专家团队两轮严格审核，三峡国际正式获得ISO 37301合规管理、ISO 37001反贿赂管理认证证书，标志着公司合规管理、反贿赂管理迈上新台阶，为三峡国际持续提升依法合规经营水平指明了方向。在此基础上，三峡国际预计2024年打通合规体系建设的向下延伸路径，例如供应商的合规管理。此外，三峡国际还建立了企业内部的大监督制度，通过一个全三峡国际范围内的监督举报系统进行渠道监督，将企业内部的监管力量组成一个联合的整体，共同发挥作用。例如，在企业被其他公司进行审计时，相关部门的同事可以共享资源，确保企业可以全方位地进行自我监督和审计等工作。

2. 董事会多元化

企业的董事会多元化也是ESG治理的一个重要表现。2021年底，三峡国际成功引进国内外优秀战略投资人，成为三峡集团在全球范围内进行股权多元化和混合所有制改革的首次有效尝试，标志着三峡国际的经营业绩、管理团队获得国际资本市场的全方位认可。此后三峡国际组建多元制衡董事会，并成立了战略与投资、薪酬与考核、审计与风险管理、ESG与关联交易等4个委员会，为董事会科学决策提供有力支撑。截至目前，三峡国际的股东中有5家是国内外优质基金；11个董事中有6个董事是三峡的，5个董事是小股东和独立董事。总体来看，各位董事勤勉履职，各委员会专业高效，不断增强董事会"定战略、作决策、防风险"的核心职能,持续赋能公司高质量发展,持续为股东创造更好效益。

(二) ESG——S社会维度

三峡国际秉承三峡集团"善若水润天下"的社会责任理念,积极投身于社会责任工作,切实考虑当地利益相关者利益,将和谐共进、和睦相融的责任目标融入企业发展,以创造"融入当地内外和谐"的企业文化为目标,在驻在国家和地区稳步推进供水修路、环境保护、援建医院学校、救灾帮扶并设立奖学金,三峡国际用行动诠释人类命运共同体理念,赢得了项目所在国和地区政府及公众等利益相关者的信赖与支持,塑造了负责任的全球企业公民形象。

1. 社会责任培训

在社会责任培训方面,企业社会责任的履行离不开企业社会责任培训,三峡国际始终重视企业社会责任培训,并获得了集团和社会的广泛认可。随着外部环境的变化以及市场需求的提升,三峡国际ESG团队对其社会责任培训提出了更高的要求。目前,其ESG团队人员正与人资部相关负责人沟通,决定在未来较长一段时间内在社会责任上进行更深入的培训,希望在ESG培训方面有更大跨步的提升。根据三峡国际ESG相关人员披露,三峡国际的社会责任培训与企业战略相结合,包括管理性培训、职业性培训、员工自身调节培训等方面。

2. 三标一体认证

在三标一体认证方面,三峡国际过去每年都进行质量、环境、职业健康安全管理体系相关工作,但从2023年开始正式着手于职业健康安全管理体系(即国家标准GB/T28001)认证以及质量认证。由于社会责任维度工作的复杂性以及相关认证的专业性,三峡国际聘请了相关专业顾问,协助ESG团队共同规划、分阶段实施。

3. "一带一路"发展

三峡国际积极践行"一带一路"倡议,在巴基斯坦投资的卡洛特水电站、科哈拉水电站和风电二期项目均被列入"中巴经济走廊"能源项目建设框架,是中巴友好合作的重要标志。其中,卡洛特水电站是"中巴经济走廊"首个水电投资项目，是丝路基金成立后投资的"第一单"，也是"一带一路"首个大型水电投资建设项目，更是习近平总书记见证开工并写入中巴两国政府联合声明的大型投资项目。2021年8月，三峡巴基斯坦卡洛特水电站项目作为13个优秀案例项目之一被纳入"一带一路"绿色发展国际联盟和生态环境部共同编著的《"一带一路"绿色发展案例报告（2020）》。

2023年10月，由三峡国际投资建设的"三峡巴基斯坦第一风力发电项目"入选《推动项目可持续发展，共建高质量"一带一路"，实现联合国可持续发展目标企业实践案例》。"三峡巴基斯坦第一风力发电项目"是三峡国际践行"联合国全球契约（UNGC）十项原则"和"联合国可持续发展目标（SDGS）"的示范项目，从治理体系、环境绩效、社会绩效等多个维度总结了在"一带一路"倡议背景下推动可持续基础设施建设的行动亮点及经验。下一步，三峡国际将积极履行企业社会责任，遵守联合国全球契约，为共建"一带一路"走向下一个辉煌十年，为推进2030年可持续发展议程贡献三峡力量。

4.减贫脱困

三峡国际在履行社会责任过程中形成自身特色，同时酝酿带有三峡国际特色的品牌，获得了国际组织的认可。其中，"以教育扶贫勇担企业海外社会责任——中国三峡–巴基斯坦奖学金计划"和"精准扶助、助力巴西小微经济从业者及农民摆脱贫困——中国三峡国际股份公司海外履责减贫案例"分别获得了第二届和第三届全球减贫案例。"中国三峡–巴基斯坦奖学金计划"是首个由中资企业出资设立、扶助巴基斯坦库区移民、具有长期规划的全额奖学金计划。这是三峡集团履行海外社会责任的有益实践，旨在通过捐资助学，为卡洛特、科哈拉水电项目所在地的青年创造更加光明的未来，同时储备一批优秀的属地化后备员工，培养一批中巴友谊的优秀传承人。而"精准扶助、助力巴西小微经济从业者及农民摆脱贫困"项目则通过创新帮扶模式，教授巴西当地人民"造血"功能而非"输血"帮扶，赋能长期可持续发展，切实促进社区转型升级。

5.以人为本

三峡国际始终坚持以人为本、和谐的跨文化管理模式，与员工共享发展价值，充分尊重员工多重权益，为员工搭建多元、广阔的职业发展平台，营造公平平等、民主和谐的成长环境，助力中外员工实现成长成才梦。在员工权益方面，三峡国际不断健全薪酬福利制度，各区域公司按照实际情况建立科学合理的激励约束机制和薪酬差异化机制，维护员工同工同酬权益；在发展通道方面，三峡国际深化人才晋升通道建设，为员工提供包括专业技能、管理能力建设、综合素质提升的多元多层次培训项目，赋能员工长远成长；在员工关爱方面，三峡国际情系一线员工，为员工营造相互尊重、彼此包容的工作环境，关爱女性员工，为困难员工提供帮助，增强员工团队凝聚力。

（三）ESG——E环境维度

在环境方面，三峡国际坚持服从服务国家战略，积极构建"双碳"战略思维，多年以来坚定不移地走生态优先、绿色发展之路，加强全面节约和循环利用，持续提高能效水平。三峡国际在巴西开展金贻贝治理，保护当地生物多样性，并在当地河流周边地区积极开展多项生态环境保护工作。

1. 环境尽调

在环境尽调方面，三峡国际每年都会发布环境社会尽调报告。自实践ESG以来，三峡国际提升了原有环境社会尽调的要求，并将其部分标准调整成ESG尽调标准，构建了ESG尽调的技术、商务、法律、ESG、合规五大项目组。例如，针对某一问题，原有的环境尽调只关注是否存在这个问题，而现有尽调在此基础上会对其环境管理历史和现状以及项目环境相关准则等合规性要求进行全面尽调。升级后的环境尽调不再交由单一项目组，也不再划定为单一的环境问题，而是交叉到多个小组共同研究，例如同时交由技术组和法律组共同汇总结果形成技术尽调报告和法律尽调报告。

2. 环境认证

在环境认证方面，三峡国际过去每年都进行环境管理体系相关工作，并正在筹备ISO 14001环境管理体系认证。

3. 绿色电力

在绿色电力方面，截至2022年底，三峡集团通过认购绿色电力证书，实现集团总部及所有二级单位本部用能100%绿电。在此基础上，三峡国际目前正在研究其下属各个区域公司用电来源以及使用绿电的情况，同时将不同国家的标准差异纳入考量。下一步，三峡国际将进一步深化绿色发展理念，继续加大清洁能源供给力度，积极推动绿色电力消费，助力倡导全社会增强绿色电力消费意识。

4. 碳排查

在"碳达峰、碳中和"方面，三峡国际现已完成了温室气体的排放报告，对双碳进行了全面的排查。从排查结果来看，三峡国际的碳排放水平远低于平均水平。其中，三峡国际三峡巴西公司自2019年连续四年实现100%碳中和，荣获2022年碳中和证书，其2022年碳排放清单还获得了巴西温室气体核算体系（GHG Protocol，又称"温室气体协议书"）金章认证。该体系是国际上使用最为广泛的温室气体核算工具，旨在帮助政府和企业理解、测量与管理温室气体排放，此次金章认证是国际社会对三峡巴西公司在核算和管理温室气体排放过程中规范性和透明度的充分认可。

5. 生物多样性

2023年11月，《三峡集团做好"世界动植物王国"的生态"守护者"》案例入选"中国企业国际形象建设优秀案例"。以三峡巴西公司运营巴西伊利亚野生动物保护中心的故事为窗，生动展现了三峡集团将投资开发清洁能源与保护生物多样性相结合，切实履行企业社会责任、广泛开展国际合作、高效建设绿色丝绸之路的海外形象。在"世界动植物王国"，三峡正努力做好生态"守护者"，为中巴厚植友谊、携手共赢贡献中国企业力量。

总体来看，三峡国际在ESG环境方面已取得不小成果，但其绿色可持续的脚步从未停歇。三峡国际密切关注气候变化，积极推进绿色低碳发展，支持并采取行动应对全球气候变化，例如进行碳中和路径研究、举办植树造林等活动。根据三峡国际ESG相关人员披露，三峡国际接下来将在碳排查的基础上继续碳核查相关工作，公司内部将对碳排放工作进行持续加压，并在此基础上重新审视进而深化碳排放相关战略，设定新的碳排放目标，为落实国家"双碳"战略贡献更多的三峡力量。

五、尾声

后疫情时代，企业稳定发展和全球经济复苏仍面临着许多不确定性，唯有平时苦练内功的企业才能更好抓住机遇。ESG作为这个时代背景下企业发展的舵轮之一，正是企业发展不息的航向标。2023年，三峡国际在将ESG理念融入企业发展战略的道路上继续前行。作为一家非上市公司，三峡国际始终以上市公司的信息披露准则高标准要求自己，以ESG披露报告为抓手展开ESG落地相关工作，同时自愿披露ESG相关信息。截至2023年底，三峡国际ESG报告基本成型。立足未来，三峡国际也必将在践行企业愿景及使命的同时，继续追求更高的ESG标准，深化企业社会价值，为中国乃至世界的可持续发展事业贡献力量。

○ 第七章　ESG发展的挑战与机遇

　　我国当前经济正处于转变发展方式、优化经济结构、转换增长动力的攻关期，国内大循环为主体、国内国际双循环相互促进的新发展格局正在加速构建，ESG发展理念在市场资源配置、推动经济增长以及促进我国经济高质量发展等方面均具有重大意义。从ESG现有的发展趋势来看，国际组织以及各发达资本主体均对ESG寄予了高度重视。因此，加快推进中国ESG标准与国际标准的互认和对接，构建中国式现代化战略下的ESG生态系统将有助于我国在新的一轮经济周期中脱颖而出。综合以上分析，2023年，全球ESG呈现出了良好的发展态势，特别以ISSB发布的首批国际可持续披露准则为代表，ESG信息披露力度加大将是大势所趋，各企业和评级机构有望提高数据质量和统一披露口径，同时ESG评价和报告将更为规范。而ESG披露意愿以及披露率的提升、不同ESG议题披露率的参差不齐、ESG评级过程的透明度、ESG评级结果的可靠性、漂绿风险以及各地区经济主体ESG体系的异质性问题等仍是未来难以避免的挑战。总之，各企业将ESG融入公司治理或管理运作中、提升ESG表现都并非一蹴而就，其发展需要长期的投入以及监管机构、投资者、企业各方的通力合作，这些因素决定了ESG能否成为具有价值投资、收益回报、风险规避和社会价值创造导向的风向标，最终真正凸显出ESG在资本功能深化中的优势作用。

一、企业行动与表现

　　首先，就企业践行ESG理念而言，延续以往趋势，2023年已有更多的企业着手ESG相关工作，并设置专门的ESG机构部门以处理相关事宜。根据Wind数据，截至2023年8月，5 242家A股上市公司中有1 771家独立披露了ESG社会责任报告，占比33.78%。2023年8月3日，中国银行保险传媒股份有限公司发布了《银行业ESG发展报告（2023）》，系统展示了中国银行业ESG的发展历程，也客观评价了中国银行业 ESG 发展水平，为社会各界了解银行ESG发展提供参考。2022年8月29日，阿里巴巴集团正式发布了《2022阿里巴巴环境、社会和治理报告》，涵盖了"修复绿色星球、支持员工发展、服务可持续的美好生活、助力中小微企业高质量发展、助力社会包容和韧性、推动人人参与的公益、构建信任"等七个主题。2022年8月30日，联想集团发布《2021/22财年环境、社会和公司治理报告》，报告详细披露了集团在推动产业链供应中的低碳转型、公司治理架构水平等方面的进展，同时，公布了企业未来在ESG各维度的长远发展目标。从以上具有一定代表性的企业来看，各方正在努力将ESG理念渗入到企业战略制定和日常管理环节之中来，在系统性和长期性的统筹规划方面取得了一定进展。

其次，ESG信息披露是践行ESG的关键环节。目前，中国上市企业的ESG信息披露率还有巨大的提高空间。2023年度，如以发布ESG相关报告为判断标准，A股上市企业的整体披露率只有30%多，其中中小型企业的披露率显著低于大型企业。披露有助于外界了解企业的ESG事宜，也是对企业的ESG行动进行监督和促进的一种形式。此外，就披露的作用而言，企业披露与否对于其评级结果往往有重要影响。例如，具有广泛国际影响力的MSCI评级给中国企业的ESG评分较低，一个重要原因是中国企业ESG披露水平较低。MSCI的ESG评级的一个关键组成部分是围绕35个关键ESG问题进行风险管理评估，这需要企业披露具体的ESG风险管理信息。如企业没有披露，MSCI会通过模型推断出一个低于行业平均水平的得分。

再次，就ESG评价结果而论，和世界同行相比，中国企业在具有市场影响力的ESG评级中总体表现不够理想，但是近年来已呈现出明显的改善趋势。例如，依据MSCI ESG评级，中国A股上市企业在2022年评分中并未有企业达到AAA级别，评级为AA的企业仅有5家，占比0.80%，而评级为B和CCC等级则占主体地位，高达60%。MSCI分析了中国企业ESG评分不佳的原因，并将其归纳如下：

● 环境维度：中国企业在碳排放、有毒物质排放和固体废物等问题上的排名低于全球同行，但随着更严格的环境政策和"双碳"政策推出而表现出明显的改善趋势。

● 社会维度：与全球同行相比，中国企业在社会维度方面的评分是最低的。困扰中国企业的社会维度问题包括隐私、数据安全、健康与安全。

● 治理维度：在公司治理方面，中国企业在董事会和薪酬方面的得分普遍较低。与董事会得分有关的一个问题是独立性，许多公司的董事会成员缺乏独立性。此外，许多公司存在单一股东控股，这会减弱小股东的影响力。有关薪酬的主要问题是缺乏高管薪酬披露。中国公司在企业行为方面的得分也较低，表明围绕着欺诈、高管不当行为、反垄断违规或税务相关争议等问题的风险较高。

就不同行业而言，金融业的平均MSCI评级位于所有行业前列，这主要得益于金融业较好的ESG信息披露。依据MSCI评级，材料行业和能源行业的评分垫底（CCC）的公司比例最高。许多材料公司涉及采矿业，并有污染、水压力、有毒排放物和固体废物相关的问题，而能源公司（主要是与煤炭、石油、天然气有关的公司）多有类似的问题。此外，董事会和高管的薪酬也是许多能源公司的失分项。

最后，一些世界主要经济体开始实施的最新ESG政策法规开始从ESG角度约束供应链上的相关企业和境外企业的境内分支。例如，依据欧盟2022年最终批准通过的《企业可持续报告指令》（CSRD），非欧盟企业位于欧盟境内的子公司如达到一定规模标准，也须披露ESG信息。这意味着CSRD为非欧盟企业参与欧盟市场设置了门槛。CSRD可能会影响在欧盟有业务的中国企业。又比如，德国于2021年通过《供应链企业尽职调查法》，要求雇员超过3 000人的公司从2023年1月1日起对其直接供应商进行审计，并评估间接供应商在人权或环境方面的风险。从2024年1月1日起，雇员超过1 000人的公司将被纳入该法律的范围。欧盟于2022年12月就碳边境调整机制（CBAM）达成临时协议。这些国际上的新ESG政策法规对中国企业也带来了一些影响和启发，2023年7月和9月，中国相继发布了第一批、第二批符合中欧《可持续金融共同分类目录》的存量绿色债券清单，该项目是由中国人民银行和欧盟等参与发起的国际可持续金融平台（IPSF）分类目录工作组编制和发布，以对减缓气候变化有重大贡献的经济活动进行识别。

二、ESG披露标准建设

ESG披露标准的统一和完善是推动ESG发展的关键举措。由于缺乏强有力约束企业ESG信息披露的政策法规以及ESG信息披露内容和要求的说明，同时由于未能建立起有足够影响力和得到企业普遍认可的披露标准，当前ESG披露环节出现了各披露主体披露重点不同、披露信息可比性差等诸多问题。但各主流国际组织标准GRI《可持续发展报告标准》、SASB《可持续会计准则》、TCFD气候信息披露框架以及ISSB《国际财务报告可持续发展披露准则》等一直致力于ESG披露配套实施规则的完善、ESG披露信息数量和质量的提高。从全球ESG发展态势来看，从自愿披露向强制披露转变仍是大势所趋，且强制披露一定伴随着披露标准的确立。

2023年6月26日，国际可持续准则理事会（ISSB）发布了首批国际可持续披露准则：《国际财务报告可持续披露准则第1号——可持续相关财务信息披露一般要求》IFRS S1和《国际财务报告可持续披露准则第2号——气候相关披露》IFRS S2，新规将在2024年1月1日之后开始的年度报告期内生效。该标准是ESG报告首个全球标准的统一，开创了全球资本市场可持续发展相关信息披露的新时代。可以说该标准的确立是ESG发展历程中的一大里程碑事件，也是全球ESG标准制定迈出的重要一步。当然，该准则也为我国构建本国ESG标准提供了一定的参考和借鉴意义。自该准则发布后，香港证监会表示将根据ISSB准则推出港版ESG指引。2023年7月25日，国务院国资委办公厅发布了《关于转发〈央企控股上市公司ESG专项报告编制研究〉的通知》，进一步规范了央企控股上市公司ESG信息披露工作。

虽然在既有标准的指引下，ESG披露标准有望实现逐渐统一趋近，但并不意味着该标准具有较强的适用性和互通性，能够使得各企业披露情况实现口径的一致。正如PRI指出，尽管ISSB标准得到了支持，但实施这些标准并非易事，唯一的方法是各司法管辖区要正式采用这些标准。因此，PRI呼吁政策制定者采取行动，最晚于2025年之前开始在整个经济体中采用ISSB标准。另一方面，IFRS S2规定了企业需要在未来的ESG报告中披露范围3排放，而范围3披露信息的覆盖范围更为宽泛，计算过程也更为复杂，不仅需要披露本企业直接和间接的排放数据，而且也需要获取并整合大量来自企业上下游的生产、排放数据。例如，依据《2022年中国企业CDP披露情况报告》披露的数据，全球企业ESG报告中披露范围3排放采购商品和服务这一项的比例是36%，而中国企业仅有16%。又如富时罗素发现，在全球4000家最大的上市公司中，超过40%的企业没有披露其2022年的范围1和范围2碳排放量。整体而言，若要求2025年出具的ESG报告中完全采用该标准，对于中国直至全球均是一项极大的挑战。

三、评级机构与数据提供商

评级机构与数据提供商是ESG生态系统的重要组成部分。经过近年ESG理念的快速普及和市场的积极回应，至2023年国内已经出现了一批初具规模的ESG评级机构和数据提供商。但是，ESG评级和数据方面的不足也很明显，主要有以下四点。

第一，各机构发布的ESG评级和数据产品的公信力和说服力普遍比较弱，缺乏具有较强市场影响力和权威性的ESG评级机构与数据提供商。从商业角度而言，ESG评级和数据服务的主要目的是为投资者进行ESG投资提供支持，ESG评级和数据产品的影响力在很大程度上取决于投资者的认可，尤其是被动投资市场的认可。当前，有一批国内机构发布了覆盖国内企业的ESG评级和数据产品，但是这些评级和数据普遍未形成显著的市场影响力，未能得到投资者的有力支持与认可。

第二，ESG评级和数据产品的覆盖面还较为狭窄，主要表现在评级和数据产品覆盖的年限较短，大部分只覆盖近期两到三年，几乎没有覆盖超过10年的产品。从评价的对象而言，一些评级只涵盖沪深300或中证800等最大型的企业，绝大部分评级仅涉及股票类证券。与之对比的是，国际著名评级机构MSCI的评级和数据产品覆盖的时间长度超过30年，覆盖的企业数量超过8 500家，覆盖的证券产品包括股票、债券、共同基金、ETF等多种类型。较短的时间维度限制了对于评级和数据产品的回溯评估，也不利于建立评级和数据产品的可信度。此外，目前大部分机构ESG评价对象为上市公司，缺少对非上市公司的关注，无法满足投资者对全市场覆盖的需求。当然，评级和数据产品的发展并非短期可以建立的体系，这是一个不断完善的过程，在本年度，覆盖面狭窄的问题得到了一定的改善。例如，2023年保险行业在ESG和绿色金融方面整体加速，今年9月，中国保险行业协会发布的《绿色保险分类指引（2023年版）》对绿色保险产品、投资以及保险公司的绿色运营进行了规范，这为我国保险业尽快提供ESG产品、构建ESG评级提供了参考依据。

第三，ESG评级评价的透明度和可解释性还可进一步提高。提高透明度有助于扩大评级的影响力，降低ESG管理风险，也有助于提高市场对于评级的信任度。目前，国内ESG评级机构往往都会公布大致的评估方法，但对比国际评级机构发布的产品，对于细节和数据的披露尚显不足。例如，MSCI公布了所有行业的关键ESG议题和各关键议题的权重，晨星和标普全球公布了对所有企业的实时ESG风险评分。国内评级机构披露的信息往往不涉及这些内容。另外，ESG评价需尽可能降低定性指标的比重，可结合具体行业及企业特征通过规范数据统计口径，进而降低主观判断的影响，实现数据的可比性。

第四，ESG评级评价需要更加多元化的数据来源。一般来说，ESG评价的数据来源主要分为两种类型：第一类是企业根据信息披露的原则和指引，在半年报、年报、社会责任报告或ESG报告中主动披露的ESG信息；第二类是企业被动披露的以ESG风险事件为主的ESG信息（如新闻舆情、行政处罚等）。这意味着企业ESG信息披露的质量问题是ESG评价发展中的一大难题。整体来看，ESG数据来源以企业主动披露为主，且存在企业在不同报告中披露同一指标存在较大差异的现象，这意味着企业ESG信息披露的质量问题是ESG评价发展中的一大难题。当然，部门监督、第三方审计等方式均有助于提高数据来源的准确性以及完整性。然而现实开展第三方数据审验的企业比率极低，即使开展审验的机构，其审计范围也十分有限，其原因多与审计成本、数据核算难度等因素有关。

四、金融市场与投资

ESG投资方面的不足主要有以下三点。

第一，ESG金融产品的规范化程度有很大的改进空间。随着ESG理念的普及，诸多金融机构开始发布以ESG或ESG相关概念命名的金融产品，但是这些金融产品的真实内涵和命名的合理性尚缺乏评估。ESG金融产品规范化有助于保护投资者和避免"漂绿"。从全球范围来看，"漂绿"是目前ESG发展面临的一大问题。部分企业采取的ESG措施可能只是包装宣传，缺乏实际举措；部分以ESG或ESG相关概念为名的主题基金可能名不符实。为规范ESG发展和应对漂绿，继2020年颁布的《欧盟分类条例》（EU Taxonomy Regulation）后，今年3月，欧盟委员会又提出了《绿色声明指令》（Green Claims Directive）的最终立法提案。该声明主要针对"漂绿"行为泛滥这一现象，通过应用基准方法（PEF）来衡量各企业产品的"环境足迹"，进而消除误导性绿色标签。其他各主要经济体国家也逐渐加大了"反漂绿"和金融机构环境信息披露力度，提出了一系列针对性措施和方案以降低漂绿风险，如英国广告监管机构广告标准局（ASA）对壳牌公司和马来西亚国家石油公司漂绿广告的禁止，美国证券交易委员会（SEC）对欧洲资产管理公司DWS漂绿行为的处罚等。

根据美国可持续与责任投资论坛（US SIF）的统计，2022年年初美国基于ESG原则管理的资产总额为8.4万亿美元，这个数字还不到2020年报告的17.1万亿美元的一半。ESG资产急剧减少的主要原因是监管机构对于什么是ESG资产设置了更严格的条件。欧洲的情况也类似，在新的ESG归类法规生效后，有总额超过1 000亿美元的基金不再被认为是ESG基金。这些界定ESG投资和金融产品的法规与分类条例对于中国建设更健康的ESG金融市场具有启示意义。

第二，ESG金融产品的丰富程度和多样性尚显单薄。ESG投资发展呈现不平衡的特征。我国ESG投资起步较晚，其资产应用形式以股票资产为主。但若以股票指数为例，基于不同的ESG投资策略和筛选标准，可以设计出更丰富的产品。从践行ESG理念的金融机构类型来看，公募基金管理机构和银行理财机构相对于保险机构、信托公司等机构参与ESG实践的积极性更高，当然这与机构专业能力、客户需求等因素有关。

第三，我国ESG投资也面临着金融机构投入力度不足、监管部门引导激励欠缺、企业发展重视程度不高以及投资者参与意愿较低等不足。相较于西方发达国家的资本市场，我国资本市场和投资者的互动原则和互动方式具有一定的特殊性——金融机构和投资者之间的合作更倾向于大型的央国企。尽管我国现阶段的ESG投资取得了一定的成果，但是发展动力仍有所欠缺。随着ESG 披露标准逐渐呈现出趋于统一的态势，我国央国企上市公司将为各ESG生态主体的对话搭建好重要的沟通桥梁，通过发挥模范带头优势，积极推动我国ESG的发展进程。

五、"双碳"与ESG

2020年中国提出了"二氧化碳排放力争于2030年前达到峰值，努力争取2060年前实现碳中和"的"双碳"战略目标。国际经验表明，ESG可以推动企业应对气候变化。传统上国际社会主要关注应对气候变化的国家行为，尤其是通过国际协定的方式约束各国的温室气体排放，为气候变化设计全球解决方案。然而在现实中，由于不同国家发展水平不一致、自然禀赋差异大、利益诉求有冲突，协调各国并达成有约束力的国际协定存在着极其巨大的困难，多次被寄予厚望的国际气候峰会都无果而终。ESG可从多方面推进双碳目标实现，包括重塑企业经营理念、优化资源配置、助力能源结构转型、推动重点工业领域碳达峰、构建"碳中和"实践的监督机制等。

第一，同时关注直接性和间接性碳排放，更全面地衡量企业的气候变化影响。企业温室气体排放可分为三个范畴。范围1是由企业拥有或控制的车辆、建筑、设备等排放源产生的直接排放，包括锅炉、熔炉燃烧，自有车辆使用，化学品和原料加工，等等。范围2是企业所消费的外购能源（包括电力、热力、蒸汽和冷气等）在生产过程中产生的间接排放。范围3是除范围2以外覆盖企业价值链上下游活动产生的其他间接排放，例如售出产品的使用、废弃物处理、职员通勤或差旅活动等。对石油、天然气和汽车制造等企业而言，范围3排放在企业总排放量中所占的比例远高于范围1和范围2排放。例如，汽车企业所产生的温室气体不仅包括汽车行驶过程中排放的二氧化碳，还包括其上游燃料生产以及汽车材料和零部件生产的碳排放。汽车行业实现碳中和，其路径需要覆盖整条生产链，针对汽车生产的不同环节，探寻相对应的碳减排措施及低碳技术。因此，构建融合碳中和目标的ESG评价体系，应当同时关注范围1、范围2和范围3排放，并设定相关指标，以更深入、更全面地衡量企业ESG绩效。

第二，规范与碳中和相关的信息披露与核算方法。气候风险与碳排放是

ESG评价中重要的碳中和议题，高质量的企业气候风险和碳排放信息披露对实现碳中和目标而言意义重大。目前，国内外企业气候风险与碳排放信息披露仍处于较低水平。根据2021年发布的TCFD进展报告，2020年平均每家企业报告的11项气候信息披露中只有3项符合工作小组的建议；2021年我国A股上市企业中仅有352家企业披露气候风险与碳排放信息，占比为31.15%。首先，缺乏统一的碳排放信息披露标准、缺乏统一的碳排放核算体系是主要原因之一。尽管国内已有相关的信息披露指引，但对于企业碳排放信息披露的范围及边界等没有统一的界定，数据缺乏可比性，同时企业为了提高声誉可能出现"漂绿"行为，导致信息披露缺乏可信度。例如，按照国内现有的《企业温室气体排放核算方法与报告指南》，范围1和范围2排放的核算范围仅限于所有的生产设施，并不包括厂区内辅助生产系统以及附属生产系统，而ISSB要求包括整个厂区。其次，目前仅针对控排企业的碳排放量提出强制的第三方核查要求，即核对企业是否按照行业指南计算碳排放量；而其他非控排企业一般采用自主核算，其披露的碳排放信息缺乏具备专业知识的第三方鉴证，即依据鉴证准则出具合理或有限鉴证意见，无法保证客观性和准确性。最后，计量设备的精度、实验室数据采样的频率等也会影响碳排放的监测过程，进而影响碳排放核算结果。总体来说，ESG信息披露是开展ESG评价的重要依据。在低碳发展背景下，构建融合碳中和目标的ESG评价体系需要进一步完善ESG信息披露制度，通过建立统一的碳排放核算体系，对企业碳排放信息披露的范围及边界进行清晰合理的界定，同时开展碳排放信息第三方鉴证业务，提高企业气候风险管理的意识和能力，稳妥有序推动碳达峰、碳中和目标实现。

第三，提高碳中和议题评价的透明度。目前，国内外各评价机构提供了大致的ESG评价方法，但其公开的内容往往仅限于上层的评价指标架构（如一级指标和二级指标）和计算的方法（如权重和加总方式），对于更细致的底层指标（如三级指标）及数据的处理过程则言之不详。对于外界，ESG评价缺乏透明度，公众无法根据公开的内容还原出评级的计算过程，这容易造成评价结果缺乏公信力。例如，具有较高影响力的ESG评价机构MSCI基于全球约8 500家上市公司，发布了如中国气候变化指数等一系列ESG主题指数，指数型基金运营资金规模高达1 000亿美元。然而，MSCI官网并没有提供指数编制的具体信息，且ESG数据库需要购买才能使用，公众仅能了解大致的指数编制方法和过程；许多国内的ESG评价体系目前只公开了一级指标和二级指标，尚未公开三级指标。从另一角度看，对于诸多商业评级机构而言，具体的指标构建与计算过程属于商业机密。因此，合理提升ESG评价机构指标构建与数据处理过程的透明度是ESG评价实践发展的关键。在碳中和背景下，各评价机构更应当保证碳中和议题评价的透明度，准确评价企业为减少碳排放所采取的措施及其成效，增强评价结果可解读性的同时助力碳中和目标快速实现。

第四，明确"双碳"相关披露和一般性ESG披露的关系。在ESG披露方面，监管机构和市场参与者开始区分气候变化相关披露和一般性ESG披露。例如，ISSB 2023年度发布的两份准则分别对应一般性ESG披露和气候变化相关信息披露；一些交易所（如香港联交所）和大型机构投资者（如Blackrock）要求企业同时采用两种披露标准，即一般性的ESG披露标准和专门针对气候变化议题的气候变化披露标准（通常是TCFD标准）。从全球范围来看，主要经济体已出台或正在制订的ESG披露政策法规中，对于气候变化相关信息的强制披露已达成一定共识。中国相关政府部门也表示，正在考虑推动企业碳中和信息的强制披露。一旦强制披露开始实施，碳中和数据的完备性和准确性很可能会超过其他ESG数据。在这一背景下，就国内市场而言，是否需要建立独立于ESG披露的"双碳"披露框架和专门的"双碳"评级框架，都是值得探讨的问题。

六、数字经济与ESG

在数字经济时代，互联网、大数据、云计算、人工智能、区块链等技术加速创新，日益融入了社会发展的各个领域。当前ESG领域存在的两大难点均可尝试借助数字化、大数据和AI等技术手段来攻克解决。一是ESG数据涉及大量的管理类、判断类指标，其范围涵盖了社会经济多个领域，利用数字化平台和人工智能，建立统一的评价指标体系、数据采集和分析方法、结果呈现和反馈机制，将有利于减少重复性、单一性的工作内容，提升各企业ESG的运行效率，进而降低开展ESG相关活动的成本。例如MSCI推出了MSCI

气候实验室（MSCI Climate Lab) 应用程序，该程序可为投资者提供实时的气候和金融风险监测和管理，在解放人力的同时，也为客户提供了技术性的便捷。二是现阶段ESG披露信息多为定性材料，缺乏具体的可支撑数据。相比于定性指标，定量指标的披露难度更大，因而企业主动披露定量信息的意愿较低。通过使用大数据记录信息，程序化操作处理原始数据，可以改善定量指标的提炼以及信息披露的方式。定量数据的使用也会增强企业对ESG信息披露的认知，推动中国ESG评价方法的完善。如中国平安保险(集团)股份有限公司自研的中国A股CN-ESG评分数据，数据体系运用网络爬虫、数据挖掘、机器学习、知识图谱、自然语言处理、卫星遥感等多种技术，对已披露ESG数据的真实性进行比对验证，为投资者提供了更多可参考的信息。

简而言之，借助技术手段，可加快ESG相关信息的采集、监控和加工进程，实现对非结构性、非标准化信息的高效利用。与此同时，通过各企业ESG相关信息数据资源的共享与应用，可进一步降低ESG报告编制成本，提升编制水平。值得注意的是，数字化转型以及人工智能等技术要全面投入ESG中进行应用时，需全面考虑相关法律、伦理以及成本等事宜。

◯ 附录1 中英文对照表

附表 1.1 中英文对照表

英文全名	英文缩写	中文全名
Amundi	—	东方汇理
Anti-ESG ETF	—	反ESG为主题的ETF基金
Asset-backed securities	ABS	资产证券化
Bain & Company	Bain	贝恩咨询公司
Bain Capital		贝恩资本
best-in-class/positive screening	—	同类最优/正面筛选
Blackrock	—	贝莱德
Business Roundtable	BR	商业圆桌组织
California Public Employees Retirement System	CalPERS	加州公共雇员退休基金
Canadian Securities Administrators	CSA	加拿大证券管理局
Carbon Border Adjustment Mechanism	CBAM	欧盟碳边境调节机制
Carbon Disclosure Project	CDP	全球环境信息研究中心
Centre Testing International Group	CTI	华测检测认证集团股份有限公司
China Investment Corporation	CIC	中国投资有限责任公司
Chinese Academy of Social Sciences Research Center for Corporate Social Responsibility 4.0	—	中国企业社会责任报告指南4.0之食品行业
Climate Action 100+	CA100+	气候行动100+
Climate Bonds Initiative	CBI	气候债券倡议组织
Climate Disclosure Standards Board	CDSB	气候披露标准委员会
Coalition for Environmentally Responsible Economics	CERES	环境责任经济联盟
community investing	—	社区投资

续表

英文全名	英文缩写	中文全名
comply-or-explain	—	不披露需解释
corporate engagement & shareholder action	—	企业参与及股东行动
Corporate Sustainability Due Diligence Directive	CSDDD	企业可持续发展尽职调查指令
Corporate Sustainability Reporting Directive	CSRD	企业可持续报告指令
Credit Ratings Agency Regulation	CRA Regulation	信用评级机构条例
DWS Group·	DWS	DWS集团（德意志银行下属资产管理子公司）
electric vehicle	EV	电动汽车
Emissions Trading System	ETS	欧盟碳排放交易体系
ESG integration	—	ESG整合
EU Taxonomy Regulation	—	欧盟分类条例
European Banking Authority	EBA	欧洲银行管理局
European Climate Law	—	欧洲气候法
European Financial Reporting Advisory Group	EFRAG	欧洲财务报告咨询小组
European Green Deal	—	欧洲绿色协议
European Union Sustainability Reporting Standards	ESRS	欧盟可持续发展报告准则
Exchange Traded Fund	ETF	交易型开放式指数基金
Financial Conduct Authority	FCA	英国金融行为监管局
Financial Services Agency	FSA	日本金融服务局
Financial Stability Board	FSB	金融稳定委员会
FTSE Russell	—	富时罗素
General Atlantic	—	大西洋大众公司
general partner	GP	普通合伙人
Global Industry Classification Standard	GICS	全球行业分类标准

续表

英文全名	英文缩写	中文全名
Global Reporting Initiative	GRI	全球报告倡议组织
GRI Sustainability Reporting Standards	GRI Standards	可持续发展报告标准
Global Sustainable Investment Alliance	GSIA	全球安防产业联盟
Goldman Sachs Asset Management	GSAM	高盛资产管理公司
Green Bond Standards	—	绿色债券标准
Greenhouse Gas Reporting Program	GHGRP	温室气体报告项目
Green Taxonomy	—	绿色分类条例
Hong Kong Monetary Authority	HKMA	香港金融管理局
impact investing	—	影响力投资
Institutional Shareholder Services	ISS	机构股东服务公司
International Accounting Standards Board	IASB	国际会计准则理事会
International Organization for Standardization	ISO	国际标准化组织
International Organization of Securities Commissions	IOSCO	国际证监会组织
International Sustainability Standards Board	ISSB	国际可持续准则理事会
Invesco	—	景顺资产管理公司
Kunming–Montreal Global Biodiversity Framework	—	昆明-蒙特利尔全球生物多样性框架
limited partner	LP	有限合伙人
Monetary Authority of Singapore	MAS	新加坡金融管理局
Morgan Stanley Capital International	MSCI	摩根士丹利资本国际公司
Morningstar	—	晨星公司
negative/exclusionary screening	—	负面筛选
Net–Zero Asset Manager Initiative	—	净零排放资产管理者倡议
Non–Financial Reporting Directive	NFRD	非财务报告指令
norms–based screening	—	规则筛选

英文全名	英文缩写	中文全名
Occupational Safety Health Administration	OSHA	美国职业安全与健康管理局
Office of Credit Ratings	—	信用评级办公室
principal adverse impact	PAI	主要不利影响
Rankins CSR Ratings	RKS	润灵环球
Real Estate Investment Trusts	REIT	房地产信托投资基金
Refinitiv	—	路孚特
Regulatory Technical Standards	RTS	监管技术标准
Socially Responsible Investment	SRI	中国社会责任投资
Sovereign Wealth Fund Institution	SWFI	主权财富基金研究所
starting lighting and ignition	SLI	启动用蓄电池
State Street	—	美国道富银行
Sustainability Accounting Standards Board	SASB	可持续会计准则委员会
sustainability themed/thematic investing	—	可持续发展投资
Sustainable Development Reporting	SDR	可持续发展披露制度
Sustainable Finance Disclosure Regulation	SFDR	可持续金融披露条例
Swiss Financial Market Supervisory Authority	FINMA	瑞士金融市场监管局
Taskforce on Nature-related Financial Disclosures	TNFD	自然相关财务信息披露工作组
The Bank of New York Mellon Corporation	BNY Mellon	纽约银行梅隆公司
The Boston Consulting Group	BCG	波士顿咨询公司
The European Central Bank	ECB	欧洲央行
The European Securities and Markets Authority	ESMA	欧洲证券和市场管理局
The Fifteenth Meeting of the Conference of the Parties To the Convention On Biological Diversity	COP15	第15届联合国气候变化大会
the Financial Reporting Council	FRC	英国财务报告委员会

续表

英文全名	英文缩写	中文全名
The International Integrated Reporting Council	IIRC	国际综合报告理事会
The Task Force on Climate-related Financial Disclosures	TCFD	气候相关财务披露工作组
The Twenty-eighth Meeting of the Conference of the Parties To United Nations Climate Change Conference	COP28	第28届联合国气候变化大会
The Twenty-seventh Meeting of the Conference of the Parties To United Nations Climate Change Conference	COP27	第27届联合国气候变化大会
The International Financial Reporting Standards Foundation	IFRSF	国际财务报告准则基金会
The United Nations Environment Programme	UNEP	联合国环境规划署
The United Nations Sustainable Stock Exchange	SSE	联合国可持续证券交易所
The Value Reporting Foundation	VRF	价值报告基金会
U.S. Environmental Protection Agency	EPA	美国环保署
U.S.EPA. Greenhouse Gas Reporting Program	GHGRP	温室气体报告项目
United Nations Principles for Responsible Banking	UN PRB	联合国负责任银行原则
United Nations Principles for Responsible Investment	UN PRI	联合国责任投资原则组织
United States Securities and Exchange Commission	SEC	美国证券交易委员会
Vanguard	—	先锋领航公司

○ 附录 2 企业ESG披露指标及说明

附表2.1 企业ESG披露指标及说明

一级指标	二级指标	三级指标	四级指标	指标性质	指标说明
E 环境	E.1 资源消耗	E.1.1 水资源	E.1.1.1 水资源使用管理	定性	可针对以下方面描述水资源使用管理方针： 1）企业与水资源的相互影响，如取水、耗水和排水的方式与地点造成的水资源影响，或企业的活动、产品、服务产生的水资源影响； 2）用于确定水资源相关影响的方法，如评估范围、时间框架、采用的工具或方法； 3）处理水资源相关影响的方式，如企业如何与具有水资源影响的供应商或客户合作； 4）企业的水资源使用目标，制定目标的过程，以及该过程如何适应企业所在地区水资源政策
			E.1.1.2 新鲜水用量	定量	可通过以下方法计算新鲜水用量（吨）： 新鲜水用量为企业取自各种水源的新鲜水取量中扣除外供的新鲜水量、热水、蒸汽等
			E.1.1.3 循环用水量	定量	可通过以下方法计算循环用水量（吨）： 若水资源使用后未被再利用，则循环用水量为0
			E.1.1.4 循环用水总量占总耗水量的比例	定量	可通过以下方法计算该比例（％）： 1）循环用水总量=循环用水量×重复利用次数； 2）总耗水量=新鲜水取量+循环用水总量
			E.1.1.5 水资源消耗强度	定量	可针对以下方面计算水资源消耗强度： 1）产品，如每生产单位产品所消耗的水资源； 2）服务，如每项功能或每项服务所消耗的水资源； 3）销售额，如每单位销售额所消耗的水资源。 企业特定的分母可包括： 1）产品单位； 2）产量（吨）； 3）尺寸，如占地面积（平方米）； 4）全职员工数（人）； 5）销售额（万元）

一级指标	二级指标	三级指标	四级指标	指标性质	指标说明
E 环境	E.1 资源消耗	E.1.2 物料	E.1.2.1 物料使用管理	定性	可针对以下方面描述物料使用管理方针： 1）物料对于企业生产经营的影响，主要物料类型和获取方式； 2）物料管理，如物料的存储和运输等
			E.1.2.2 不可再生物料消耗量	定量	以吨或立方米计
			E.1.2.3 有毒有害物料消耗量	定量	以吨或立方米计
			E.1.2.4 物料消耗强度	定量	可针对以下方面计算物料消耗强度： 1）产品，如每生产单位产品所消耗的物料； 2）服务，如每项功能或每项服务所消耗的物料； 3）销售额，如每单位销售额所消耗的物料。 企业特定的分母可包括： 1）产品单位； 2）产量（吨）； 3）尺寸，如占地面积（平方米）； 4）全职员工数（人）； 5）销售额（万元）
		E.1.3 能源	E.1.3.1 能源使用管理	定性	可针对以下方面描述能源使用方针： 1）能源对于企业运营的影响，主要能源类型，能源的获取方式； 2）能源管理，如能源管理体系建设情况、使用清洁能源、提高用能效率、需求响应等； 3）员工节能意识及行动等
			E.1.3.2 不可再生能源消耗量	定量	可针对以下方面计算不可再生能源消耗量： 1）煤炭消耗量（吨标准煤）； 2）焦炭消耗量（吨标准煤）； 3）汽油消耗量（吨标准煤）； 4）柴油消耗量（吨标准煤）； 5）天然气消耗量（吨标准煤）

一级指标	二级指标	三级指标	四级指标	指标性质	指标说明
E 环境	E.1 资源消耗	E.1.3 能源	E.1.3.3 能源消耗强度	定量	可针对以下方面计算能源消耗强度： 1）产品，如每生产单位产品所消耗的能源； 2）服务，如每项功能或每项服务所消耗的能源； 3）销售额，如每单位销售额所消耗的能源。 企业特定的分母可包括： 1）产品单位； 2）产量（吨）； 3）尺寸，如占地面积（平方米）； 4）全职员工数（人）； 5）销售额（万元）
			E.1.3.4 节能管理	定性/定量	可针对以下方面描述采用的节能管理措施： 1）节电措施； 2）节煤措施； 3）节油措施； 4）节气措施； 5）其他节能措施，如余热利用措施等。 可针对以下方面描述节能效果： 1）企业节电量（吨标准煤）； 2）企业节煤量（吨标准煤）； 3）企业节油量（吨标准煤）； 4）企业节气量（吨标准煤）
		E.1.4 其他自然资源	E.1.4.1 其他自然资源管理	定性/定量	可针对以下方面描述企业活动、产品和服务对其他自然资源的消耗情况： 1）土地资源； 2）森林资源； 3）湿地资源； 4）海洋资源 可针对以下方面描述企业活动、产品和服务对其他自然资源的消耗量： 1）土地面积（平方米）； 2）木材用量（万立方米）； 3）湿地面积（平方米）； 4）海洋面积（平方千米）

一级指标	二级指标	三级指标	四级指标	指标性质	指标说明
E 环境	E.2 污染防治	E.2.1 废水	E.2.1.1 废水排放达标情况	定性	是否符合本行业的废水排放标准以及确定达标的依据
			E.2.1.2 废水管理	定性	可针对以下方面描述废水管理措施: 1)废水排放许可证; 2)排污口的申报、标识; 3)废水污染物的种类、来源、贮存、流向、检测; 4)废水防治设施的建设及运行情况,如废水处理设备等
			E.2.1.3 废水排放量	定量	可针对以下方面计算废水排放量: 1)工业废水排放量(吨); 2)生活废水排放量(吨)
			E.2.1.4 废水排放强度	定量	可针对以下方面计算废水排放强度: 1)产品,如每生产单位产品所排放的废水量; 2)服务,如每项功能或每项服务所排放的废水量; 3)销售额,如每单位销售额所排放的废水量。 企业特定的分母可包括: 1)产品单位; 2)产量(吨); 3)尺寸,如占地面积(平方米); 4)全职员工数(人); 5)销售额(万元)
			E.2.1.5 废水污染物排放量	定量	可视情况针对以下方面计算废水污染物排放总量(污染物当量值/千克)或分类别污染物排放量(污染物当量值/千克): 1)第一类污染物,包括总汞、烷基汞、总镉、总铬、六价铬、总砷、总铅、总镍、苯并(a)芘、总铍、总银、总 α 放射性、总 β 放射性; 2)第二类污染物,包括pH、色度、悬浮物、化学需氧量、石油类、挥发酚、总氰化物、硫化物、氨氮等

一级指标	二级指标	三级指标	四级指标	指标性质	指标说明
E 环境	E.2 污染防治	E.2.1 废水	E.2.1.6 废水污染物排放强度	定量	可根据E.2.1.5所列污染物类别，视情况针对以下方面计算排放强度总值或各类别污染物的排放强度值： 1）产品，如每生产单位产品所排放的废水污染物量； 2）服务，如每项功能或每项服务所排放的废水污染物量； 3）销售额，如每单位销售额所排放的废水污染物量。 企业特定的分母可包括： 1）产品单位； 2）产量（吨）； 3）尺寸，如占地面积（平方米）； 4）全职员工数（人）； 5）销售额（万元）
			E.2.1.7 废水污染物排放浓度	定量	可根据E.2.1.5所列污染物类别，提供各类别污染物的排放浓度数据： 1）排放浓度（毫克/升），如日均浓度最小值、最大值、平均值； 2）许可排放浓度限值（毫克/升）； 3）排放浓度超标数据数量（个）及超标率（%）
		E.2.2 废气	E.2.2.1 废气排放达标情况	定性	是否符合本行业的废气排放标准以及确定达标的依据
			E.2.2.2 废气管理	定性	可针对以下方面描述废气管理措施： 1）废气排放许可证； 2）废气排放口的申报、标识； 3）废气污染物的种类、来源、监测； 4）废气防治设施建设及运行情况，如排气筒高度设置、集气设备运行、污染去除效率等

续表

一级 指标	二级指标	三级指标	四级指标	指标 性质	指标说明
E 环境	E.2 污染防治	E.2.2 废气	E.2.2.3 废气污染物排放量	定量	可视情况针对以下方面计算废气污染物排放总量（千克）或分类别污染物排放量（千克）： 1）氮氧化物（NO_x）； 2）SO_2； 3）颗粒物； 4）VOC等其他废气
			E.2.2.4 废气污染物排放强度	定量	可根据E.2.2.3所列污染物类别，视情况针对以下方面计算排放强度总值或各类别污染物的排放强度值： 1）产品，如每生产单位产品所排放的废气污染物量； 2）服务，如每项功能或每项服务所排放的废气污染物量； 3）销售额，如每单位销售额所排放的废气污染物量。 企业特定的分母可包括： 1）产品单位； 2）产量（吨）； 3）尺寸，如占地面积（平方米）； 4）全职员工数（人）； 5）销售额（万元）
			E.2.2.5 废气污染物排放浓度	定量	可根据E.2.2.3所列污染物类别，提供各类别污染物的排放浓度数据： 1）排放浓度（毫克/立方米），如日均浓度最小值、最大值、平均值； 2）许可排放浓度限值（毫克/立方米）； 3）排放浓度超标数据数量（个）及超标率（%）
		E.2.3 固体废物	E.2.3.1 固体废物处置达标情况	定性	是否符合本行业的固体废物处置标准以及确定达标的依据

一级指标	二级指标	三级指标	四级指标	指标性质	指标说明
E 环境	E.2 污染防治	E.2.3 固体废物	E.2.3.2 无害废物管理	定性	可针对以下方面描述无害废物管理信息： 1）无害废物排污许可证； 2）无害废物的种类、数量、流向、贮存、利用、处置等信息； 3）无害废物的全过程监控和信息化管理，如无害废物污染防治责任制度、无害废物台账制度、无害废物收集容器和设施规范标识等
			E.2.3.3 无害废物排放量	定量	以吨计
			E.2.3.4 无害废物排放强度	定量	可针对以下方面计算无害废物排放强度： 1）产品，如每生产单位产品所排放的无害废物量； 2）服务，如每项功能或每项服务所排放的无害废物量； 3）销售额，如每单位销售额所排放的无害废物量。 企业特定的分母可包括： 1）产品单位； 2）产量（吨）； 3）尺寸，如占地面积（平方米）； 4）全职员工数（人）； 5）销售额（万元）
			E.2.3.5 有害废物管理	定性	可针对以下方面描述有害废物管理信息： 1）有害废物的种类、数量、流向、贮存、处置等信息； 2）有害废物的全过程监控和信息化管理，如有害废物污染防治责任制度、有害废物台账制度、有害废物收集容器和设施规范标识等
			E.2.3.6 有害废物排放量	定量	以吨计

223

续表

一级指标	二级指标	三级指标	四级指标	指标性质	指标说明
E 环境	E.2 污染防治	E.2.3 固体废物	E.2.3.7 有害废物排放强度	定量	可针对以下方面计算有害废物排放强度： 1）产品，如每生产单位产品所排放的有害废物量； 2）服务，如每项功能或每项服务所排放的有害废物量； 3）销售额，如每单位销售额所排放的有害废物量。 企业特定的分母可包括： 1）产品单位； 2）产量（吨）； 3）尺寸，如占地面积（平方米）； 4）全职员工数（人）； 5）销售额（万元）
		E.2.4 其他污染物	E.2.4.1 其他污染物管理	定性	可针对以下方面描述其他污染物管理方针： 1）噪声污染； 2）放射性污染，如放射性气体、放射性液体、放射性固体； 3）电磁辐射污染
	E.3 气候变化	E.3.1 温室气体排放	E.3.1.1 温室气体来源与类型	定性	可针对以下方面描述温室气体来源与类型： 1）描述排放温室气体的生产运营活动； 2）列出排放的温室气体类型，纳入考量的气体有CO_2、CH_4、N_2O、HFC、PFC、SF_6、NF_3
			E.3.1.2 范畴一温室气体排放量	定量	可针对以下方面计算范畴一温室气体排放量（CO_2当量吨）： 1）范畴一为直接温室气体排放，即企业拥有或控制的温室气体源的温室气体排放，如固定源燃烧排放、移动源燃烧排放、逸散排放、制程排放等类型； 2）纳入计算的气体有CO_2、CH_4、N_2O、HFC、PFC、SF_6、NF_3

一级指标	二级指标	三级指标	四级指标	指标性质	指标说明
E 环境	E.3 气候变化	E.3.1 温室气体排放	E.3.1.3 范畴二温室气体排放量	定量	可针对以下方面计算范畴二温室气体排放量（CO_2 当量吨）： 1）范畴二为能源间接温室气体排放，即企业所消耗的外部电力、热力或蒸汽的生产而造成的间接温室气体排放； 2）纳入计算的气体有 CO_2、CH_4、N_2O、HFC、PFC、SF_6、NF_3
			E.3.1.4 范畴三温室气体排放量	定量	可针对以下方面计算范畴三温室气体排放量（CO_2 当量吨）： 1）范畴三为其他间接温室气体排放，即因企业的活动引起的、由其他企业拥有或控制的温室气体源所产生的温室气体排放，不包括能源间接温室气体排放； 2）纳入计算的气体有 CO_2、CH_4、N_2O、HFC、PFC、SF_6、NF_3。
			E.3.1.5 温室气体排放强度	定量	可根据 E.3.1.2、E.3.1.3、E.3.1.4，视情况针对以下方面计算排放强度总值或各范畴的排放强度值： 1）产品，如每生产单位产品所产生的温室气体排放量； 2）服务，如每项功能或每项服务所产生的温室气体排放量； 3）销售额，如每单位销售额所产生的温室气体排放量。 企业特定的分母可包括： 1）产品单位； 2）产量（吨）； 3）尺寸，如占地面积（平方米）； 4）全职员工数（人）； 5）销售额（万元）
		E.3.2 减排管理	E.3.2.1 温室气体减排管理	定性	可针对以下方面描述温室气体减排管理方针： 1）范畴一温室气体减排目标及措施； 2）范畴二温室气体减排目标及措施； 3）范畴三温室气体减排目标及措施

续表

一级 指标	二级指标	三级指标	四级指标	指标 性质	指标说明
E 环境	E.3 气候变化	E.3.2 减排管理	E.3.2.2 温室气体减排投资	定量	分别列出 E.3.2.1 中减排措施的投资额（万元）
			E.3.2.3 温室气体减排量	定量	可根据 E.3.2.1，视情况针对以下方面计算减排总量（CO_2 当量吨）或各范畴的减排量（CO_2 当量吨）： 1）纳入计算的气体有 CO_2、CH_4、N_2O、HFC、PFC、SF_6、NF_3； 2）明确基准年或基线
			E.3.2.4 温室气体减排强度	定量	可根据 E.3.2.3，视情况针对以下方面计算减排强度总值或各范畴的减排强度值： 1）产品，如每生产单位产品的温室气体减排量； 2）服务，如每项功能或每项服务的温室气体减排量； 3）销售额，如每单位销售额的温室气体减排量。 企业特定的分母可包括： 1）产品单位； 2）产量（吨）； 3）尺寸，如占地面积（平方米）； 4）全职员工数（人）； 5）销售额（万元）
S 社会	S.1 员工权益	S.1.1 员工招聘与就业	S.1.1.1 企业招聘政策	定性	可针对以下方面描述企业招聘政策： 1）招聘制度； 2）招聘流程； 3）招聘渠道
			S.1.1.2 员工多元化与平等	定量/ 定性	可针对以下方面描述员工多元化与平等： 1）按性别计算各员工占比（%）； 2）按教育程度计算各员工占比（%）； 3）维护员工性别平等的政策及措施； 4）确保所有员工机会平等，并在劳动实践中无直接或间接歧视的措施等

续表

一级指标	二级指标	三级指标	四级指标	指标性质	指标说明
S 社会	S.1 员工权益	S.1.1 员工招聘与就业	S.1.1.3 员工流动率	定量	可针对以下方面计算员工流动率： 1）员工年度总流动率（%）； 2）关键核心岗位的人才流动率（%）； 3）主动离职率（%）； 4）被动离职率（%）等
		S.1.2 员工保障	S.1.2.1 员工民主管理	定量/定性	可针对以下方面描述员工民主管理： 1）员工民主管理政策的制定和更新； 2）是否设立工会、职工代表大会等相关组织； 3）职工代表大会的设置和开展集体协商情况； 4）工会、职工代表大会的运行，如运行制度、工作内容、运行情况等； 5）员工依法组织和参加工会情况，如员工入会率（%）等； 6）法律和政策所要求的培训情况
			S.1.2.2 工作时间和休息休假	定量/定性	可针对以下方面描述工作时间和休息休假： 1）工时制度，如标准工时制、特殊工时制（包括综合计算工时制、不定时工作制等）； 2）人均每日工作时间（小时）； 3）人均每周工作时间（小时）； 4）人均每周休息时间（日）； 5）调休政策、延长工作时间的补偿或工资报酬标准、带薪休假制度等
			S.1.2.3 员工薪酬与福利	定性	可针对以下方面描述员工薪酬与福利： 1）薪酬理念，如薪酬水平与岗位价值、绩效、潜力等的关系； 2）薪酬构成，如基本工资、津贴、绩效工资、短期激励、长期激励、员工持股等； 3）法律规定的基本福利，如社会保险、公积金、带薪休假等； 4）法律规定外的其他福利（即本企业特殊福利），如节日福利、生日福利、商业保险、企业年金、退休福利等

一级指标	二级指标	三级指标	四级指标	指标性质	指标说明
S 社会	S.1 员工权益	S.1.2 员工保障	S.1.2.4 企业及合作方用工情况	定量/定性	可针对以下方面描述企业及合作方用工情况： 1）员工劳动合同签订率（％）； 2）劳工纠纷的情况，如劳工纠纷案件的数量（件）、与最近三年比较的变化情况（％）等； 3）裁员情况，如裁员原因、流程、补偿方式、数量（人）、比例（％）； 4）是否存在使用童工或从使用童工中受益、使用不具备相应工作能力和条件的员工、强迫或强制劳动等情况； 5）劳务派遣用工比例（％）
			S.1.2.5 员工满意度调查	定量/定性	可针对以下方面描述员工满意度调查： 1）是否进行员工满意度调查； 2）员工参与满意度调查的情况，如参与调查的员工数量（人）和占比（％）
		S.1.3 员工健康与安全	S.1.3.1 员工职业健康安全管理	定量/定性	可针对以下方面描述员工职业健康安全管理： 1）工作中所含的职业健康安全风险及来源情况； 2）职业健康安全方针的制定和实施； 3）职业健康安全管理体系是否覆盖全部员工及工作场所； 4）预防和减轻职业健康安全风险的措施； 5）年度体检的覆盖率（％）； 6）是否为临时工提供平等的职业健康安全防护
			S.1.3.2 员工安全风险防控	定量/定性	可针对以下方面描述员工安全风险防控： 1）提供预防事故以及处理紧急情况所需的安全设备情况； 2）提供安全风险防护培训覆盖率（％）； 3）提供安全风险防护培训次数（次/年）； 4）记录并分析职业安全事件和问题； 5）根据职业安全风险对特殊员工采取的特定措施等

续表

一级指标	二级指标	三级指标	四级指标	指标性质	指标说明
S 社会	S.1 员工权益	S.1.3 员工健康与安全	S.1.3.3 安全事故及工伤应对	定量/定性	可针对以下方面描述安全事故及工伤应对： 1）安全生产制度和应对措施，如安全事故责任追究制度、安全事故隐患排查治理制度、安全事故应急救援预案、工伤认定程序和赔偿标准等； 2）从业人员职业伤害保险的投入金额（万元）和覆盖率（%）； 3）在工作场所员工发生事故的数量（起）、比率（%）及变化情况（%）； 4）由于各类安全事故导致的损失工时数（小时）等
			S.1.3.4 员工心理健康援助	定量/定性	可针对以下方面描述员工心理健康援助： 1）对活动场所中促成或导致紧张和疾病的社会心理危险源的检查、消除； 2）是否建立员工心理健康援助渠道，如设置心理帮扶场所以及设置心理问题求助热线等措施； 3）为员工提供心理健康培训和咨询的全职及兼职医生情况（个/千人）； 4）记录并分析员工心理健康事件、问题以及所采取的具体措施等
		S.1.4 员工发展	S.1.4.1 员工激励及晋升政策	定性	可针对以下方面描述员工激励及晋升政策： 1）职级或岗位等级划分； 2）职位体系的设置情况，如管理、技术、工人等不同岗位类型的职位设置，成长发展空间，等等； 3）员工晋升与选拔机制，如制度、标准、流程等； 4）职级、岗位与薪酬调整机制，如调岗、调级、调薪
			S.1.4.2 员工培训	定量/定性	可针对以下方面描述员工培训： 1）培训部门设置，如培训部、培训中心等； 2）岗位必需的培训，如培训主要内容、员工培训覆盖率（%），年度培训支出（万元），每名员工每年接受培训的平均时长（小时）； 3）促进员工发展的培训，如培训主要内容、员工培训覆盖率（%），年度培训支出（万元），每名员工每年接受培训的平均时长（小时）

续表

一级指标	二级指标	三级指标	四级指标	指标性质	指标说明
S 社会	S.1 员工权益	S.1.4 员工发展	S.1.4.3 员工职业规划及职位变动支持	定量/定性	可针对以下方面描述员工职业规划及职位变动支持： 1）员工求学支持政策； 2）员工职业发展通道； 3）员工内部调动或内部应聘的数量（人）、比率（%）及变化情况（%）； 4）确保被裁员的员工能获得帮助，促进其再就业的制度与措施等
	S.2 产品责任	S.2.1 生产规范	S.2.1.1 生产规范管理政策及措施	定性	可针对以下方面描述生产规范管理政策及措施： 1）安全生产管理体系，包括安全生产组织体系、安全生产制度的制定和落实情况、确保员工安全的制度和措施； 2）生产设备的折旧和报废政策； 3）生产设备的更新和维护情况
			S.2.1.2 知识产权保障	定性	包括但不限于与维护及保障知识产权有关的政策、机制、具体措施
		S.2.2 产品安全与质量	S.2.2.1 产品安全与质量政策	定性	可针对以下方面描述产品安全与质量政策： 1）产品与服务的质量保障、质量改善等方面政策； 2）产品与服务的质量检测、质量管理认证机制； 3）产品与服务的健康安全风险排查机制
			S.2.2.2 产品撤回与召回	定量/定性	可针对以下方面描述产品撤回与召回： 1）产品撤回与召回机制； 2）因健康与安全原因须撤回和召回的产品数量（件）； 3）因健康与安全原因须撤回和召回的产品数量百分比（%）
		S.2.3 客户服务与权益	S.2.3.1 客户服务	定性	可针对以下方面描述客户服务： 1）产品与服务可及性； 2）产品与服务的售后服务体系； 3）客户满意度调查措施与结果； 4）客户需求调查情况

一级指标	二级指标	三级指标	四级指标	指标性质	指标说明
S 社会	S.2 产品责任	S.2.3 客户服务与权益	S.2.3.2 客户权益保障	定性	可针对以下方面描述客户权益保障： 1）产品与服务潜在安全风险提醒； 2）规定时间内退换货及赔偿机制； 3）涉及误导或错误信息的情况
			S.2.3.3 客户投诉	定量/定性	可针对以下方面描述客户投诉： 1）客户投诉应对机制； 2）客户投诉数量（次）； 3）客户投诉解决数量（件）
	S.3 供应链管理	S.3.1 供应商管理	S.3.1.1 供应商数量与分布	定量	可针对以下方面计算供应商数量与分布： 1）供应商数量（个）； 2）供应商分布区域及占比（%）
			S.3.1.2 供应商选择与管理	定性	可针对以下方面描述供应商选择与管理： 1）供应商选择标准； 2）供应商培训的具体政策； 3）供应商考核的具体政策； 4）供应商督查的具体政策等
			S.3.1.3 供应商ESG战略	定量/定性	可针对以下方面描述供应商ESG战略： 1）执行ESG战略的供应商占比（%）； 2）主要供应商ESG战略执行情况
		S.3.2 供应链环节管理	S.3.2.1 采购与渠道管理	定性	可针对以下方面描述采购与渠道管理： 1）原材料选择标准； 2）原材料供应中断防范与应急预案； 3）产成品供应中断防范与应急预案； 4）各环节中物流、交易、信息系统等服务商的选择、考核与督查政策
			S.3.2.2 重大风险与影响	定量/定性	可针对以下方面描述供应链各环节重大风险与影响： 1）经确定的供应链各环节中具有的重大风险与影响； 2）经确定为具有实际或潜在重大风险与影响的供应链各环节成员数量（个）； 3）经确定为具有实际或潜在重大风险与影响，且经评估后同意改进的供应链各环节成员占比（%）

一级指标	二级指标	三级指标	四级指标	指标性质	指标说明
S 社会	S.4 社会响应	S.4.1 社区关系管理	S.4.1.1 社区参与和发展	定量/定性	可针对以下方面描述社区参与和发展： 1）企业参与社区发展的政策与措施； 2）企业对所在社区的文化和教育促进情况； 3）企业对所在社区的就业机会创造情况，如企业雇用社区成员所占比例（％）、帮助社区内创业团体数量（个）、帮扶弱势群体就业人数（人）等； 4）企业在社区内扩大专门知识、技能和技术获取渠道的情况； 5）企业对所在社区的财富和收入影响情况，如纳税额（万元）、企业入驻数量（个）和商业园区数量（个）等； 6）企业减轻所在社区成员面对的健康威胁、危害所采取的措施和效果； 7）满足当地政府发展规划的社会投资行为，如在教育、培训、文化体育、卫生保健、收入创造、基础设施建设等方面的社会投资额（万元）
			S.4.1.2 企业对所在社区的潜在风险	定量/定性	可针对以下方面描述企业对所在社区的潜在风险： 1）企业对所在社区潜在风险的防范政策与措施； 2）企业对所在社区潜在风险的评估体系与其风险防范的效果评价； 3）潜在风险对所在社区的影响情况，如影响社区经济发展水平、基础设施状况、成员健康情况以及成员教育与发展情况等； 4）潜在风险对所在社区的影响程度，如影响持续时间（小时）、影响范围、影响人数（人）等
		S.4.2 公民责任	S.4.2.1 社会公益活动参与	定量/定性	企业参与社会公益活动的类别包括但不限于： 1）企业参与救助灾害、救济贫困、扶助残疾人等困难社会群体和个人的活动等； 2）企业参与的教育、科学、文化、卫生、体育事业等； 3）企业参与环境保护、社会公共设施建设等； 4）企业参与促进社会发展和进步的其他社会公共和福利事业等。 企业可针对以下方面描述社会公益活动参与： 1）企业的社会公益活动参与政策； 2）企业的社会公益活动参与类别描述； 3）企业参与社会公益活动的资源投入情况，如参与累计时长（小时）、参与人次、投入金额（万元）、投入资源形式等

续表

一级指标	二级指标	三级指标	四级指标	指标性质	指标说明
S 社会	S.4 社会响应	S.4.2 公民责任	S.4.2.2 国家战略响应	定量/定性	包括但不限于企业对乡村振兴、质量强国、高质量发展、科技强国、教育强国、人才强国、共同富裕等国家战略的响应情况，如具体项目、资源投入情况及取得成效等
			S.4.2.3 应对公共危机	定量/定性	可以针对以下方面描述应对公共危机： 1）企业应对重大、突发公共危机和灾害事件的政策描述； 2）企业应对重大、突发公共危机和灾害事件的具体措施及分析，如应对相关事件预案的可行性、及时性、社会公益性等情况分析，取得效果的社会价值评估与评价以及是否满足相关法律法规要求等； 3）企业应对重大、突发公共危机和灾害事件的具体社会贡献，如投入资源类别及数量（个）、取得社会性成果以及相关获奖情况等
G 治理	G.1 治理结构	G.1.1 股东（大）会	G.1.1.1 股东构成及持股情况	定量/定性	包括但不限于股东名称、股权性质、持股数量（股）及比例（%）、主要股东情况
			G.1.1.2 股东（大）会运作程序和情况	定量/定性	可针对以下方面描述股东（大）会运作程序和情况： 1）股东（大）会议事规则； 2）股东（大）会召开情况说明，如召开次数（次）、参加人数（人）、出席率（%）、讨论及表决情况等
		G.1.2 董事会	G.1.2.1 董事会成员构成及背景	定量/定性	可针对以下方面描述董事会成员构成及背景： 1）董事会成员产生方式； 2）董事会成员性别、年龄、学历、专业、履历、任职、执行与非执行董事等情况，如女性董事占比（%）、董事会成员平均任期（年）、董事离职率（%）、董事长是否兼任CEO等； 3）若设立独立董事，描述独立董事占比（%）

续表

一级指标	二级指标	三级指标	四级指标	指标性质	指标说明
G 治理	G.1 治理结构	G.1.2 董事会	G.1.2.2 董事会运作程序和情况	定量/定性	可针对以下方面描述董事会运作程序和情况： 1）董事会议事规则； 2）董事会召开情况说明，如召开次数（次）、参加人数（人）、出席率（%）、讨论及表决情况等
			G.1.2.3 专业委员会构成及运作	定量/定性	可针对以下方面描述专业委员会构成及运作： 1）是否设立专业委员会（包括但不限于ESG、审计、战略、提名、薪酬与考核等相关专业委员会）； 2）专业委员会成员构成及背景情况； 3）专业委员会运作程序和情况
		G.1.3 监事会	G.1.3.1 监事会成员构成及背景	定量/定性	可针对以下方面描述监事会成员构成及背景： 1）监事会成员产生方式； 2）监事会成员性别、年龄、学历、专业、履历、任职、职工监事等情况，如女性监事占比（%）、监事会成员平均任期（年）、监事离职率（%）等； 3）若设立外部监事，描述外部监事占比（%）
			G.1.3.2 监事会运作程序和情况	定量/定性	可针对以下方面描述监事会运作程序和情况： 1）监事会议事规则； 2）监事会召开情况说明，如召开次数（次）、参加人数（人）、出席率（%）、讨论及表决情况等
		G.1.4 高级管理层	G.1.4.1 高级管理层人员构成及背景	定量/定性	包括但不限于高级管理层人员的性别、年龄、学历、专业、履历、任职等情况，如女性高管占比（%）、高管平均任期（年）、高管离职率（%）
			G.1.4.2 高级管理层人员持股	定量	包括但不限于高级管理层人员持股数量（股）及比例（%）、股权增减变化等情况

一级指标	二级指标	三级指标	四级指标	指标性质	指标说明
G 治理	G.1 治理结构	G.1.5 其他最高治理机构	G.1.5.1 其他最高治理机构情况	定性	若企业未设立"三会一层"治理架构,描述企业最高治理机构的情况,包括但不限于: 1)最高治理机构名称; 2)最高治理机构的人员构成及背景情况; 3)最高治理机构的运行机制和情况
	G.2 治理机制	G.2.1 合规管理	G.2.1.1 合规管理体系	定性	可针对以下方面描述合规管理体系: 1)企业合规管理体系建设情况,包括合规管理的制度、方针、范围,及组织、程序、方法等; 2)企业合规义务识别及维护情况
			G.2.1.2 合规风险识别及评估	定性	可针对以下方面描述合规风险识别及评估: 1)合规风险识别程序及方法,可能发生的不合规场景及其与企业活动、产品、服务和运行相关方面的联系; 2)识别与第三方有关的合规风险,如供应商、代理商、分销商、咨询顾问和承包商等; 3)考虑合规风险产生的原因、来源及后果的严重程度,后果包括但不限于个人和环境伤害、经济损失、声誉损失和行政责任
			G.2.1.3 合规风险应对及控制	定性	可针对以下方面描述合规风险应对及控制: 1)应对合规风险的措施以及如何将措施纳入合规体系过程并实施; 2)评价应对措施的有效性
			G.2.1.4 客户隐私保护	定量/定性	可针对以下方面描述客户隐私保护: 1)企业保护客户隐私的制度体系及采取的措施; 2)是否发生泄露客户隐私事件以及事件数量(件),违反《中华人民共和国个人信息保护法》等相关法律法规所造成的损失金额(万元)
			G.2.1.5 数据安全	定量/定性	可针对以下方面描述数据安全: 1)企业保护数据安全的制度体系及采取的措施; 2)是否发生数据泄露事件以及数据泄露事件数量(件),数据泄露规模(万条),受影响的用户数量(万人),违反《中华人民共和国数据安全法》等相关法律规定造成的金额损失(万元)

一级指标	二级指标	三级指标	四级指标	指标性质	指标说明
G 治理	G.2 治理机制	G.2.1 合规管理	G.2.1.6 合规有效性评价及改进	定性	可针对以下方面描述合规有效性评价及改进: 1)合规管理有效性评估情况; 2)合规管理有效性评估中发现的问题及采取的纠正措施
			G.2.1.7 诉讼和处罚	定量/定性	包括但不限于诉讼事项(如产品质量安全违法违规、垄断及不正当竞争、商业贿赂等)、件数(件)、处罚金额(万元)及对企业经营产生的影响
		G.2.2 风险管理	G.2.2.1 风险管理体系	定性	可针对以下方面描述风险管理体系: 1)企业风险管理相关的制度和政策; 2)管控重要营运行为及下属公司的专职部门设置和管理程序; 3)风险管理的过程,涵盖明确环境信息、风险识别、风险分析、风险评价、风险应对、监督和检查的全流程
			G.2.2.2 重大风险识别及防范	定性	包括但不限于企业识别和评估具有潜在重大影响的风险种类及防范措施
			G.2.2.3 关联交易风险及防范	定量/定性	可针对以下方面描述关联交易风险及防范: 1)企业关联交易的关联人、交易内容、交易金额等情况,如向关联方销售/采购产品金额(万元)、每百万元营收向关联方销售/采购产品规模(万元)、向关联方提供资金发生额(万元)、每百万元营收向关联方提供资金发生额(万元)等,以及公司人财物独立性情况、关联方资金占用、关联担保等; 2)企业发生不当关联交易的事件数(件)、事件性质及涉及金额(万元); 3)防范控股股东、实际控制人利用控制权损害上市公司及其他股东合法利益、谋取非法利益的程序规则和制度安排; 4)防范不当关联交易的程序规则和制度安排; 5)确保公司独立核算的程序规则和财务、会计管理制度等

一级指标	二级指标	三级指标	四级指标	指标性质	指标说明
G 治理	G.2 治理机制	G.2.2 风险管理	G.2.2.4 气候风险识别及防范	定量/定性	可针对以下方面描述气候风险识别及防范： 1）企业面临的气候风险识别及影响评估； 2）防范气候变化带来的物理风险和转型风险所采取的措施及效果； 3）企业遭受气候影响产生的损失，包括受影响事件数（件）和损失金额（万元）
			G.2.2.5 数字化转型风险管理	定量/定性	可针对以下方面描述数字化转型风险管理： 1）企业面临的数字化转型风险识别和影响评估； 2）应对数字化转型风险所采取的措施及效果； 3）企业数字化转型的战略部署、商业模式重构、组织变革、数字化能力建设和实施计划，以及数字化转型相关的人员投入（人）、资金投入（万元）等； 4）企业数字化转型带来的价值效益，包括生产运营优化，如效率提升、成本降低、质量提高；产品/服务创新，如新技术/新产品、服务延伸与增值、主营业务增长；业态转变，如数字新业务、用户/生态合作伙伴连接与赋能、绿色可持续发展
			G.2.2.6 企业应急风险管理	定性	可针对以下方面描述企业应急风险管理： 1）企业应急风险管理体系，包括应急风险评估、应急程序、应急预案、应急资源状况等； 2）重大公共危机和灾害事件应对预案
		G.2.3 监督管理	G.2.3.1 审计制度及实施	定性	可针对以下方面描述审计制度及实施： 1）内外部审计制度、内外部审计意见、发现的问题及整改情况； 2）会计师事务所变更、会计师事务所是否出具标准无保留意见等情况
			G.2.3.2 问责制度及实施	定量/定性	包括但不限于问责制度、问责数量（件）、形式及改进措施

续表

一级指标	二级指标	三级指标	四级指标	指标性质	指标说明
G 治理	G.2 治理机制	G.2.3 监督管理	G.2.3.3 投诉、举报制度及实施	定量/定性	可针对以下方面描述投诉、举报制度及实施： 1）是否有设立投诉、举报制度； 2）员工和其他利益相关方是否对投诉、举报机制知情； 3）投诉、举报机制是否对问题予以保密处理，是否为可匿名使用机制，是否对投诉人、举报人有保护机制； 4）报告期内收到投诉、举报的数量（次）、类型（如是否移交司法程序）、受理量占比（%）
		G.2.4 信息披露	G.2.4.1 信息披露体系	定性	企业信息披露的组织、制度、程序、责任等情况
			G.2.4.2 信息披露实施	定性	企业信息披露的内容、渠道、及时性等情况
		G.2.5 高管激励	G.2.5.1 高管聘任与解聘制度	定性	包括但不限于高管人员聘任与解聘原则、程序等
			G.2.5.2 高管薪酬政策	定性	可针对以下方面描述高管薪酬政策： 1）高管人员绩效与履职评价的标准、方式和程序； 2）高管薪酬管理办法、实施方案、制定程序等
			G.2.5.3 高管绩效与 ESG 目标的关联	定性	包括但不限于企业高管绩效评价与 ESG 目标关联情况
		G.2.6 商业道德	G.2.6.1 商业道德准则和行为规范	定性	包括但不限于企业商业道德、员工行为准则等制度建设情况
			G.2.6.2 商业道德培训	定量	包括但不限于企业管理层、员工开展商业道德规范培训的覆盖率（%）、频次（次/年）、平均时长（小时/年）

一级指标	二级指标	三级指标	四级指标	指标性质	指标说明
G 治理	G.2 治理机制	G.2.6 商业道德	G.2.6.3 避免违反商业道德的措施	定性	包括但不限于企业有关防止贪污、腐败、贿赂、勒索、欺诈、洗黑钱、垄断及不正当竞争等行为的措施及监察方法
	G.3 治理效能	G.3.1 战略与文化	G.3.1.1 企业战略与商业模式分析	定性	可针对以下方面描述企业战略与商业模式分析： 1）企业使命与愿景； 2）内外部经营环境分析； 3）企业所采取的商业模式及其特点、适用性等情况； 4）核心竞争力的识别和评估、提升核心竞争力的措施
			G.3.1.2 企业文化建设	定性	包括但不限于企业文化内涵、企业价值观、文化建设的主要举措、典型事件及成效
		G.3.2 创新发展	G.3.2.1 研发与创新管理体系	定性	可针对以下方面描述研发与创新管理体系： 1）研发与创新管理体系、制度、程序和方法； 2）高新技术企业认定情况
			G.3.2.2 研发投入	定量	可针对以下方面计算研发投入： 1）研究与试验发展投入（万元）及其占主营业务收入比例（%）和变化（%）； 2）研究与试验发展人员数（人）及其占总员工数量比例（%）和变化（%）
			G.3.2.3 创新成果	定量	可针对以下方面计算创新成果： 1）按发明专利、实用新型专利和外观设计专利报告专利申请数（件）和授权数（件）、变化情况（%）、有效专利数（件）、每百万元营收有效专利数（件）； 2）商标、著作权等知识产权数量（件）、每百万元营收软件著作数（件）； 3）新产品开发项目数（个）、新产品销售收入（万元）、新产品产值率（%）

续表

一级指标	二级指标	三级指标	四级指标	指标性质	指标说明
G 治理	G.3 治理效能	G.3.2 创新发展	G.3.2.4 管理创新	定性	包括但不限于企业将新的管理方法、管理手段、管理模式等管理要素或要素组合引入企业管理系统以更有效地实现组织目标的创新活动
		G.3.3 可持续发展	G.3.3.1 ESG融入企业战略	定性	企业将ESG融入战略分析、制定、实施、变革过程中的情况
			G.3.3.2 ESG融入经营管理	定性	企业将ESG融入经营管理过程的方式方法和执行落实情况
			G.3.3.3 ESG融入投资决策	定性	企业将ESG融入投资决策的情况

ICS 03.120

CCS A 00

T/CERDS

团　　　　体　　　　标　　　　准

T/CERDS 3—2022

企业ESG评价体系

Enterprise ESG evaluation system

（发布稿）

2022-11-16 发布　　　　　　　　　　　　　　2023-01-01 实施

中国企业改革与发展研究会　　发　布

目　次

前　言

本文件按照GB/T 1.1—2020《标准化工作导则 第1部分：标准化文件的结构和起草规则》的规定起草。

本文件基于T/CERDS 2—2022《企业ESG披露指南》编制，是支撑企业ESG评价活动的基础性系列团体标准之一。

请注意本文件的某些内容可能涉及专利。本文件的发布机构不承担识别专利的责任。

本文件由中国企业改革与发展研究会提出并归口。

本文件起草单位：中国经济信息社、首都经济贸易大学、中国企业改革与发展研究会、珠海华发实业股份有限公司、康师傅控股有限公司、第一创业证券股份有限公司、首都经济贸易大学中国ESG研究院、国信联合（北京）认证中心、国务院国有资产监督管理委员会研究中心、生态环境部信息中心、工业和信息化部中小企业发展促进中心、海关总署国际检验检疫标准与技术法规研究中心、国家市场监督管理总局认证认可技术研究中心、商务部国际贸易经济合作研究院、国家发展和改革委员会经济体制与管理研究所、中国科学技术信息研究所、中国信息通信研究院、中国科学院空天信息创新研究院、深圳大学、中国合作贸易企业协会、中国中小企业国际合作协会、中国质量认证中心、中国航空发动机集团有限公司、中国海洋石油集团有限公司、国家电力投资集团有限公司、中国长江三峡集团有限公司、国家能源投资集团有限责任公司、中国移动通信集团有限公司、中国一重集团有限公司、中国东方电气集团有限公司、中国建筑集团有限公司、华润（集团）有限公司、中国盐业集团有限公司、中国铁路工程集团有限公司、中国交通建设集团有限公司、中国航空油料集团有限公司、中国检验认证（集团）有限公司、北大荒农垦集团有限公司、中航资产管理有限公司、深圳供电局有限公司、广东电网有限责任公司、云南电网有限责任公司、国电电力发展股份有限公司、保利发展控股集团股份有限公司、上海振华重工（集团）股份有限公司、中交地产股份有限公司、中青旅控股股份有限公司、美的集团股份有限公司、宁德时代新能源科技股份有限公司、特变电工股份有限公司、冠捷电子科技股份有限公司、深圳迈瑞生物医疗电子股份有限公司、黑龙江省交通投资集团有限公司、波司登羽绒服装有限公司、北京京港地铁有限公司、北京世标认证中心有限公司、华夏认证中心有限公司、方圆标志认证集团有限公司、中汽研华诚认证（天津）有限公司、北京东方易初标准技术有限公司、上海仲裁委员会、北京市盈科律师事务所、深圳排放权交易所有限公司、国新咨询有限责任公司、北京赛尼尔风险管理科技有限公司、蚂蚁科技集团股份有限公司、中邮人寿保险股份有限公司、华福证券有限责任公司、华夏理财有限责任公司、银华基金管理股份有限公司、创金合信基金管理有限公司、云南国际信托有限公司、中融国际信托有限公司、恒丰银行股份有限公司、北京菜市口百货股份有限公司、东方明珠新媒体股份有限公司、厦门申悦关务科技集团有限公司、新里程健康科技集团股份有限公司、上海吉祥航空股份有限公司、山东博汇纸业股份有限公司、无量科技股份有限公司、《中国能源报》社有限公司、《中国汽车报》社有限公司、中国商业联合会商业创新工作委员会、深圳市绿色金融协会、上海现代服务业联合会汽车产业金融服务专委会、常州市建筑科学研究院集团股份有限公司、核电运行研究（上海）有限公司、广东粤电科试验检测技术有限公司、国投新疆罗布泊钾盐有限责任公司、中移数智科技有限公司、北京天润新能投资有限公司、北京秩鼎技术有限公司、上海市新能源汽车公共数据采集与监测研究中心、广州南沙营商环境国际交流促进中心、国信标准（北京）信用评价中心。

本文件主要起草人：柳学信、王凯、李华、徐玉长、钱龙海、李月、王永贵、赵喜玲、刘栋栋、李伟、张天华、王胜先、史闻东、王世琦、李耀强、贾宏伟、赵明刚、张晓文、张波、戚悦、高景远、武芳、强海洋、潘英、张英杰、刘伟丽、王瑜、孟瑜、高德康、徐涛、李永波、朱立本、付殿东、陈科、杨琳、林殷、应海峰、李守江、卢启付、叶小忠、黄德良、王春利、林新阳、李蹮、周剑峰、刘相峰、李永生、萧新桥、蒋筱江、张宇尘、刘文涛、王成、郭艳美、赵新平、王宇斯、范铭超、张静、程亚男、王广珍、萨爽、吕泽铭、黄颖、陈敏、陈慧、朱若辰、张哲铭、孙峰、吴扬、蓝屹、陶伟、杨阳、刘全、叶瑞佳、黄海、陈林、何灿、焦海华、嵇绯绯、谢响亮、史志伟、潘学兴、李振华、阴秀生、张佩芳、徐晓磊、严一锋、陶丹、施维、尚丹丹、黄冬萍、沈洋、陈海鸥、胡啸岳、李欣、白晨、常琳、姚晓婧、王磊、樊闻、李艳、郝丽娟、戴英昊、任国文、钟银燕、吴莉、张彦武、杨扬荣、章议文、赵文菁、娄辰、张勇、陈晨、籍正、白羽雄、郭名、魏歆庭、朱术超、陈焕球、杨苓、张丽丽、连晓东、董晓红、李潇、王博、李红伟、李胡扬、张怡萌、杨鹏、李沐、王聿辰、雷文军、孙旭、资辉琼、伞子瑶、刘柳、孙明耀、杜婧甜、张大帅、王波、曾理、马晨、徐志杨、刘文书、李龙、齐影、南明哲、刘蒙蒙、武玉娟、胡海军、郭后军。

引　言

　　企业ESG评价是对企业有关环境（environmental）、社会（social）和治理（governance）表现及相关风险管理的评估。ESG是企业可持续发展的核心框架，已成为企业非财务绩效的主流评价体系。ESG评价是衡量企业ESG绩效表现，实现"以评促改"，以高标准引导企业高质量发展的重要活动。为了不断适应市场的新变化，推动企业绿色低碳转型，引导企业高质量发展，亟须建立适用于我国国情的企业ESG评价体系。

　　《企业ESG评价体系》以国家相关法律法规和标准为依据，参考MSCI、Sustainalytics、汤森路透、富时罗素、标普道琼斯等ESG评价体系，结合我国国情，从环境、社会、治理三个维度构建，建设既与国际接轨又适合中国企业特色的ESG评价标准，为开展企业ESG评价提供基础框架。

企业ESG评价体系

1 范围

本文件给出了企业ESG评价的评价原则、评价指标体系、评价方法、评价过程、评价主体、信息数据处理和责任与监督等内容。

本文件适用于各行业企业ESG绩效表现的企业自评、第二方评价、第三方评价或者其他所需要的评价活动。

2 规范性引用文件

下列文件中的内容通过文中的规范性引用而构成本文件必不可少的条款。

T/CERDS 2—2022 企业ESG披露指南。

3 术语和定义

T/CERDS 2—2022界定的以及下列术语和定义适用于本文件。

3.1 ESG environmental，social and governance

关注企业环境、社会、治理绩效的投资理念和企业评价标准，是影响投资者决策以及衡量企业可持续发展能力的关键因素。

3.2 ESG评价 ESG evaluation

对企业在ESG各维度的表现以及风险应对能力等方面进行的评估活动。

3.3 绩效 performance

可测量的结果。

注1：绩效可能与定量或定性的发现有关。

注2：绩效可能与活动、过程、产品（包括服务）、体系或组织的管理有关。

[来源：GB/T 24001—2016，3.4.10]

4 评价原则

4.1 可操作性

评价方案的选用应符合特定应用场景的需求，ESG指标对应关系有显著区别的应用场景宜选用不同的评价方法。

4.2 客观性

评价过程应公正、公平、规范。评价人员秉持诚实正直的职业道德和操守，对ESG评价以事实为依据，以资料和数据为客观证明，评价指标应尽量采用定量的统计方法，对于难以定量评价的指标，采取定性描述评价。

4.3 独立性

评价方法、过程及其变更修订和评价结果透明公开，并做出恰当的解释。第三方机构评价结果不受被评价企业影响且具有较强的独立性，确保评价结果客观公正。企业自评及第二方评价的评价人员应独立于被评价的职能，并且在任何情况下都应不带偏见，没有利益上的冲突。

4.4 一致性

企业应使用一致的数据统计方法、时间维度、基于本标准的评价过程、评价方法，使信息数据能为利益相关方提供有意义的比较。

5 评价指标体系

评价指标体系为四级指标体系：一级指标基于环境、社会、治理三个维度设置。二级指标和三级指标基于ESG相关法律法规标准和企业实践梳理得出。四级指标是针对三级指标的具体测量、评估细化。企业ESG评价指标体系包括3个一级指标，10个二级指标，35个三级指标，135个四级指标，企业ESG评价指标体系见附录A。

6 评价方法

6.1 评价指标权重设计

各指标权重值应根据不同指标对于特定行业的相对重要性设定，同行业具有相同的指标权重。本标准给出专家打分法、两两比较法、判断矩阵法和熵值法，评价人员可根据行业特点以及具体情况自行选用，权重设计方法具体操作步骤见附录B。评价人员应根据行业特征选择合适的权重设计方法。指标权重值依据不同行业特征而存在差异。

6.2 综合评分计算

综合评分计算公式如下：

$$T = \sum_{i=1}^{n} w_i a_i - K \tag{1}$$

其中，a_i为四级指标i的指标评分，其形式为数据标准化后的百分制无量纲数值；w_i为相应四级指标的权重值。K代表当评价对象出现如附录C中所列举的重点关注项时，评价人员应依据出现重点事件的数量和事件的影响程度酌情扣分。

6.3 评价等级准则

针对不同的最终评价得分，评价结果的等级判定准则见附录D。

7 评价过程

7.1 概述

评价过程包括启动ESG评价，评价方案设计，信息数据采集、处理与评价，形成评价报告，评价结果应用与追踪。具体的评价过程见图1。

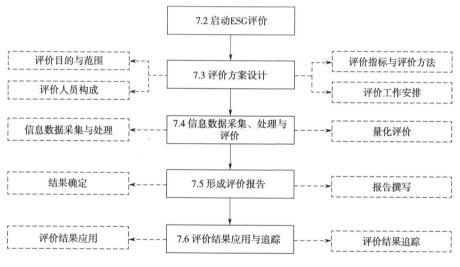

图1 ESG评价过程图

7.2 启动ESG评价

评价主体启动ESG评价，第三方评价主体要求参照8.1，第二方评价和企业自评评价主体要求参照第三方评价主体的要求。

7.3 评价方案设计

根据评价目的完成评价方案设计，经评审批准后实施。设计内容包括但不限于：

a）评价目的与范围。衡量企业ESG绩效表现，推动企业持续改进ESG实践，为政府决策、投资机构ESG投资提供参考；企业ESG评价范围可为各行业、各类型具有独立法人资格的企业。

b）评价人员构成。评价人员需满足8.2的要求。

c）评价指标与评价方法。根据评价目的，参照附录A选择评价指标，参照第6章确定评价方法。

d）评价工作安排。制定评价工作计划，确定各环节时间安排。

7.4 信息数据采集、处理与评价

评价人员参照第9章对信息数据采集、核实、处理与评价，得到评价结果。

7.5 形成评价报告

评价报告应满足以下要求：

a）结果确定。得到初步评价结果后，通过质量控制委员会审核，确定最终评价结果。

b）报告撰写。撰写评价报告，评价报告内容可包括评价目的、评价对象基本信息、评价指标与方法、得分与等级划分、评价结果的解读与分析、结论及建议等内容。

7.6 评价结果应用与追踪

7.6.1 评价结果应用

评价报告可供企业、投资者、政府及监管机构等利益相关者参考使用。

7.6.2 评价结果追踪

评价人员在完成评价报告后，根据评价工作计划和评价主体要求，可对ESG评价结果定期检视更新。

8 第三方评价主体

8.1 第三方评价主体的要求

第三方评价主体为具备评价能力、独立于评价对象，且具有良好市场信誉的专业评价机构，应满足如下条件：

a）应有独立法人资格。

b）应有保障评价过程和评价质量的相关文件。

c）应有ESG专业的专职评价人员。

d）应设立质量控制委员会，负责监督评价过程和结果认定。

8.2 评价人员的要求

评价人员应满足下列要求：

a）应有丰富的ESG工作经验，具备识别企业在ESG方面存在的主要问题的能力。

b）应熟悉国家有关方针、政策及相关的法律法规，掌握可持续发展、绿色金融等相关领域的专业知识。

c）遵纪守法、诚实正直、坚持原则、实事求是、严谨公正。

d）应熟悉被评价企业所属的行业特点。

e）应恪守职业道德，保守被评价企业的技术和商业秘密。

f）应独立于被评价企业。

9 信息数据处理

9.1 信息数据来源

9.1.1 评价对象ESG信息按来源角度分类，可包括企业披露的信息数据，来源于监管部门、权威媒体等的公开信息数据。

9.1.2 企业披露的信息数据指由评价对象公开发布的关于自身的信息，包括但不限于：

a）《企业社会责任报告》《环境、社会与治理报告》《可持续发展报告》。

b）公司年报、半年报。

c）根据国家和地方相关法律规定要求编制的专题报告。

d）根据评价主体要求编制的资料清单。

e）ESG公开数据信息。

f）规章、声明或简报。

g）其他形式的信息。

9.1.3 来源于监管部门、权威媒体等的公开信息数据指由监管部门、权威媒体等发布的关于评价对象的ESG相关信息，包括但不限于：

a）国家或地方监管部门发布的关于企业ESG方面的信息，如违反ESG相关监管规定的通报等。

b）国家或地方统计部门发布的关于企业资源使用量的统计信息，如企业或组织的用电量或排水量等。

c）司法机构公布的企业司法数据。

d）社会组织、专业数据库、权威媒体发布的关于企业的ESG相关信息。

e）其他形式的信息。

9.2 信息数据整理与核验

9.2.1 评价主体应从正规渠道合规采集企业ESG信息数据，信息数据来源应多样化，未经证实的非正规渠道信息数据不应使用。

9.2.2 评价主体应核对企业披露的信息，确保信息数据全面、真实、准确。针对疑点采取询问、现场勘查等方式确认。无法证实的存疑数据信息不应使用。

9.2.3 如企业披露和来源于监管部门、权威媒体等的公开信息数据出现矛盾或不一致的情况，评价主体应对相关信息核实后取用符合事实的信息。

9.2.4 评价主体应建立工作文件存档制度，对数据来源、评价依据和基础记录存档。

9.2.5 评价主体应设立内部复核制度，评价人员和内部复核人员相互独立，确保评价结果公正客观。

10 责任与监督

评价主体对评价结果的真实性、准确性和完整性负责，评价结果应接受政府、社会公众、新闻媒体及其他第三方的监督。

附录A

（规范性）

企业ESG评价指标体系及说明

表A.1 企业ESG评价指标体系及说明

一级指标	二级指标	三级指标	四级指标	性质	单位	说明	评分方法	备注
E 环境	E.1 资源消耗	E.1.1 水资源	E.1.1.1 水资源使用管理	定性		企业应制定并实施水资源使用管理措施，包括：企业与水资源的相互影响，如企业的活动产生的水资源影响，用于确定水资源相关影响的方法，处理水资源相关影响的方式，企业的水资源使用目标等	无相关信息披露：0；有相关信息披露：100	
			E.1.1.2 新鲜水用量	定量	吨	新鲜水用量为：企业取自各种水源的新鲜水取量中扣除外供的新鲜水量、热水、蒸汽等	（行业最大新鲜用水量－企业新鲜用水量）/（行业最大新鲜用水量－行业最小新鲜用水量）×100	
			E.1.1.3 循环用水量	定量	吨	水资源循环使用的数量	（企业循环用水量－行业最小循环用水量）/（行业最大循环用水量－行业最小循环用水量）×100	

一级指标	二级指标	三级指标	四级指标	性质	单位	说明	评分方法	备注
E 环境	E.1 资源消耗	E.1.1 水资源	E.1.1.4 循环用水总量占总耗水量的比例	定量	%	企业循环用水总量占总耗水量的比例：循环用水总量=循环用水量×重复利用次数、总耗水量=新鲜水取量+循环用水总量	（企业循环用水总量占总耗水量的比例−行业最小循环用水总量占总耗水量的比例）/（行业最大循环用水总量占总耗水量的比例−行业最小循环用水总量占总耗水量的比例）×100	
			E.1.1.5 水资源消耗强度	定量	吨	企业水资源消耗强度，包括：产品，如每生产单位产品所消耗的水资源；服务，如每项功能或每项服务所消耗的水资源；销售额，如每单位销售额所消耗的水资源等	（行业最大水资源消耗强度−企业水资源消耗强度）/（行业最大水资源消耗强度−行业最小水资源消耗强度）×100	
		E.1.2 物料	E.1.2.1 物料使用管理	定性		企业应制定并实施物料使用管理措施，包括：物料对于企业生产经营的影响、物料管理	无相关信息披露：0；有相关信息披露：100	
			E.1.2.2 不可再生物料消耗量	定量	吨或立方米	企业在经营生产中消耗的不可再生物料	（行业最大不可再生物料消耗量−企业不可再生物料消耗量）/（行业最大不可再生物料消耗量−行业最小不可再生物料消耗量）×100	

续表

一级指标	二级指标	三级指标	四级指标	性质	单位	说明	评分方法	备注
E 环境	E.1 资源消耗	E.1.2 物料	E.1.2.3 有毒有害物料消耗量	定量	吨或立方米	企业在经营生产中消耗的有毒有害物料	（行业最大有毒有害物料消耗强度–企业有毒有害物料消耗强度）/（行业最大有毒有害物料消耗强度–行业最小有毒有害物料消耗强度）×100	
			E.1.2.4 物料消耗强度	定量	吨或立方米	企业物料消耗强度，包括：产品，如每生产单位产品所消耗的物料；服务，如每项功能或每项服务所消耗的物料；销售额，如每单位销售额所消耗的物料	（行业最大物料消耗强度–企业物料消耗强度）/（行业最大物料消耗强度–行业最小物料消耗强度）×100	
		E.1.3 能源	E.1.3.1 能源使用管理	定性		企业应制定并实施能源使用管理措施，包括：能源对于企业运营的影响，主要能源类型，能源的获取方式；能源管理；员工节能意识及行动；等等	无相关信息披露：0； 有相关信息披露：100	
			E.1.3.2 不可再生能源消耗量	定量	吨标准煤	企业不可再生能源消耗量，包括：煤炭消耗量、焦炭消耗量、汽油消耗量、柴油消耗量、天然气消耗量	（行业最大不可再生能源消耗量–企业不可再生能源消耗量）/（行业最大不可再生能源消耗量–行业最小不可再生能源消耗量）×100	

一级指标	二级指标	三级指标	四级指标	性质	单位	说明	评分方法	备注
E 环境	E.1 资源消耗	E.1.3 能源	E.1.3.3 能源消耗强度	定量	吨标准煤	企业能源消耗强度，包括：产品，如每生产单位产品所消耗的能源；服务，如每项功能或每项服务所消耗的能源；销售额，如每单位销售额所消耗的能源	（行业最大能源消耗强度 - 企业能源消耗强度）/（行业最大能源消耗强度 - 行业最小能源消耗强度）×100	
			E.1.3.4 节能管理	定量	吨标准煤	企业节能效果，包括：企业节电量、企业节煤量、企业节油量、企业节气量	（企业节能管理量 - 行业最小节能管理量）/（行业最大节能管理量 - 行业最小节能管理量）×100	
		E.1.4 其他自然资源	E.1.4.1 其他自然资源管理	定性		企业活动、产品和服务对其他自然资源的消耗情况，包括：土地资源、森林资源、湿地资源、海洋资源	无相关信息披露：0；有相关信息披露：100	
	E.2 污染防治	E.2.1 废水	E.2.1.1 废水排放达标情况	定性		是否符合本行业的废水排放标准以及确定达标的依据	未达到本行业的废水排放标准：0；达到本行业的废水排放标准：100	
			E.2.1.2 废水管理	定性		企业应制定并实施废水管理措施，包括：废水排放许可证；排污口的申报、标识；废水污染物的种类、来源、贮存、流向、检测；废水防治设施的建设及运行情况，如废水处理设备等	无相关信息披露：0；有相关信息披露：100	

续表

一级指标	二级指标	三级指标	四级指标	性质	单位	说明	评分方法	备注
E 环境	E.2 污染防治	E.2.1 废水	E.2.1.3 废水排放量	定量	吨	企业废水排放量，包括：工业废水排放量，生活废水排放量	（行业最大废水排放量－企业废水排放量）/（行业最大废水排放量－行业最小废水排放量）×100	
			E.2.1.4 废水排放强度	定量	吨	企业废水排放强度，包括：产品，如每生产单位产品所排放的废水量；服务，如每项功能或每项服务所排放的废水量；销售额，如每单位销售额所排放的废水量	（行业最大废水排放强度－企业废水排放强度）/（行业最大废水排放强度－行业最小废水排放强度）×100	
			E.2.1.5 废水污染物排放量	定量	污染物当量值/千克	企业废水污染物排放总量或分类别污染物排放量：第一类污染物、第二类污染物	（行业最大废水污染物排放量－企业废水污染物排放量）/（行业最大废水污染物排放量－行业最小废水污染物排放量）×100	
			E.2.1.6 废水污染物排放强度	定量	污染物当量值/千克	企业排放强度总值或各类别污染物的排放强度值：产品，如每生产单位产品所排放的废水污染物量；服务，如每项功能或每项服务所排放的废水污染物量；销售额，如每单位销售额所排放的废水污染物量	（行业最大废水污染物排放强度－企业废水污染物排放强度）/（行业最大废水污染物排放强度－行业最小废水污染物排放强度）×100	

续表

一级指标	二级指标	三级指标	四级指标	性质	单位	说明	评分方法	备注
E 环境	E.2 污染防治	E.2.1 废水	E.2.1.7 废水污染物排放浓度	定量	毫克/升	企业各类别污染物的排放浓度数据，包括：排放浓度；许可排放浓度限值	（行业最大废水污染物排放浓度−企业废水污染物排放浓度）/（行业最大废水污染物排放浓度−行业最小废水污染物排放浓度）×100	
		E.2.2 废气	E.2.2.1 废气排放达标情况	定性		是否符合本行业的废气排放标准以及确定达标的依据	未达到本行业的废气排放标准：0；达到本行业的废气排放标准：100	
			E.2.2.2 废气管理	定性		企业应制定并实施废气管理措施，包括：废气排放许可证；废气排放口的申报、标识；废气污染物的种类、来源、监测；废气防治设施建设及运行情况	无相关信息披露：0；有相关信息披露：100	
			E.2.2.3 废气污染物排放量	定量	千克	企业废气污染物排放总量或分类别污染物排放量：氮氧化物（NO_x）；SO_2；颗粒物；VOC等其他废气	（行业最大废气污染物排放量−企业废气污染物排放量）/（行业最大废气污染物排放量−行业最小废气污染物排放量）×100	

续表

一级指标	二级指标	三级指标	四级指标	性质	单位	说明	评分方法	备注
E 环境	E.2 污染防治	E.2.2 废气	E.2.2.4 废气污染物排放强度	定量	千克	企业排放强度总值或各类别污染物的排放强度值：产品，如每生产单位产品所排放的废气污染物量；服务，如每项功能或每项服务所排放的废气污染物量；销售额，如每单位销售额所排放的废气污染物量	（行业最大废气污染物排放强度–企业废气污染物排放强度）/（行业最大废气污染物排放强度–行业最小废气污染物排放强度）×100	
			E.2.2.5 废气污染物排放浓度	定量	毫克/立方米	企业各类别污染物的排放浓度数据：排放浓度；许可排放浓度限值	（行业最大废气污染物排放浓度–企业废气污染物排放浓度）/（行业最大废气污染物排放浓度–行业最小废气污染物排放浓度）×100	
		E.2.3 固体废物	E.2.3.1 固体废物处置达标情况	定性		是否符合本行业的固体废物处置标准以及确定达标的依据	未达到本行业的固体废物处置标准：0；达到本行业的固体废物处置标准：100	
			E.2.3.2 无害废物管理	定性		企业应建立无害废物信息管理制度，包括：无害废物排污许可证；无害废物的种类、数量、流向、贮存、利用、处置等信息；无害废物的全过程监控和信息化管理	无相关信息披露：0；有相关信息披露：100	

一级指标	二级指标	三级指标	四级指标	性质	单位	说明	评分方法	备注
E 环境	E.2 污染防治	E.2.3 固体废物	E.2.3.3 无害废物排放量	定量	吨	企业无害废物排放量	（行业最大无害废物排放量-企业无害废物排放量）/（行业最大无害废物排放量-行业最小无害废物排放量）×100	
			E.2.3.4 无害废物排放强度	定量	吨	企业无害废物排放强度：产品，如每生产单位产品所排放的无害废物量；服务，如每项功能或每项服务所排放的无害废物量；销售额，如每单位销售额所排放的无害废物量	（行业最大无害废物排放量-企业无害废物排放量）/（行业最大无害废物排放量-行业最小无害废物排放量）×100	
			E.2.3.5 有害废物管理	定性		企业有害废物管理信息，包括：有害废物的种类、数量、流向、贮存、处置等信息；有害废物的全过程监控和信息化管理；有害废物台账制度、有害废物收集容器和设施规范标识等	无相关信息披露：0；有相关信息披露：100	
			E.2.3.6 有害废物排放量	定量	吨	企业有害废物排放量	（行业最大有害废物排放量-企业有害废物排放量）/（行业最大有害废物排放量-行业最小有害废物排放量）×100	

续表

一级指标	二级指标	三级指标	四级指标	性质	单位	说明	评分方法	备注
E 环境	E.2 污染防治	E.2.3 固体废物	E.2.3.7 有害废物排放强度	定量	吨	企业有害废物排放强度，包括：产品，如生产单位产品所排放的有害废物量；服务，如每项功能或每项服务所排放的有害废物量；销售额，如每单位销售额所排放的有害废物量	（行业最大有害废物排放强度–企业有害废物排放强度）/（行业最大有害废物排放强度–行业最小有害废物排放强度）×100	
		E.2.4 其他污染物	E.2.4.1 其他污染物管理	定性		企业制定其他污染物管理方针：噪声污染、放射性污染、电磁辐射污染	无相关信息披露：0；有相关信息披露：100	
	E.3 气候变化	E.3.1 温室气体排放	E.3.1.1 温室气体来源与类型	定性		企业温室气体来源与类型：描述排放温室气体的生产运营活动；列出排放的温室气体类型，纳入考量的气体有 CO_2、CH_4、N_2O、HFC、PFC、SF_6、NF_3	无相关信息披露：0；有相关信息披露：100	
			E.3.1.2 范畴一温室气体排放量	定量	CO_2当量吨	企业范畴一温室气体排放量：范畴一为直接温室气体排放，即企业拥有或控制的温室气体源的温室气体排放，如固定源燃烧排放、移动源燃烧排放、逸散排放、制程排放等类型；纳入计算的气体有CO_2、CH_4、N_2O、HFC、PFC、SF_6、NF_3	（行业最大范畴一温室气体排放量–企业范畴一温室气体排放量）/（行业最大范畴一温室气体排放量–行业最小范畴一温室气体排放量）×100	

续表

一级指标	二级指标	三级指标	四级指标	性质	单位	说明	评分方法	备注
E 环境	E.3 气候变化	E.3.1 温室气体排放	E.3.1.3 范畴二温室气体排放量	定量	CO_2当量吨	企业范畴二温室气体排放量：范畴二为能源间接温室气体排放，即企业所消耗的外部电力、热力或蒸汽的生产而造成的间接温室气体排放；纳入计算的气体有CO_2、CH_4、N_2O、HFC、PFC、SF_6、NF_3	（行业最大范畴二温室气体排放量-企业范畴二温室气体排放量）/（行业最大范畴二温室气体排放量-行业最小范畴二温室气体排放量）×100	
			E.3.1.4 范畴三温室气体排放量	定量	CO_2当量吨	企业范畴三温室气体排放量：范畴三为其他间接温室气体排放，即企业的活动引起的、由其他企业拥有或控制的温室气体源所产生的温室气体排放，不包括能源间接温室排放；纳入计算的气体有CO_2、CH_4、N_2O、HFC、PFC、SF_6、NF_3	（行业最大范畴三温室气体排放量-企业范畴三温室气体排放量）/（行业最大范畴三温室气体排放量-行业最小范畴三温室气体排放量）×100	
			E.3.1.5 温室气体排放强度	定量	CO_2当量吨	企业排放强度总值或各范畴的排放强度值：产品，如每生产单位产品所产生的温室气体排放量；服务，如每项功能或每项服务所产生的温室气体排放量；销售额，如每单位销售额所产生的温室气体排放量	（行业最大温室气体排放强度-企业温室气体排放强度）/（行业最大温室气体排放强度-行业最小温室气体排放强度）×100	

续表

一级指标	二级指标	三级指标	四级指标	性质	单位	说明	评分方法	备注
E 环境	E.3 气候变化	E.3.2 减排管理	E.3.2.1 温室气体减排管理	定性		企业制定温室气体减排管理方针：范畴一温室气体减排目标及措施、范畴二温室气体减排目标及措施、范畴三温室气体减排目标及措施	无相关信息披露：0；有相关信息披露：100	
			E.3.2.2 温室气体减排投资	定量	万元	企业减排措施的投资额	（企业温室气体减排投资－行业最小温室气体减排投资）/（行业最大温室气体减排投资－行业最小温室气体减排投资）×100	
			E.3.2.3 温室气体减排量	定量	CO_2当量吨	企业减排总量或各范畴的减排量：纳入计算的气体有CO_2、CH_4、N_2O、HFC、PFC、SF_6、NF_3；明确基准年或基线	（企业温室气体减排量－行业最小温室气体减排量）/（行业最大温室气体减排量－行业最小温室气体减排量）×100	
			E.3.2.4 温室气体减排强度	定量	CO_2当量吨	企业减排强度总值或各范畴的减排强度值：产品，如每生产单位产品的温室气体减排量；服务，如每项功能或每项服务的温室气体减排量；销售额，如每单位销售额的温室气体减排量	（企业温室气体减排强度－行业最小温室气体减排强度）/（行业最大温室气体减排强度－行业最小温室气体减排强度）×100	

续表

一级指标	二级指标	三级指标	四级指标	性质	单位	说明	评分方法	备注
S 社会	S.1 员工权益	S.1.1 员工招聘与就业	S.1.1.1 企业招聘政策	定性		企业是否描述招聘制度，招聘流程和招聘渠道等招聘政策，及新员工入职情况是否达到招聘要求和目标等内容	无相关信息披露：0； 有相关信息披露：100	
			S.1.1.2 员工多元化与平等	定性		企业是否在保障公平用工，确保不同性别、受教育程度员工均有机会接受工作，并在劳动实践中无直接或间接歧视等方面制定了相关制度或实施了具体举措	无相关信息披露：0； 有相关信息披露：100	
			S.1.1.3 员工流动率	定量	%	企业员工离职率	（行业最大离职率−企业离职率）/（行业最大离职率−行业最小离职率）×100	
		S.1.2 员工保障	S.1.2.1 员工民主管理	定量	%	企业员工工会入会率	（企业员工工会入会率−行业最小员工工会入会率）/（行业最大员工工会入会率−行业最小员工工会入会率）×100	

续表

一级指标	二级指标	三级指标	四级指标	性质	单位	说明	评分方法	备注
S 社会	S.1 员工权益	S.1.2 员工保障	S.1.2.2 工作时间	定量	小时	人均每周工作时间	（行业最大人均每周工作时间-企业人均每周工作时间）/（行业最大人均每周工作时间-行业最小人均每周工作时间）×100	
			S.1.2.3 员工薪酬与福利	定性		企业是否描述自身薪酬水平、薪酬构成、法律规定的基本福利及其他福利	无相关信息披露：0；有相关信息披露：100	
			S.1.2.4 企业用工情况	定量	%	企业签订正式工作合同员工比例	（企业正式工作合同员工比例-行业最小正式工作合同员工比例）/（行业最大正式工作合同员工比例-行业最小正式工作合同员工比例）×100	
			S.1.2.5 员工满意度调查	定性		是否调查员工满意度	无相关信息披露：0；有相关信息披露：100	
		S.1.3 员工健康与安全	S.1.3.1 员工职业健康安全管理	定性		企业是否披露以下内容：工作中所含的职业健康安全风险及来源情况；职业健康安全方针的制定和实施；职业健康安全管理体系是否覆盖全部员工及工作场所；预防和减轻职业健康安全风险的措施等	无相关信息披露：0；有相关信息披露：100	

续表

一级指标	二级指标	三级指标	四级指标	性质	单位	说明	评分方法	备注
S 社会	S.1 员工权益	S.1.3 员工健康与安全	S.1.3.2 员工安全风险防控	定量	%	提供安全风险防护培训覆盖率	（企业培训覆盖率–行业最小培训覆盖率）/（行业最大培训覆盖率–行业最小培训覆盖率）×100	
			S.1.3.3 安全事故	定量	%	百万工时安全事故率	（行业最大百万工时安全事故率–企业百万工时安全事故率）/（行业最大百万工时安全事故率–行业最小百万工时安全事故率）×100	
			S.1.3.4 工伤应对	定量	%	从业人员职业伤害保险的覆盖率，即已交保险员工数/总员工数×100	（企业覆盖率–行业最小覆盖率）/（行业最大覆盖率–行业最小覆盖率）×100	
			S.1.3.5 员工心理健康援助	定性		企业是否检查、消除员工活动场所中促成或导致紧张和疾病的社会心理危险源，建立员工心理健康援助渠道，为员工提供心理健康培训和咨询等	无相关信息披露：0；有相关信息披露：100	
		S.1.4 员工发展	S.1.4.1 员工激励及晋升政策	定性		企业是否披露职级或岗位的等级划分、职位体系的设置情况、员工晋升与选拔机制、职级、岗位与薪酬调整机制	无相关信息披露：0；有相关信息披露：100	

续表

一级指标	二级指标	三级指标	四级指标	性质	单位	说明	评分方法	备注
S 社会	S.1 员工权益	S.1.4 员工发展	S.1.4.2 员工培训	定量	人次	员工培训人次	（企业员工培训人次－行业最小员工培训人次）/（行业最大员工培训人次－行业最小员工培训人次）×100	
			S.1.4.3 员工职业规划及职位变动支持	定性		企业是否为员工提供求学支持政策、员工职业发展通道、内部调动和应聘机会，是否有帮助被裁员员工再就业的制度与措施	无相关信息披露：0； 有相关信息披露：100	
	S.2 产品责任	S.2.1 生产规范	S.2.1.1 生产规范管理政策及措施	定性		企业是否披露安全生产管理体系，生产设备的折旧和报废政策，生产设备的更新和维护情况	无相关信息披露：0； 有相关信息披露：100	
			S.2.1.2 知识产权保障	定性		企业是否披露与维护及保障知识产权有关的政策、机制、具体措施	无相关信息披露：0； 有相关信息披露：100	
		S.2.2 产品安全与质量	S.2.2.1 产品安全与质量政策	定性		企业是否披露产品与服务的质量保障、质量改善等方面政策，产品与服务的质量检测、质量管理认证机制，产品与服务的健康安全风险排查机制	无相关信息披露：0；有相关信息披露：100	

续表

一级指标	二级指标	三级指标	四级指标	性质	单位	说明	评分方法	备注
S 社会	S.2 产品责任	S.2.2 产品安全与质量	S.2.2.2 产品撤回与召回	定量	%	因健康与安全原因须撤回和召回的产品数量百分比	（行业最大撤回与召回百分比–企业撤回与召回百分比）/（行业最大撤回与召回百分比–行业最小撤回与召回百分比）×100	
		S.2.3 客户服务与权益	S.2.3.1 客户服务	定性		产品与服务可及性情况，企业是否具有产品与服务的售后服务体系，披露客户满意度调查措施与结果，并针对客户需求开展调查	无相关信息披露：0；有相关信息披露：100	
			S.2.3.2 客户权益保障	定性		企业是否提醒自身产品与服务潜在的安全风险、有规定时间内退换货及赔偿机制、存在涉及误导或错误信息的情况	无相关信息披露：0；有相关信息披露：100	
			S.2.3.3 客户投诉	定量	%	客户投诉被解决的数量占比	（企业投诉解决数量占比–行业最小投诉解决数量占比）/（行业最大投诉解决数量占比–行业最小投诉解决数量占比）×100	

续表

一级指标	二级指标	三级指标	四级指标	性质	单位	说明	评分方法	备注
S 社会	S.3 供应链管理	S.3.1 供应商管理	S.3.1.1 供应商数量与分布	定性		企业是否披露供应商数量与分布，如供应商数量、供应商分布区域及占比	无相关信息披露：0；有相关信息披露：100	
			S.3.1.2 供应商选择与管理	定性		企业是否披露以下供应商选择与管理标准：供应商选择标准，供应商培训的具体政策，供应商考核的具体政策，供应商督查的具体政策，等等	无相关信息披露：0；有相关信息披露：100	
			S.3.1.3 供应商ESG战略	定量	%	发布ESG报告、披露ESG相关信息等执行ESG战略的供应商占比	（企业执行ESG战略供应商占比－行业最小执行ESG战略供应商占比）/（行业最大执行ESG战略供应商占比－行业最小执行ESG战略供应商占比）×100	
		S.3.2 供应链环节管理	S.3.2.1 采购与渠道管理	定性		企业是否制定并实施原材料选择标准，原材料与产成品供应中断防范与应急预案，各环节中物流、交易、信息系统等服务商的选择、考核与督查等政策	无相关信息披露：0；有相关信息披露：100	

269

续表

一级指标	二级指标	三级指标	四级指标	性质	单位	说明	评分方法	备注
S 社会	S.3 供应链管理	S.3.2 供应链环节管理	S.3.2.2 重大风险与影响	定性		是否描述供应链各环节重大风险与影响，如企业违法违规事件、高管重大负面信息等。可从以下角度描述：经确定的供应链各环节中具有的重大风险与影响，经确定为具有实际或潜在重大风险与影响的供应链各环节成员数量（个），经确定为具有实际或潜在重大风险与影响，且经评估后同意改进的供应链各环节成员占比（%）	无相关信息披露：0； 有相关信息披露：100	
	S.4 社会响应	S.4.1 社区关系管理	S.4.1.1 社区参与和发展	定性		企业是否披露参与包括教育、文化、就业、知识技能获取、收入、减轻健康威胁和投资等方面的社区发展的政策、措施与成果，如企业雇用社区成员所占比例、帮助社区内创业团体数量、帮扶弱势群体就业人数、纳税额、企业入驻数量、商业园区数量，企业在以上方面的社会投资额等	无相关信息披露：0； 有相关信息披露：100	

一级指标	二级指标	三级指标	四级指标	性质	单位	说明	评分方法	备注
S 社会	S.4 社会响应	S.4.1 社区关系管理	S.4.1.2 企业对所在社区的潜在风险	定性		企业是否披露其潜在风险对所在社区的影响程度，对所在社区潜在风险的防范政策、措施及效果	无相关信息披露：0；有相关信息披露：100	
		S.4.2 公民责任	S.4.2.1 单位营收社会公益活动投入金额	定量	%	公益活动年投入金额占企业年营业收入金额的比例（%）	（企业单位营收社会公益活动投入金额－行业最小单位营收社会公益活动投入金额）/（行业最大单位营收社会公益活动投入金额－行业最小单位营收社会公益活动投入金额）×100	
			S.4.2.2 社会公益活动参与数量	定量	小时/年	企业社会公益活动参与人次及时长：总时长=参与人次×人均时长	（企业社会公益活动总时长－行业最小社会公益活动总时长）/（行业最大社会公益活动总时长－行业最小社会公益活动总时长）×100	
			S.4.2.3 国家战略响应	定性		企业是否明确披露乡村振兴、高质量发展、共同富裕、强国战略等国家战略的响应情况，如具体项目、资源投入情况及取得成效等	无相关信息披露：0；有相关信息披露：100	

一级指标	二级指标	三级指标	四级指标	性质	单位	说明	评分方法	备注
S 社会	S.4 社会响应	S.4.2 公民责任	S.4.2.4 应对公共危机	定性		企业是否披露其应对重大、突发公共危机和灾害事件的政策、措施和具体贡献成果，如投入资源类别及数量（个）、取得社会性成果以及相关获奖情况等	无相关信息披露：0；有相关信息披露：100	
G 治理	G.1 治理结构	G.1.1 股东（大）会	G.1.1.1 大股东持股比例	定量	%	前五大股东持股比例（%）	（企业前五大股东持股比例－行业最小前五大股东持股比例）/（行业最大前五大股东持股比例－行业最小前五大股东持股比例）×100	
			G.1.1.2 股东（大）会召开情况	定量	%	股东出席率（%）	（股东出席率－行业最小股东出席率）/（行业最大股东出席率－行业最小股东出席率）×100	
		G.1.2 董事会	G.1.2.1 董事长兼任情况	定性		董事长是否兼任总经理	董事长兼任总经理：0；董事长不兼任总经理：100	
			G.1.2.2 董事离职情况	定量	%	届满前董事离职率（%）	（行业最大届满前董事离职率－企业届满前董事离职率）/（行业最大届满前董事离职率－行业最小届满前董事离职率）×100	

续表

一级指标	二级指标	三级指标	四级指标	性质	单位	说明	评分方法	备注
G 治理	G.1 治理结构	G.1.2 董事会	G.1.2.3 女性董事	定量	%	董事会成员中女性董事占比（%）	（企业董事会女性董事占比-行业最小董事会女性董事占比）/（行业最大董事会女性董事占比-行业最小董事会女性董事占比）×100	
			G.1.2.4 独立董事	定量	%	董事会成员中独立董事占比（%）	（企业董事会独立董事占比-行业最小董事会独立董事占比）/（行业最大董事会独立董事占比-行业最小董事会独立董事占比）×100	
			G.1.2.5 董事会出席情况	定量	%	董事会出席率（%）	（企业董事会出席率-行业最小董事会出席率）/（行业最大董事会出席率-行业最小董事会出席率）×100	
			G.1.2.6 专业委员会	定性		企业是否设立专业委员会（包括但不限于ESG、审计、战略、提名、薪酬与考核等相关专业委员会）	未设立专业委员会：0；设立专业委员会：100	
		G.1.3 监事会	G.1.3.1 监事离职情况	定量	%	届满前监事离职率（%）	（行业最大届满前监事离职率-企业届满前监事离职率）/（行业最大届满前监事离职率-行业最小届满前监事离职率）×100	

273

续表

一级指标	二级指标	三级指标	四级指标	性质	单位	说明	评分方法	备注
G 治理	G.1 治理结构	G.1.3 监事会	G.1.3.2 女性监事	定量	%	监事会中女性监事占比（%）	（企业监事会女性监事占比–行业最小监事会女性监事占比）/（行业最大监事会女性监事占比–行业最小监事会女性监事占比）×100	
			G.1.3.3 外部监事	定量	%	监事会中外部监事占比（%）	（企业监事会外部监事占比–行业最小监事会外部监事占比）/（行业最大监事会外部监事占比–行业最小监事会外部监事占比）×100	
			G.1.3.4 监事会出席情况	定量	%	监事会出席率（%）	（企业监事会出席率–行业最小监事会出席率）/（行业最大监事会出席率–行业最小监事会出席率）×100	
		G.1.4 高级管理层	G.1.4.1 高级管理层女性成员情况	定量	%	高级管理层人员中女性高管占比（%）	（企业高级管理层女性高管占比–行业最小高级管理层女性高管占比）/（行业最大高级管理层女性高管占比–行业最小高级管理层女性高管占比）×100	

续表

一级指标	二级指标	三级指标	四级指标	性质	单位	说明	评分方法	备注
G 治理	G.1 治理结构	G.1.4 高级管理层	G.1.4.2 高级管理层人员离职率	定量	%	届满前高级管理层人员离职率（%）	（行业最大届满前高级管理层离职率－企业届满前高级管理层离职率）/（行业最大届满前高级管理层离职率－行业最小届满前高级管理层离职率）×100	
			G.1.4.3 高级管理层人员持股	定量	%	高级管理层合计持股数量比例（%）	（行业最大高级管理层合计持股比例－企业高级管理层合计持股比例）/（行业最大高级管理层合计持股比例－行业最小高级管理层合计持股比例）×100	
		G.1.5 其他最高治理机构	G.1.5.1 其他最高治理机构情况	定性		若企业未设立"三会一层"治理架构，描述企业最高治理机构的情况，包括但不限于：1）最高治理机构名称；2）最高治理机构的人员构成及背景情况；3）最高治理机构的运行机制和情况	无相关信息披露：0；有相关信息披露：100	

续表

一级指标	二级指标	三级指标	四级指标	性质	单位	说明	评分方法	备注
G 治理	G.2 治理机制	G.2.1 合规管理	G.2.1.1 合规管理体系	定性		包括但不限于以下方面描述合规管理体系：1）企业合规管理体系建设情况，包括合规管理的制度、方针、范围，及组织、程序、方法等；2）企业合规义务识别及维护情况	无相关信息披露：0；有相关信息披露：100	
			G.2.1.2 合规风险识别及评估	定性		包括但不限于以下方面描述合规风险识别及评估：1）合规风险识别程序及方法，可能发生的不合规场景及其与企业活动、产品、服务和运行相关方面的联系；2）识别与第三方有关的合规风险，如供应商、代理商、分销商、咨询顾问和承包商等；3）考虑合规风险产生的原因、来源及后果的严重程度，后果包括但不限于个人和环境伤害、经济损失、声誉损失和行政责任	无相关信息披露：0；有相关信息披露：100	

续表

一级指标	二级指标	三级指标	四级指标	性质	单位	说明	评分方法	备注
G 治理	G.2 治理机制	G.2.1 合规管理	G.2.1.3 合规风险应对及控制	定性		包括但不限于以下方面描述合规风险应对及控制：应对合规风险的措施以及如何将措施纳入合规体系过程并实施	无相关信息披露：0；有相关信息披露：100	
			G.2.1.4 客户隐私保护相关情况	定性		企业是否有保护客户隐私的制度体系及采取的措施	无相关信息披露：0；有相关信息披露：100	
			G.2.1.5 泄露客户隐私事件	定性		是否发生泄露客户隐私事件	发生泄露客户隐私事件：0；未发生泄露客户隐私事件：100	
			G.2.1.6 数据安全相关情况	定性		企业是否有保护数据安全的制度体系及采取的措施	无相关信息披露：0；有相关信息披露：100	
			G.2.1.7 泄露数据事件	定性		是否发生泄露数据事件	发生泄露数据事件：0；未发生泄露数据事件：100	
			G.2.1.8 合规有效性评价及改进	定性		包括但不限于以下方面描述合规有效性评价及改进：1）合规管理有效性评估情况；2）合规管理有效性评估中发现的问题及采取的纠正措施	无相关信息披露：0；有相关信息披露：100	

续表

一级指标	二级指标	三级指标	四级指标	性质	单位	说明	评分方法	备注
G 治理	G.2 治理机制	G.2.1 合规管理	G.2.1.9 诉讼和惩罚	定性		企业是否因违规等行为发生诉讼承担法律责任或发生行政处罚事件（包括但不限于产品质量安全违法违规、垄断及不正当竞争、商业贿赂等）	有相关被诉讼或被惩罚：0；未有相关被诉讼或被惩罚：100	
		G.2.2 风险管理	G.2.2.1 风险管理体系	定性		包括但不限于以下方面描述风险管理体系：1）企业风险管理相关的制度和政策；2）管控重要营运行为及下属公司的专职部门设置和管理程序；3）风险管理的过程，涵盖明确环境信息、风险识别、风险分析、风险评价、风险应对、监督和检查的全流程	无相关信息披露：0；有相关信息披露：100	
			G.2.2.2 重大风险识别及防范	定性		企业是否有识别和评估具有潜在重大影响的风险种类及防范措施	无相关信息披露：0；有相关信息披露：100	

续表

一级指标	二级指标	三级指标	四级指标	性质	单位	说明	评分方法	备注
G治	G.2 治理机制	G.2.2 风险管理	G.2.2.3 关联交易风险级防范	定性		包括但不限于以下方面描述关联交易防范措施：1）企业关联交易的关联人、交易内容、交易金额等情况，如向关联方销售/采购产品金额（万元）、每百万元营收向关联方销售/采购产品规模（万元）、向关联方提供资金发生额（万元）、每百万元营收向关联方提供资金发生额（万元）等，以及公司人财物独立性情况、关联方资金占用、关联担保等；2）防范控股股东、实际控制人利用控制权损害上市公司及其他股东合法利益、谋取非法利益的程序规则和制度安排	无相关信息披露：0；有相关信息披露：100	
			G.2.2.4 不当关联交易情况	定量	件	企业发生不当关联交易的事件数量（件）	（行业最大不当关联交易事件数量-企业不当关联交易事件数量）/（行业最大不当关联交易事件数量-行业最小不当关联交易事件数量）×100	

续表

一级指标	二级指标	三级指标	四级指标	性质	单位	说明	评分方法	备注
G治	G.2 治理机制	G.2.2 风险管理	G.2.2.5 气候风险识别及防范	定性		包括但不限于以下方面描述风险防范措施：1）企业面临的气候风险识别和影响评估；2）防范气候变化带来的物理风险和转型风险所采取的措施及效果；3）企业遭受气候影响产生的损失，包括受影响事件（件）和损失额（万元）	无相关信息披露：0；有相关信息披露：100	
			G.2.2.6 数字化转型风险管理	定性		包括但不限于以下方面描述数字化转型风险管理：1）企业面临的数字化转型风险识别和影响评估；2）应对数字化转型风险所采取的措施及效果；3）企业数字化转型的战略部署、商业模式重构、组织变革、数字化能力建设和实施计划	无相关信息披露：0；有相关信息披露：100	

续表

一级指标	二级指标	三级指标	四级指标	性质	单位	说明	评分方法	备注
G治	G.2 治理机制	G.2.2 风险管理	G.2.2.7 数字化转型资金投入相关情况	定量	人、万元	数字化转型相关的人员投入（人）及资金投入（万元）	数字化转型相关的人员投入（人）和资金投入（万元）的对应得分均占总分的50%比重，具体计算方法如下：（企业人员投入–行业最小人员投入）/（行业最大人员投入–行业最小人员投入）×100（企业资金投入–行业最小资金投入）/（行业最大资金投入–行业最小资金投入）×100	
			G.2.2.8 企业应急风险管理	定性		包括但不限于以下方面描述企业应急风险管理：1）企业应急风险管理体系，包括应急风险评估、应急程序、应急预案、应急资源状况等；2）重大公共危机和灾害事件应对预案	无相关信息披露：0；有相关信息披露：100	
		G.2.3 监督管理	G.2.3.1 审计制度及实施	定性		包括但不限于以下方面描述审计制度及实施：1）内外部审计制度、内外部审计意见、发现的问题及整改情况；2）会计师事务所变更、会计师事务所是否出具标准无保留意见等情况	无相关信息披露：0；有相关信息披露：100	

续表

一级 指标	二级 指标	三级 指标	四级指标	性质	单位	说明	评分方法	备注
G 治理	G.2 治理 机制	G.2.3 监督 管理	G.2.3.2 问责相关 制度及 实施	定性		包括但不限于描述问责制度，形式及改进措施	无相关信息披露: 0; 有相关信息披露: 100	
			G.2.3.3 问责相关 情况	定量	件	问责事件数量（件）	（行业最大问责事件数量-企业问责事件数量）/（行业最大问责事件数量-行业最小问责事件数量）×100	
			G.2.3.4 投诉、举报制度及 实施	定性		包括但不限于以下方面描述投诉、举报的制度及实施: 1）是否有设立投诉、举报制度; 2）员工和其他利益相关方是否对投诉、举报机制知情; 3）投诉、举报机制是否对问题予以保密处理，是否为可匿名使用机制，是否对投诉人、举报人有保护机制	无相关信息披露: 0; 有相关信息披露: 100	
			G.2.3.5 投诉或举报受理相 关情况	定量	%	报告期内收到投诉、举报的受理量占比（%）	（行业最大受理量-企业受理量）/（行业最大受理量-行业最小受理量）×100	

续表

一级指标	二级指标	三级指标	四级指标	性质	单位	说明	评分方法	备注
G 治理	G.2 治理机制	G.2.4 信息披露	G.2.4.1 信息披露体系	定性		包括但不限于描述企业信息披露的组织、制度、程序、责任等情况	无相关信息披露：0； 有相关信息披露：100	
			G.2.4.2 信息披露实施	定性		包括但不限于企业信息披露的内容、渠道、及时性等情况	无相关信息披露：0； 有相关信息披露：100	
		G.2.5 高层激励	G.2.5.1 高管聘任与解聘制度	定性		包括但不限于描述高管人员聘任与解聘原则、程序等	无相关信息披露：0； 有相关信息披露：100	
			G.2.5.2 高管薪酬政策	定性		包括但不限于以下方面描述高管薪酬政策： 1）高管人员绩效与履职评价的标准、方式和程序； 2）高管薪酬管理办法、实施方案、制定程序等	无相关信息披露：0； 有相关信息披露：100	
			G.2.5.3 高管绩效与ESG目标关联情况	定性		包括但不限于描述企业高管绩效评价与ESG目标关联情况	无相关信息披露：0；有相关信息披露：100	
		G.2.6 商业道德	G.2.6.1 商业道德准则和行为规范	定性		包括但不限于描述企业商业道德、员工行为准则等制度建设情况	无相关信息披露：0； 有相关信息披露：100	

续表

一级指标	二级指标	三级指标	四级指标	性质	单位	说明	评分方法	备注
G 治理	G.2 治理机制	G.2.6 商业道德	G.2.6.2 职业道德培训普及情况	定量	%	包括但不限于描述企业管理层、员工开展商业道德规范培训的覆盖率（%）	（企业覆盖率−行业最小覆盖率）/（行业最大覆盖率−行业最小覆盖率）×100	
			G.2.6.3 商业道德培训时长	定量	小时/年	包括但不限于描述企业管理层、员工开展商业道德规范培训的平均时长（小时/年）	（企业平均时长−行业最小平均时长）/（行业最大平均时长−行业最小平均时长）×100	
			G.2.6.4 避免违反商业道德的措施	定性		包括但不限于描述企业有关防止贪污、腐败、贿赂、勒索、欺诈、洗黑钱、垄断及不正当竞争等行为的措施及监察方法	无相关信息披露：0；有相关信息披露：100	
	G.3 理效能	G.3.1 战略与文化	G.3.1.1 企业战略与商业模式分析	定性		包括但不限于以下方面描述企业战略与商业模式分析：1）企业使命与愿景；2）内外部经营环境分析；3）企业所采取的商业模式及其特点、适用性等情况；4）核心竞争力的识别和评估、提升核心竞争力的措施	无相关信息披露：0；有相关信息披露：100	

续表

一级指标	二级指标	三级指标	四级指标	性质	单位	说明	评分方法	备注
G 治理	G.3 治理效能	G.3.1 战略与文化	G.3.1.2 企业文化建设	定性		包括但不限于描述企业文化内涵、企业价值观、文化建设的主要举措、典型事件及成效	无相关信息披露：0；有相关信息披露：100	
		G.3.2 创新发展	G.3.2.1 研发与创新管理体系	定性		包括但不限于以下方面描述研发与创新管理体系：1）研发与创新管理体系、制度、程序和方法；2）高新技术企业认定情况	无相关信息披露：0；有相关信息披露：100	
			G.3.2.2 研发资金投入	定量	%	研究与试验发展投入占主营业务收入比例（%）	（企业投入占主营业务收入比-行业最小投入占主营业务收入比）/（行业最大投入占主营业务收入比-行业最小投入占主营业务收入比）×100	
			G.3.2.3 研发人员投入	定量	%	研究与试验发展人员数占总员工数量比例（%）	（企业研发占总员工数量比例-行业最小研发占总员工数量比例）/（行业最大研发占总员工数量比例-行业最小研发占总员工数量比例）×100	

续表

一级指标	二级指标	三级指标	四级指标	性质	单位	说明	评分方法	备注
G 治理	G.3 治理效能	G.3.2 创新发展	G.3.2.4 专利相关创新成果	定量	件	发明专利、实用新型专利和外观设计专利报告专利每百万元营收有效专利数量（件）及专利在未来三年被引用次数（次）	专利每百万元营收有效专利数量（件）及专利在未来三年被引用次数（次）的对应得分均占总分的50%比重，具体计算方法如下：（企业每百万营收有效专利数量–行业最小每百万营收有效专利数量）/（行业最大每百万营收有效专利数量–行业最小每百万营收有效专利数量）×100（企业专利在未来三年被引用次数–行业最小专利在未来三年被引用次数）/（行业最大专利在未来三年被引用次数–行业最小专利在未来三年被引用次数）×100	
			G.3.2.5 产品创新成果	定量	%	新产品产值率（%）	（企业新产品产值率–行业最小新产品产值率）/（行业最大新产品产值率–行业最小新产品产值率）×100	

续表

一级指标	二级指标	三级指标	四级指标	性质	单位	说明	评分方法	备注
G 治理	G.3 治理效能	G.3.2 创新发展	G.3.2.6 管理创新	定性		包括但不限于企业将新的管理方法、管理手段、管理模式等管理要素或要素组合引入企业管理系统以更有效地实现组织目标的创新活动	无相关信息披露: 0; 有相关信息披露: 100	
		G.3.3 可持续发展	G.3.3.1 ESG融入企业战略	定性		企业将ESG融入战略分析、制定、实施、变革过程中的情况	无相关信息披露: 0; 有相关信息披露: 100	
			G.3.3.2 ESG融入经营管理	定性		企业将ESG融入经营管理过程的方式方法和执行落实情况	无相关信息披露: 0; 有相关信息披露: 100	
			G.3.3.3 ESG融入投资决策	定性		企业将ESG融入投资决策的情况	无相关信息披露: 0; 有相关信息披露: 100	

注：指标评分方法适用于针对某一行业进行评价，且在评价的过程中可以获得行业最大值、最小值；若无法获得行业最大值和最小值，或针对单个企业进行评价，可参考行业标准值对指标进行打分。

附录B

（资料性）
企业ESG评价指标权重设计

B.1 专家打分法

专家打分法适用于不确定因素较多，且专家具有较高权威性和代表性的情形。

a）针对四级指标 i ，邀请专家对四级指标 i 关于所属三级指标 j 的重要性赋值，其数值设定可遵循以下原则：

重要性高： $d_{ij} = 3$

重要性中： $d_{ij} = 2$

重要性低： $d_{ij} = 1$

b）计算四级指标 i 关于其所属三级指标 j 的权重系数，按式（1）：

$$w_{ij} = \frac{d_{ij}}{\sum_{i=1}^{n} d_{ij}} \tag{1}$$

注意， n 表示三级指标 j 下的四级指标的数量；

c）针对各三级指标，重复步骤（a）~（b），得到三级指标 j 关于其所属二级指标 k 的权重系数 w_{jk} ；以此类推，分别得到各二级指标 k 关于其所属一级指标 l 的权重系数 w_{kl} 以及各一级指标 l 关于评价结果的权重系数 w_l ；

d）计算四级指标 i 对评价结果的权重，按式（2）：

$$w_i = w_{ij} \cdot w_{jk} \cdot w_{kl} \cdot w_l \tag{2}$$

B.2 两两比较法（0-1打分法）

两两比较法适用于各指标数量少，且指标间重要程度区分较为明显的情形。

a）针对三级指标 j 下辖的四级指标 i ，将四级指标关于三级指标的重要度两两比较打分，重要指标得分为1，不重要指标得分为0，同等重要分别得分0.5。

b）将指标 i 的总得分记为 x_{ij} ，按式（3）可得四级指标 i 关于三级指标 j 的权重系数；n 表示三级指标 j 下的四级指标数量。

$$w_{ij} = \frac{x_{ij}}{\sum_{i=1}^{n} x_{ij}} \qquad (3)$$

c）针对各二级指标下辖的三级指标，重复步骤（a）~（b），得到三级指标 j 关于其所属二级指标 k 的权重系数 w_{jk} ；以此类推，分别得到各二级指标 k 关于其所属一级指标 l 的权重系数 w_{kl} 以及各一级指标 l 关于评价结果的权重系数 w_l ；

d）计算四级指标 i 对评价结果的权重，按式（4）：

$$w_i = w_{ij} \cdot w_{jk} \cdot w_{kl} \cdot w_l \qquad (4)$$

B.3 判断矩阵法

判断矩阵法适用于指标层级和指标数量较多的情形。

a）对于任一三级指标 j ，两两比较其下属的四级指标的相对重要程度，记为 d_{if} ，d_{if} 代表四级指标 i 相对四级指标 f 关于三级指标 j 的相对重要程度，构造判断矩阵 A ，注意在矩阵 A 中 $d_{if} = \frac{1}{d_{fi}}$ 。例如，某三级指标下辖三个四级指标，则判断矩阵如式（5）所示。判断矩阵重要度尺度如附表5.1所示。

$$A = \begin{bmatrix} 1 & d_{12} & d_{13} \\ d_{21} & 1 & d_{23} \\ d_{31} & d_{32} & 1 \end{bmatrix} \qquad (5)$$

表B.1 判断矩阵标度含义

标度	含义
1	两要素相比，具有同样重要性
3	两要素相比，前者比后者稍微重要
5	两要素相比，前者比后者明显重要
7	两要素相比，前者比后者强烈重要
9	两要素相比，前者比后者极端重要
2，4，6，8	上述相邻判断的中间值
倒数	两要素相比，后者比前者重要的标度

b）运用方根法求取判断矩阵特征向量。首先，计算判断矩阵每一行元素的乘积 $M_i = \prod_{f=1}^{n} d_{if}$ ；其次，计算 M_i 的 n 次方根 $\overline{w}_i$ ， $\overline{w}_i = \sqrt[n]{M_i}$ ；然后，对向量 $\overline{w} = [\overline{w}_1, \overline{w}_2, \cdots, \overline{w}_n]^T$ 归一化处理，即 $w_i = \dfrac{\overline{w}_i}{\sum_{i=1}^{n} \overline{w}_i}$ ，得特征向量 $w = [w_1, w_2, \cdots, w_n]^T$ ；

c）求取判断矩阵 A 的最大特征根的近似，如式（6）所示：

$$\overline{\lambda}_{max} = \frac{1}{n} \sum_{i=1}^{n} \frac{(Aw)_i}{w_i}. \tag{6}$$

其中，$(Aw)_i$ 代表 Aw 中的第 i 个元素。

d）一致性检验。计算 $CI = \dfrac{\overline{\lambda}_{max} - n}{n-1}$ ，查表得到对应于 n 的 RI 值（如表 B.2 所示），求 $CR = \dfrac{CI}{RI}$ 。若 $CR < 0.1$ ，则通过一致性检验。w_i 即为四级指标 i 的权重值。注意此处 w_i 为四级指标 i 关于三级指标 j 的权重，而非最终权重结果，为表述更为清晰，使用 w_{ij} 代表四级指标 i 关于三级指标 j 的权重。

表B.2　随机一致性指标 RI 的数值

n	1	2	3	4	5	6	7	8	9	10	11
RI	0	0	0.58	0.90	1.12	1.24	1.32	1.41	1.45	1.49	1.51

e）同样，针对各二级指标下辖的三级指标，重复步骤（a）~（d），可得各三级指标关于其所属二级指标的权重值 w_{jk} ，代表三级指标 j 对其所属二级指标 k 的权重系数。

f）重复上述步骤，可得各二级指标对其所属一级指标的权重系数 w_{kl} ，代表二级指标 k 关于其所属一级指标 l 的权重系数，和各一级指标关于评价结果的权重系数 w_l ，代表一级指标 l 关于评价结果的权重系数。

g）确定最终各四级指标对评价结果的权重，按式（7）：

$$w_i = w_{ij} \cdot w_{jk} \cdot w_{kl} \cdot w_l \tag{7}$$

B.4　熵值法

熵值法适用于指标数据质量较高的情形。

a）将各个指标的数据同度量化，计算第 i 个指标（四级指标）下第 h 个评价对象指标值的比重：$p_{ih} = \dfrac{x_{ih}}{\sum\limits_{i=1}^{m} x_{ih}}$ ，其中 m 代表评价对象的总数。

b）计算指标 i 的熵值，按式（8）：

$$e_i = -\frac{1}{\ln m} \sum_{i=1}^{m} p_{ih} \ln p_{ih} \tag{8}$$

c）计算指标 i 的差异系数，按式（9）：

$$g_i = 1 - e_i \tag{9}$$

d）根据式（10）计算各个指标的权重：

$$w_i = \frac{g_i}{\sum\limits_{i=1}^{n} g_i} \tag{10}$$

其中，n 代表四级指标的总数。

附录C

（规范性）
企业ESG评价重点关注项

表C.1 企业ESG评价重点关注项

一级指标	二级指标	重点关注项
E（环境）	污染风险暴露	近三年存在因污染问题等被政府处罚的情况
		近三年存在因企业活动、产品或服务影响生物多样性的事件
		近三年发生的环境污染或超标事故
		近三年存在影响自然资源或当地社区环境的媒体关注或曝光的情况
	能源风险	近三年存在单位产品能耗严重超出《中华人民共和国节约能源法》要求的情况
		未履行向清洁能源、可再生能源等转型的方案与标准
		近三年出现使用国家明令淘汰类的生产工艺和用能设备事件
S（社会）	员工保障和发展	近三年发生的重大的职业健康安全事件
		近三年因违规用工、劳工纠纷等事件被曝光的情况
	产品责任	近三年存在生产国家明令禁止淘汰落后产品或产品或服务所造成的经法律法规判定的消费者伤害事故（生理、心理等）的事件
		近三年存在被曝光或处罚的重大产品质量事故
		近三年存在因安全生产违法违规等行为而受到行政处罚的情况
G（治理）	风险管理	近三年风险控制不利导致公众利益受损的事实或处罚情况
		近三年风险控制引发的公益诉讼情况
	反不正当竞争	近三年存在因违反商业道德行为被媒体曝光或行政处罚的情况
		近三年存在有明确的反竞争行为的证据，且受到法院起诉并判决构成不正当行为的事件
		近三年存在被认定的商业腐败行为
	外部监督	近三年存在需强制披露信息时不披露或虚假披露的行为
		近三年存在未按照法律法规要求实施年度财务报表审计的行为
		近三年存在伪造财务报表欺骗投资者和股东的行为
	依法纳税	近三年存在因逃税、漏税受到税务部门处罚的行为

附录D

（规范性）
评价等级划分与判定准则

表D.1 企业ESG综合评分与等级对应表

评级强弱	企业ESG等级	说　明
领先 （企业ESG评价综合得分高，遭受ESG风险弱，可持续发展能力强）	AAA	企业具有卓越的ESG综合管理水平，ESG风险极低，ESG绩效表现完全满足企业可持续发展需求
	AA	企业具有优秀的ESG综合管理水平，ESG风险很低，ESG绩效表现较好地满足企业可持续发展需求
	A	企业具有较好的ESG管理水平，ESG风险较低，ESG可以满足企业可持续发展要求
平均 （企业ESG评价得分一般，ESG容易受不良因素的影响，存在一定可持续发展风险）	BBB	企业ESG整体管理水平基本可以控制ESG风险，基本满足企业可持续发展需求
	BB	企业ESG整体管理水平较低且具有较高的ESG风险，与可持续发展目标差距较大
落后 （企业ESG评分很低，企业ESG绩效表现易受外界因素影响，可持续发展风险很高）	B	企业ESG整体管理水平很低，具有很高的ESG风险，发生不可持续经营事件概率高
	CCC	企业信息披露不全，ESG绩效表现难以评级

○ 附录4　对ESG评级机构的再评价体系

评价维度	评价子维度	评价指标
全面性（30%）	指标选择范围（40%）	评级机构底层数据点和相关指标的数量（33%）、所采用的指标是不是考虑了上市公司的个性与共性特征（67%）
	数据来源（40%）	数据渠道的多样性（50%）和获得数据的技术性（50%）
	时空范围（20%）	评级开始的时间（33%）和其所覆盖的上市公司样本数（67%）
规范性（20%）	评级机构的评价体系和标准与国际准则的一致性程度（30%）	
	对定性指标和定量指标的选择和搭配（30%）	
	评级指标在中国情境的适用性（40%）	
有效性（25%）	股票收益率预测程度（40%）	
	股价波动性风险预测程度（40%）	
	信息发布的及时性，即更新频率（20%）	
透明性（15%）	评价方法的披露程度（40%）	
	评级指标的披露程度（40%）	
	是否出具报告（20%）	
独立性（10%）	利益相关方是否可以对评价结果独立性进行审查（50%）	
	评级机构是否可以做出相关承诺（50%）	

参考文献

［1］GB 8978—1996 污水综合排放标准

［2］GB 16297—1996 大气污染物综合排放标准

［3］GB/T 19000—2016 质量管理体系 基础和术语

［4］GB/T 23331—2020 能源管理体系 要求及使用指南

［5］GB/T 24001—2016 环境管理体系 要求及使用指南

［6］GB/T 24353—2009 风险管理原则与实施指南

［7］GB/T 24420—2009 供应链风险管理指南

［8］GB/T 26337.2—2011 供应链管理 第2部分：SCM术语

［9］GB/T 27601—2020 废弃资源分类与代码

［10］GB/T 32150—2015 工业企业温室气体排放核算和报告通则

［11］GB/T 39257—2020 绿色制造 制造企业绿色供应链管理 评价规范

［12］GB/T 45001—2020 职业健康安全管理体系 要求及使用指南

［13］T/CCIIA 0003—2020 中国石油和化工行业上市公司ESG评价指南

［14］T/CERDS 2—2022 企业ESG披露指南

［15］ISO 14090：2019 Adaptation to climate change—Principles, requirements and guidelines

［16］ISO 37301：2021 Compliance management system—Requirements with guidance for use

［17］上市公司治理准则（证监会公告［2018］29号）